Chemie, Physik und Technologie der Kunststoffe
in Einzeldarstellungen
Herausgegeben von K. A. Wolf

———————— 11 ————————

Die Analyse von Weichmachern

Martin Wandel
Hubert Tengler · Hermann Ostromow

Mit 125 Abbildungen

Springer-Verlag Berlin · Heidelberg · New York 1967

Dr. rer. nat. Martin Wandel
Wissenschaftliches Laboratorium
der Farbenfabriken Bayer AG, Dormagen

Dr. rer. nat. Hubert Tengler
Analytisches Laboratorium
der Farbenfabriken Bayer AG, Dormagen

Dipl.-Chem. Hermann Ostromow
Anwendungstechnische Abteilung Kautschuk und Kunststoffe
der Farbenfabriken Bayer AG, Leverkusen

Softcover reprint of the hardcover 1st edition

ISBN 978-3-642-52105-8   ISBN 978-3-642-52104-1 (eBook)
DOI 10.1007/978-3-642-52104-1

Alle Rechte, insbesondere das der Übersetzung in fremde Sprachen, vorbehalten. Ohne ausdrückliche Genehmigung des Verlages ist es auch nicht gestattet, dieses Buch oder Teile daraus auf photomechanischem Wege (Photokopie, Mikrokopie) oder auf andere Art zu vervielfältigen. © by Springer-Verlag Berlin Heidelberg 1967. Library of Congress Catalog Card Number 66-29667.
Softcover reprint of the hardcover 1st edition   1967

Die Wiedergabe von Gebrauchsnamen, Handelsnamen, Warenbezeichnungen usw. in diesem Buche berechtigt auch ohne besondere Kennzeichnung nicht zu der Annahme, daß solche Namen im Sinne der Warenzeichen- und Markenschutz-Gesetzgebung als frei zu betrachten wären und daher von jedermann benutzt werden dürften

Titel Nr. 4311

Vorwort

Die steigende Bedeutung der Kunststoffe und ihre zunehmende Anwendung hat naturgemäß auch ein wachsendes Interesse an ihrer analytischen Untersuchung zur Folge. In gleicher Weise wie die Analytik der Kunststoffe selbst ist auch die Identifizierung der in ihnen verwendeten Weichmacher wichtig. Es erschienen bisher zum Thema Weichmacheranalyse eine ganze Reihe von Arbeiten. Wir befassen uns ebenfalls seit Jahren mit den verschiedenen Verfahren zur qualitativen und in manchen Fällen auch quantitativen Weichmacheranalyse.

Von vielen Seiten wurden wir gebeten, unsere zum Teil in einzelnen Artikeln veröffentlichten Erfahrungen zusammengefaßt in Buchform herauszubringen. Die in dieser Ausgabe beschriebenen Verfahren und Vorschriften wurden alle in unseren Laboratorien praktisch erprobt. Viele davon wurden auch bei uns ausgearbeitet. Soweit in diesem Zusammenhang notwendig, wurde die uns zugängliche Literatur berücksichtigt.

Das Buch wurde bevorzugt von der praktischen Seite her bearbeitet. Es soll sowohl dem Chemiker einen gewissen Überblick verschaffen, als auch dem Laboranten eine praktische Arbeitsanleitung geben, nach der er zu sicheren Resultaten kommt. Dabei sollte es möglich sein, eine vollständige Weichmacheranalyse durchzuführen, ohne zusätzlich andere Literaturstellen nachschlagen zu müssen. Bei einer solchen Aufgabenstellung ist es schwierig, die Grenzen abzustecken, wie weit in der Beschreibung von Arbeitsgerät und Hilfsmittel gegangen werden soll. Wir waren der Auffassung, ein geringfügiges Mehr als notwendig ist besser als ein Zuwenig. Unter diesem Gesichtspunkt ist z. B. auch die kurze Beschreibung der Soxhlet- bzw. Kjeldahlapparatur zu sehen. Wir sind aber gerade in dieser Beziehung für Vorschläge und Anregungen jederzeit dankbar.

Theoretische Grundlagen wurden nur insoweit erörtert, als sie zum Verständnis der einzelnen Verfahren notwendig sind. Bewußt verzichtet wurde auch auf die tabellarische Wiedergabe von Materialkonstanten der Weichmacher, wie Brechungsindex, Dichte, Siedepunkt usw. Diese Konstanten können bei der praktischen Analyse nur wenig oder gar nicht nützen und sind, wenn sie doch einmal gebraucht werden, in der Literatur bzw. in Prospekten leicht zu finden.

Das Buch kann selbstverständlich keinen Anspruch auf Vollständigkeit, weder in bezug auf mögliche Analysenverfahren noch in bezug auf die angeführten Weichmacher und Geräte erheben. Ebenso unmöglich ist eine lückenlose Nennung aller mit Analysengeräten und Hilfsmitteln zusammenhängenden Hersteller- und Lieferfirmen. Es kann sich hier immer nur um eine mehr oder weniger willkürliche Auswahl handeln. Trotz dieser notwendigen Einschränkungen kann mit Hilfe der hier beschriebenen Verfahren eine vollständige Weichmacheranalyse ohne größere Schwierigkeiten durchgeführt werden. Auch bei nicht speziell genannten Weichmachern dürfte eine Anwendung analoger Arbeitsweisen zum Ziel führen.

Speziell sollte das Buch auch dem Lebensmittelchemiker bzw. den entsprechenden Untersuchungsämtern eine Anleitung zur Analyse von Weichmachern in Lebensmitteln geben.

Das Kapitel über die Infrarot-analyse stammt von Herrn Dr. W. MEISE, Leverkusen, dem wir für seine Mitarbeit ganz besonderen Dank schulden. Ebenso zu danken haben wir Herrn Dr. W. WOLFF, der uns den Abschnitt über die Kautschuk-Weichmacher zur Verfügung stellte. Auf die spezielle Analyse der Kautschuk-Weichmacher wird hier nicht näher eingegangen. Wir haben uns auf die in Kunststoffen üblichen Weichmacher konzentriert, glauben aber doch, daß der Aufsatz von Herrn Dr. W. WOLFF in diesem Zusammenhang sowohl für den Kunststoff-, als auch für den Kautschukfachmann von Interesse ist, weil er eine Übersicht über die in Natur- und Synthesekautschuk zum Einsatz kommenden Weichmacher gibt.

Herrn Prof. Dr. K. A. WOLF sind wir für eine Reihe wertvoller Hinweise sehr dankbar.

Dem Vorstand der Farbenfabriken Bayer AG, insbesondere Herrn Direktor Dr. BRENSCHEDE, Werksleiter in Dormagen, danken wir verbindlich für die Genehmigung zur Veröffentlichung der im hiesigen Analytischen Laboratorium gewonnenen Erfahrungen. Dem Leiter des Wissenschaftlichen Laboratoriums Herrn Dr. A. REICHLE sind wir für die wohlwollende Förderung und Unterstützung unserer Arbeiten sehr zu Dank verpflichtet.

Für die Durchsicht des Manuskripts schulden wir Herrn Direktor Dr. A. HÖCHTLEN, Leiter der Anwendungstechnischen Abteilungen der Farbenfabriken Bayer AG, Leverkusen, ganz besonderen Dank.

Es ist uns leider nicht möglich, alle, die uns durch persönliche Unterstützung oder mit Ratschlägen geholfen haben, einzeln zu nennen. Ihnen allen sei an dieser Stelle herzlich gedankt.

Nicht unerwähnt lassen wollen wir die Herren Dozent Dr. D. BRAUN, Kunststoffinstitut, Darmstadt; Dr. W. RÖHM, Dr. A. WUNDERER und Dr. H. SCHEURLEN, Farbenfabriken Bayer AG; Dr. H. KELKER, Farbwerke Hoechst; Dr. W. PFAB, Badische Anilin- & Sodafabrik AG. Die meisten experimentellen Arbeiten lagen in Händen von Herrn G. KULINNA, dem wir für seine gewissenhafte Arbeitsweise dankbar sind.

Dem Springer-Verlag haben wir für eine gute Zusammenarbeit und für verständnisvolles Entgegenkommen in vielen Fragen sehr zu danken.

MARTIN WANDEL
HUBERT TENGLER
HERMANN OSTROMOW

Dormagen, Februar 1967

Inhaltsverzeichnis

Einleitung	1
A. Abtrennung von Weichmachern	5
I. Weichmacherextraktion aus Kunststoffen	5
a) Fest-flüssig-Extraktion	5
α) Polyvinylchlorid	6
β) Celluloseester	7
b) Flüssig-flüssig-Extraktion	8
II. Lösen des Kunststoffes und Ausfällung des Polymeren	9
a) Polyvinylchlorid	10
b) Celluloseester	10
c) Nitrocellulose	11
III. Weichmacher in Natur- und Synthesekautschuk	11
a) Weichmachertypen	12
α) Aus Naturprodukten hergestellte Weichmacher	12
β) Synthetische Weichmacher	13
b) Anwendung der Weichmacher in den verschiedenen Kautschuktypen	16
c) Weichmacherextraktion aus Kautschuk	18
B. Chemisch-analytische Untersuchungen	20
I. Qualitativer Nachweis von Heteroelementen	20
a) Aufschluß des Weichmachers	20
b) Nachweis von Phosphor	21
c) Nachweis von Halogenen	21
α) Nachweis von Chlorid und Bromid	21
β) Nachweis von Bromid	22
d) Nachweis von Schwefel	22
e) Nachweis von Stickstoff	22
II. Chemische Reaktionen zur Ermittlung bestimmter Strukturmerkmale bzw. der Weichmacherklassen	23
a) Nachweis von freien Fett- und Harzsäuren (Säurezahl)	23
b) Prüfung auf Anwesenheit von Estern (Verseifungszahl)	24
c) Bestimmung von Paraffin- und Naphthenkohlenwasserstoffen (unverseifbare Bestandteile)	25
d) Bestimmung von festen Paraffinen	25
e) Bestimmung flüssiger Paraffine und naphthenischer Kohlenwasserstoffe	26
f) Nachweis von Phthalsäureestern	27
g) Nachweis von Adipinsäureestern	27
h) Nachweis von Citronensäureestern	28

i) Nachweis von phenol-, kresol- und xylenolhaltigen Weichmachern 28

III. Quantitative Bestimmung von Heteroelementen 29
    a) Mikromethoden mit Hilfe der Schöninger-Verbrennung .. 29
        α) Verbrennung der Substanz 29
        β) Photometrische Phosphorbestimmung 31
        γ) Maßanalytische Bestimmung von Phosphor 32
        δ) Maßanalytische Mikrobestimmung von Chlor und Brom 34
        ε) Maßanalytische Mikrobestimmung von Schwefel 34
    b) Makromethoden mit Hilfe der IKA-Universal-Bombe nach B. WURZSCHMITT 35
        α) Aufschluß der Substanz 35
        β) Bestimmung von Phosphor 37
        γ) Bestimmung von Chlor 39
        δ) Bestimmung von Schwefel 41
        ε) Maßanalytische Bestimmung von Stickstoff nach KJELDAHL 42

C. Dünnschichtchromatographische Analyse 44

  I. Allgemeines zur Dünnschichtchromatographie 44
    a) Prinzip der Dünnschichtchromatographie 44
    b) Erforderliche Geräte und Substanzen zur DC-Analyse von Weichmachern 45
    c) Herstellung der Dünnschichtplatten 46
        α) Auslegen der Glasplatten und Vorbereitung des Streichgerätes 46
        β) Bereitung der Streichmasse zur Herstellung von Kieselgel-G-Platten 46
        γ) Bereitung der Streichmasse zur Herstellung von Kieselgel-G-Platten mit Blankophor DCB 46
        δ) Beschichten der Platten 47
        ε) Behandlung der Platten nach dem Beschichten 47
    d) Auftragen der Substanzen 47
    e) Entwickeln des Chromatogramms 47
    f) Sichtbarmachen der getrennten Substanzen 48
        α) Anfärben durch Sprühreagentien 48
        β) Sichtbarmachung durch Zusatz von Fluoreszenzfarbstoffen zu dem Sorbens 48
        γ) Sichtbarmachung durch Joddampf 48
    g) Dokumentation der Dünnschichtchromatogramme 49

  II. Direkte dünnschichtchromatographische Analyse von Weichmachern 49
    a) Adipinsäureester 50
    b) Azelainsäureester 52
    c) Sebacinsäureester 53
    d) Citronensäureester 55
    e) Phthalsäureester 57
    f) Phosphorsäureester 60
    g) Salicylsäurephenylester und Resorcinmonobenzoat 64

Inhaltsverzeichnis

III. Dünnschichtchromatographische Analyse von Bestandteilen verseifbarer Weichmacher 66
    a) Säuren 67
    b) Phenole 69
    c) Alkohole 71

D. Gaschromatographische Analyse 74

  I. Allgemeines zur Gaschromatographie 74
    a) Prinzip 74
    b) Trennsäulen 75
      α) Füllen der Säule 76
      β) Ausheizen der Säule 76
    c) Herstellung von Säulenfüllmaterial 77
      α) Ultramoll III-Säule 77
      β) Resoflex LAC-2R-446-Säule 77
    d) Säulentemperatur 77
    e) Trägergas und Detektor 78
    f) Qualitative Auswertung 78
    g) Quantitative Auswertung 80

  II. Gaschromatographische Analyse von Weichmacherkomponenten 81
    a) Carbonsäuren 81
      α) Monocarbonsäuren 81
      β) Di- und Tricarbonsäuremethylester 85
      γ) Mono-, Di- und Tricarbonsäuren 85
    b) Monofunktionelle Alkohole 87
    c) Polyfunktionelle Alkohole 89
    d) Phenolverbindungen 91
    e) Komponenten von Polyesterweichmachern 95
    f) Komponenten von Stabilisatoren (Salicylsäurephenylester und Resorcinmonobenzoat) 96

  III. Direkte gaschromatographische Analyse 97
    a) Monocarbonsäureester 97
      α) Glycerinmono-, Glycerindi- und Glycerintriacetat ... 97
      β) Diäthylenglykoldibenzoat 99
      γ) O-(Acetyl)-rizinolsäurebutylester 99
      δ) Salicylsäurephenylester und Resorcinmonobenzoat ... 99
    b) Dicarbonsäureester 100
      α) Adipinsäureester 101
      β) Azelainsäureester 104
      γ) Sebacinsäureester 106
      δ) Phthalsäureester 108
    c) Citronensäureester 110
    d) Phosphorsäureester 112

  IV. Direkte Weichmacherbestimmung mit Hilfe der Pyrolysekammer 115
    a) Prinzip des Verfahrens 115
    b) Beschreibung der Pyrolysekammer 115

c) Durchführung einer Analyse mit Hilfe der Pyrolysekammer 117
d) Analysenbeispiel (Dibutyladipat und Di-(2-äthylhexyl)-adipat) 117

V. Quantitative Bestimmung monomerer Esterweichmacher in Lebensmitteln 118
   a) Direkte gaschromatographische Bestimmung von Diäthylphthalat 119
      α) Prinzip und Anwendungsbereich der Methode 119
      β) Isolierung des Weichmachers aus den Lebensmitteln .. 120
      γ) Gaschromatographische Bestimmung von Diäthylphthalat 120
   b) Gaschromatographische Bestimmung monomerer Esterweichmacher mit Alkoholkomponenten von C_3—C_8 über die entsprechenden Alkohole 121
      α) Prinzip der Methode 122
      β) Verseifung und Abtrennung der Alkohole 122
      γ) Gaschromatographische Bestimmung der Alkohole 123
   c) Gaschromatographische Bestimmung von Alkylsulfonsäurephenolestern über die entsprechenden Phenole 123
      α) Prinzip der Methode 123
      β) Verseifung und Abtrennung der Phenole 124
      γ) Gaschromatographische Bestimmung der Phenole 125

VI. Tabellen zur Gaschromatographie 126
   Relative Retentionsvolumina (Tabelle 11) 126
   Gaschromatographische Arbeitsbedingungen (Tabelle 12) 130

E. Infrarotspektroskopische Analyse 133

  I. Apparatives 133

 II. Probenvorbereitung 134

III. IR-Spektrum und Konstitution 135

IV. Die IR-Spektren der Weichmacher 137
   a) Phthalsäureester 137
   b) Aliphatische Monocarbonsäureester 138
   c) Adipinsäureester 139
   d) Azelain- und Sebacinsäureester 139
   e) Citronensäureester 140
   f) Phosphorsäureester 140
   g) Verschiedene Weichmacher 140
   h) Weichmachermischungen 140

F. Qualitativer Analysengang 158

Anhang
   Handelsnamen der Weichmacher (Tabelle 13) 161
   Herstellerfirmen von Weichmachern (Tabelle 14) 169
   Bezugsquellen der Geräte und Chemikalien (**Tabelle 15**) 171

Literatur 172
Quellennachweis der Abbildungen 175
Sachverzeichnis 176

Die Analyse von Weichmachern

Einleitung

Eine Charakterisierung der Kunststoffe ohne Berücksichtigung der Weichmacher ist undenkbar. Die Weichmacher spielen als Hilfsstoffe in der Kunststoffindustrie eine besondere Rolle. Sie können die Charakteristik eines Kunststoffes in einem Maße verändern, wie es sonst nur durch Variation des Polymeren selbst möglich ist. Über die Einflüsse der Weichmacher auf die physikalischen und technologischen Eigenschaften von Hochpolymeren wurde schon viel und ausführlich gearbeitet, und es existieren eine ganze Reihe von zusammenfassenden Werken, wie R. Nitsche und K. A. WOLF [1], H. A. STUART [2], P. D. RITCHIE [3], H. GNAMM und W. SOMMER [4], K. THINIUS [5], A. K. DOOLITTLE [6], J. MELLAN [7], P. BRUINS [8], in welchen die weitere Literatur berücksichtigt ist, die sich mit dem Problem der Weichmachung befaßt.

Bei der Bedeutung dieser Hilfsstoffe ist ohne weiteres die Notwendigkeit einzusehen, sie in möglichst einfacher und sicherer Weise analytisch zu erfassen und zu charakterisieren. Bei einem Eigenschaftsvergleich verschiedener Kunststoffproben wird es im allgemeinen nicht mehr genügen, lediglich die physikalischen Daten der Proben zu erfassen, sondern es wird auch notwendig sein, die chemische Struktur der verwendeten Weichmacher zu kennen, denn diese beeinflussen ja in besonderem Maße die physikalisch meßbaren Größen.

Eine Analyse der Weichmacher kann aus verschiedenen Gründen erforderlich werden. Einmal, wie erwähnt, zur Charakterisierung einer Kunststoffprobe, zum anderen zur Qualitäts- und Reinheitskontrolle der Weichmacher selbst. Darüber hinaus können spezielle Probleme, wie sie vor allem bei der Lebensmittelverpackung eine Rolle spielen, auftreten. Erwähnt sei in diesem Zusammenhang auch die Weichmacherwanderung.

Einen gewissen Hinweis auf die Richtung, in welcher der Analytiker zu suchen hat, kann die ungefähre Kenntnis der Produktionszahlen verschiedener Weichmacher geben. Aus ihr läßt sich in etwa abschätzen, mit welcher Wahrscheinlichkeit bestimmte Weichmacher in der Praxis vorkommen können. Nur als Beispiel sei nachstehend eine Tabelle mit den Weichmacherproduktionszahlen aus den USA von 1963 wiedergegeben.

Tabelle 1. *Aufgliederung der Weichmacherproduktion in den USA 1963*

	Produktion [t]	
Weichmacherproduktion, insges.		376 775
Cyclische Weichmacher, insges.		282 252
davon		
Phosphorsäureester, insges.	23 608	
davon Trikresylphosphat[1]	13 940	
Phthalsäureester, insges.	237 000	
davon Butyloctylphthalat	8 170	
Dibutylphthalat	8 263	
Diisodecylphthalat	30 420	
Diäthylphthalat	6 628	
Dioctylphthalat	125 213	
Octyldecylphthalat	8 081	
Sonstige Phthalsäureester	50 225	
Sonstige cyclische Weichmacher	21 644	
Aliphatische Weichmacher, insges.		94 523
davon		
Adipinsäureester, insges.	12 840	
davon Di-(2-äthylhexyl)-adipat	2 724	
Diisodecyladipat	3 590	
Octyldecyladipat	3 722	
Azelainsäureester	7 400	
Lineare Polyester und polymere Weichmacher	16 200	
Epoxydierte Ester	26 700	
Oleinsäureester	3 640	
Phosphorsäureester	5 450	
Sebacinsäureester	5 400	
Stearinsäureester	3 000	
Sonstige aliphatische Weichmacher	13 893	

[1] Einschl. der als Treibstoffzusatz verwendeten Mengen

Aus der Tabelle kann entnommen werden, daß es sich in der überwiegenden Mehrzahl um Estertypen handelt, wovon allein 63% auf Phthalate entfallen. Die Verhältniszahlen können sich natürlich im Laufe der Jahre mehr oder weniger stark verschieben. Im technischen Maßstab werden nicht viel mehr als 300 Weichmacher verwendet, wobei diejenigen für Spezialkunststofftypen schon mitgezählt sind.

Daraus mag erkenntlich sein, daß die Anzahl der verschiedenen Weichmacher für den Analytiker doch in überschaubaren Grenzen bleibt.

Es existiert heute schon eine recht beträchtliche Anzahl von interessanten Arbeiten auf dem Gebiet der Weichmacheranalyse, von denen im folgenden einige Beispiele angeführt seien. Das Schwergewicht liegt bei den Arbeiten von J. W. C. PEEREBOOM [9], D. BRAUN [10,] R. KLEMENT und A. WILD [11].

Die Gaschromatographie wird in starkem Maße verwendet in den Arbeiten von J. S. Lewis und H. W. Patton [12], S. D. Cook et al. [13], G. G. Esposito [14], J. Zulaica und G. Guichon [15], C. J. Hardy [16], J. H. Rau, G. Balbach und H. Haase [17].

Mit der IR-spektroskopischen Weichmacheranalyse befassen sich J. Haslam, W. Soppet und A. H. Willis [18], H. Rath et. al. [19], M. Cachia, D. W. Southworth und W. H. T. Davison [20], W. Meise und H. Ostromow [21].

Ferner seien die Arbeiten von W. Burns [22], H. Winterscheidt [23], K. Thinius und E. Schröder [24], E. Schröder und S. Malz [25], P. Fijolka, R. Kayler und I. Lenz [26], M. W. Robertson und R. M. Rowley [27], A. Gude [28], L. Robinson Görnhardt [29] J. Zulaica und G. Guichon [30] und O. Korn und H. Woggon [31] zitiert. Diese Aufstellung kann und soll selbstverständlich keinerlei Anspruch auf Vollständigkeit besitzen. Sie ist lediglich als Hinweis auf die verschiedenen Arbeitsrichtungen und ihre Einsatzmöglichkeiten gedacht.

Die Weichmacheranalyse läuft praktisch auf eine Identifizierung von Estern bzw. auf die Charakterisierung ihrer Spaltprodukte wie Säuren, Alkohole und Phenole hinaus.

Bei den in der Praxis vorliegenden Analysenproben sind die Weichmacher meistens in Kunststoffe eingearbeitet. Sie müssen vor der Analyse von diesen abgetrennt werden, wozu häufig das Extraktionsverfahren herangezogen wird. Andere Verarbeitungshilfsstoffe wie Stabilisatoren, Füllstoffe und Gleitmittel werden häufig mitextrahiert und können die Weichmacheranalyse erschweren.

Die Weichmacheranalyse wird in diesem Buch mit Hilfe chemischanalytischer, dünnschichtchromatographischer, gaschromatographischer und IR-spektroskopischer Verfahren durchgeführt. Eine Kombination der verschiedenen Möglichkeiten erweist sich häufig als sinnvoll und erfolgreich. Klassische Trennungsmethoden wie z. B. Destillation und Kristallisation sind zeitraubend und führen selten zum Ziel; sie werden hier nicht beschrieben. Ebenso konnte sich die Papier- und Säulenchromatographie bei der qualitativen Weichmacheranalyse bisher nicht durchsetzen. Auf sie wird ebenfalls nicht näher eingegangen. Die in diesem Buch aufgenommenen Methoden lassen sich gegebenenfalls direkt auf Weichmachergemische anwenden.

Häufig ist aber vor der Identifizierung der Weichmacher eine chemische Veränderung notwendig; so werden die Weichmacher vom Estertyp verseift und die zugehörigen Säuren und Alkohole anschließend bestimmt. Für einige Weichmacherklassen sind auch chemische Farbreaktionen charakteristisch, die als Vorproben dienen können.

Hinweise auf verschiedene Weichmachergruppen lassen sich auch durch Bestimmung charakteristischer Atome bzw. Atomgruppierungen auf klassisch-analytischem Wege gewinnen. Deshalb ist auch die Durchführung einiger wichtiger derartiger Nachweisreaktionen in diesem Buch mit aufgenommen.

Neben den innerhalb der einzelnen Kapitel angeführten Tabellen und dem Literaturverzeichnis wurden im Anhang noch zwei weitere tabellarische Zusammenstellungen aufgenommen.

Bei der Aufstellung dieser Tabellen ist eine lückenlose Erfassung, insbesondere der verschiedenen Herstellerfirmen, naturgemäß nicht möglich.

Im Firmenverzeichnis werden Herstellerfirmen der hier verwendeten Chemikalien und Analysengeräte aufgeführt. Als Indizes im Text des Buches verweisen arabische Zahlen mit vorgesetztem a (a 1, a 2, ...) auf die entsprechende Stelle in dieser Tabelle.

Ein weiteres Verzeichnis enthält handelsübliche Weichmacher mit chemischer Bezeichnung, Handelsnamen und Herstellerfirma. Die Herstellerfirmen wurden dabei gesondert zusammengefaßt, um die Übersichtlichkeit der Tabelle zu erhalten.

Sämtliche Weichmacher werden im Text des Buches grundsätzlich nur mit ihren chemischen Bezeichnungen genannt. Bei ihrer ersten Erwähnung in den einzelnen Abschnitten werden sie mit einem Index versehen, der auf die genannte Weichmachertabelle hinweist. Als Index wurden hier arabische Zahlen mit dem vorgesetzten Buchstaben b gewählt (b 1, b 2, ...).

Bei den hier untersuchten Octylestern handelt es sich fast immer um 2-Äthylhexylverbindungen und nicht um die n-Octylester.

A. Abtrennung von Weichmachern

Die Abtrennung der Weichmacher von dem Polymeren gehört zu den ersten und wichtigsten Schritten der Weichmacheranalyse. Es stehen dafür mehrere Verfahren zur Verfügung. Die Extraktion der Weichmacher ist die am häufigsten angewandte Methode. Bei festen Kunststoffen wird man eine fest-flüssig-Extraktion in einem Soxhletextraktionsgefäß durchführen. Bei wäßrigen Kunststoffdispersionen erfolgt die Abtrennung des Weichmachers als flüssig-flüssig-Extraktion mittels Perforator oder durch Ausschütteln mit einem Scheidetrichter. Eine andere Möglichkeit der Weichmacherisolierung besteht darin, den Kunststoff in Lösung zu bringen und das Polymere mit einem anderen Lösungsmittel wieder auszufällen. Der größte Teil des Weichmachers bleibt dabei in Lösung. Bei der gaschromatographischen Analyse kann der Weichmacher auch durch Erhitzen der Kunststoffprobe in einer dem Einspritzblock vorgeschalteten Kammer direkt verdampft werden (siehe Abschn. D IV). Wenn nur geringe Probemengen zur Verfügung stehen, kann auch eine Kunststofflösung, die sowohl das Polymere als auch den Weichmacher enthält, in den Gaschromatographen eingespritzt werden. Das Polymere bleibt im Einspritzblock zurück, während der Weichmacher in die gaschromatographische Trennsäule gelangt. Das im Einspritzblock zurückbleibende Polymere kann gelegentlich entfernt werden. Die Verunreinigung des Einspritzblocks durch niedergeschlagene Polymere läßt sich vermeiden, wenn man die Kunststofflösung in eine kurze, geheizte, dem Einspritzblock vorgeschaltete Trennsäule einspritzt. Solche Vorsäulen sind im Handel erhältlich (a 16). Das Auswechseln und erneute Füllen der Vorsäule ist schneller und einfacher durchzuführen als das Reinigen des Einspritzblocks. Auf die Extraktions- und Lösungs-Fällungs-Methode soll nachstehend näher eingegangen werden; die beiden mit der Gaschromatographie zusammenhängenden Verfahren werden in den Kapiteln über Gaschromatographie näher beschrieben (siehe Abschn. D).

I. Weichmacherextraktion aus Kunststoffen

a) Fest-flüssig-Extraktion

Die Wirksamkeit der Extraktion hängt vor allem von der Wahl des Lösungsmittels ab. In dem Lösungsmittel muß der Weichmacher gut, der Plastrohstoff dagegen unlöslich sein. Andererseits ist für eine quantitative Extraktion eine gewisse Quellbarkeit des Polymeren in dem Extraktionsmittel günstig. Häufig ist die Art des Kunststoffes bekannt, so daß man das entsprechende Lösungsmittel leicht finden kann. Liegt ein unbekanntes Produkt vor, kommt man nicht umhin, durch Vorversuche die Kunststoffart und das geeignete Extraktionsmittel ausfindig zu machen. Man wird sich in einem solchen Fall zunächst einmal des Äthers und des Methanols bedienen, die in den meisten Fällen eine für qualitative Zwecke ausreichende Menge an Weichmacher herauslösen. Als weitere Extraktionsmittel werden z. B. verwendet: Äthanol, Tetrachlorkohlenstoff, Methylenchlorid, Petroläther, Pentan, Isopropanol usw. Bei Weichmacherextraktionen aus Lebensmitteln verwenden DIEMAIR und PFEILSTICKER [32] Nitromethan. Die Kunststoffe müssen bei der Extraktion in möglichst feinverteilter Form vorliegen. Steht für die Zerkleinerung keine geeignete Maschine zur Verfügung, so muß man die Kunststoffe auf die allerdings etwas mühsamere Weise mit Hilfe einer Schere oder eines Messers zerkleinern. Eine quantitative Abtrennung des Weichmachers von dem Polymeren ist nicht immer zu erreichen. Andererseits tritt häufig der Fall ein, daß Polymeranteile, Stabilisatoren oder auch andere Kunststoffhilfsprodukte zum Teil mitextrahiert werden.

α) **Polyvinylchlorid**

Zur Weichmachung von Polyvinylchlorid häufig eingesetzte, niedermolekulare Weichmacher, wie z. B. Phthalsäureester, Adipinsäureester, Azelainsäureester, Sebacinsäureester, Citronensäureester, Phosphorsäureester, Sulfosäureester und andere lassen sich mit Äther quantitativ extrahieren [21, 33]. Nach Arbeiten von M. W. ROBERTSON [27] erwies sich Tetrachlorkohlenstoff gegenüber Äther als wirksameres Extraktionsmittel. Er hat den Nachteil, daß eine geringe Menge (ca. 2%) an Polyvinylchlorid und Stabilisatoren wie Cadmium- und Bleisalze mit herausgelöst werden. Für polymere Weichmacher wie z. B. Adipinsäurepolyester und Sebacinsäurepolyester eignet sich besser Methanol [33] oder eine Mischung aus gleichen Teilen Tetrachlorkohlenstoff und Methanol [27] oder Dichloräthan und Methanol [27]. Enthält ein Kunststoff sowohl einen monomeren als auch einen polymeren Weichmacher, so extrahiert man vorteilhaft zunächst mit Äther, anschließend mit Methanol oder einem Gemisch aus gleichen Teilen von Methanol und Tetrachlorkohlenstoff [27]. Der Ätherextrakt enthält fast den ganzen monomeren Weichmacher und geringe Mengen des polymeren Weichmachers. Die Hauptmenge des polymeren Weichmachers wird durch das Lösungsmittelgemisch Methanol/Tetrachlorkohlenstoff herausgelöst.

Beispiel: Ca. 10 g Polyvinylchlorid werden in Teilchen der Größe von maximal 0,7 mm Durchmesser zerkleinert, auf einer Analysenwaage mit einer Genauigkeit bis 0,1 mg gewogen und in eine Papierhülse gefüllt, die in ein Soxhletextraktionsgefäß (siehe Abb. 1) gebracht wird. Die Papierhülse (a 1) hat eine Länge von ca. 75 mm und einen Durchmesser von ca. 30 mm. Das Kolbenvolumen der Extraktionsapparatur beträgt ca. 200 ml. Der Kolben *a* wird mit ca. 120 ml Äther bzw. einem anderen Lösungsmittel gefüllt, mit einer elektrischen Heizhaube oder im Wasserbad zum Sieden gebracht. Vorher gibt man noch 3-5 Siedesteine bzw. Glasperlen zu. Bei geringeren Probemengen wählt man eine entsprechend kleinere Extraktionsapparatur. Das Lösungsmittel der Extraktion kondensiert am Rückflußkühler *b* und gelangt in das Soxhletextraktionsgefäß *c*, wo sich die Extraktionshülse befindet (siehe Abb. 1). Man stellt die Heiztemperatur so ein, daß das Extraktionsmittel in dem Extraktionsgefäß etwa alle 3—4 Minuten in den Kolben abläuft. Nach ca. 6–8 Stunden ist der Weichmacher in den meisten Fällen quantitativ extrahiert. Das Lösungsmittel in dem Kolben wird im Vakuum bis auf ein Volumen von ca. 50 ml eingeengt. Diese eingeengte Lösung filtriert man in eine gewogene Glasschale aus Jenaer Glas (G 20) und befreit sie auf dem Wasserbad von dem restlichen Lösungsmittel. Soll der Weichmachergehalt quantitativ bestimmt werden, trocknet man den Destillationsrückstand im Vakuumtrockenschrank 2 Stunden bei 60—70°C, läßt im Exsikkator auf Raumtemperatur erkalten und wiegt auf einer Analysenwaage aus.

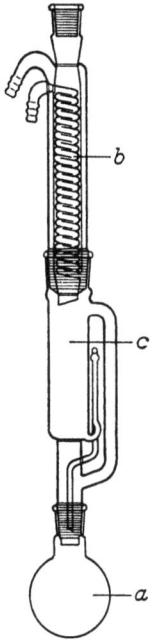

Abb. 1. Soxhletextraktionsgefäß

β) **Celluloseester**

Für organische Celluloseester, wie z. B. Celluloseacetat, Cellulosepropionat, Celluloseacetopropionat, Celluloseacetobutyrat, kommen in der Hauptsache monomere Weichmacher in Frage. Häufig werden angewandt: Phthalsäureester, Adipinsäureester, Phosphorsäureester, Azelainsäureester und Sebacinsäureester. Für besondere Zwecke werden auch ganz spezielle Produkte wie z. B. Pelargonsäurepolyester oder der 2-Äthylhexoesäureester des Triäthylenglykols oder eines anderen Glykols eingesetzt. Darüber hinaus sind Polymerweichmacher und eine ganze Reihe anderer Weichmacher brauchbar. Den Weichmachern kann auch Paraffinöl zugesetzt sein. Als Extraktionsmittel eignet sich dafür besonders Äther. Nach 6—8-stündiger Extraktionszeit ist in den meisten Fällen eine quantitative Extraktion erreicht. Handelt es sich um Nitrocellulose, so ist die Verwendung von äthylalkoholfreiem Äther (Äthylalkohol wird durch die Behandlung mit Natrium entfernt) nötig [*34*], um das Herauslösen von Nitrocelluloseanteilen zu verhindern. Liegt die Nitrocellulose als Lack vor, so wird man vorteilhaft nach dem weiter unten beschriebenen Verfahren arbeiten, indem man die Nitrocellulose mit Benzol und Äther ausfällt, wobei der Weichmacher zum größten Teil in Lösung bleibt (siehe Abschn. A II). Bei der Extraktion wird wie in Abschnitt A, I, a, α verfahren.

Die häufig eingesetzten Stabilisatoren Resorcinmonobenzoat und Salicylsäurephenylester (Salol) werden bei der Weichmacherextraktion mit herausgelöst [*35*]. Resorcinmonobenzoat kann von dem Weichmachergemisch auf folgende Weise leicht abgetrennt werden: Der vom Lösungsmittel befreite Extraktionsrückstand wird mit der ca. 20-fachen Menge Petroläther (Kp. 40 bis 60 °C) — bezogen auf den Extraktionsrückstand — versetzt, kräftig durchgeschüttelt und mehrere Stunden bei 0 °C stehen gelassen. Das Resorcinmonobenzoat scheidet sich als kristalline Substanz ab und kann durch Abzentrifugieren oder Filtrieren von dem in Lösung gebliebenen Weichmacher getrennt werden. Man wäscht das Resorcinmonobenzoat mit etwas Petroläther nach. Salol läßt sich nicht auf solche Weise von dem Weichmacher abtrennen, kann jedoch im Gemisch mit Weichmachern dünnschicht- und gaschromatographisch identifiziert und quantitativ erfaßt werden [*35*] (siehe Abschn. C IIg und D IIIa δ).

b) Flüssig-flüssig-Extraktion

Bei wäßrigen Kunststoffdispersionen läßt sich der Weichmacher ohne Trocknung der Dispersion mittels Perforator (siehe Abb. 2) oder durch Ausschütteln im Scheidetrichter abtrennen [*4*].

Während der flüssig-flüssig-Extraktion können beim Perforator je nach Art des Kunststoffes bzw. des angewandten Extraktionsmittels folgende Schwierigkeiten auftreten: Im Verlauf der Extraktion schlagen sich an der aus der Zeichnung ersichtlichen Fritte e mehr oder weniger große Mengen des vorher dispergierten Kunststoffes nieder. Dadurch wird der kontinuierliche Durchgang des Extraktionsmittels verhindert oder schlimmstenfalls unterbunden. Vermutlich wird durch das Extraktionsmittel neben dem Weichmacher auch der Emulgator mit herausgelöst und dadurch die Dispersion gebrochen.

Man kann diesem Übelstand dadurch in gewissem Umfang begegnen, daß man die Fritte entfernt und das zur Fritte führende Glasrohr d (Steigrohr) unten trichterförmig erweitert.

Beispiel: Extraktion einer Nitrocellulose-Dispersion mit Hilfe eines Perforators. 10 g der wäßrigen Dispersion werden im Becherglas abgewogen, mit 10 ml Wasser und 150 ml Methanol verdünnt und in den Perforatorraum *c* eingefüllt. Man gibt noch 120 ml Petroläther (Kp. 40—70°C) zu. Der Kolben *a* wird wie im PVC-Extraktionsbeispiel (siehe Abschn. A, I, a, α) geheizt. Während des Erhitzens sammelt sich der im Kühler *b* kondensierte Petroläther im Steigrohr *d* und dringt nach dem Erreichen des erforderlichen Druck-Niveaus durch die Fritte *e*, durchspült dann laufend die flüssige weichmacherhaltige Mischung und gelangt durch das Fallrohr *f* in den Kolben zurück. Die Heizung des Rundkolbens wird so eingestellt, daß ein kontinuierliches Abtropfen der Extraktionsflüssigkeit von dem Rückflußkühler beobachtet wird. Nach einer Extraktionsdauer von mindestens $1^1/_2$ Stunden wird der im Kolben *a* befindliche Petroläther abdestilliert und der Weichmachergehalt wie in den vorher angeführten Beispielen (siehe Abschn. A, I, a und Abschn. A, I, b) bestimmt.

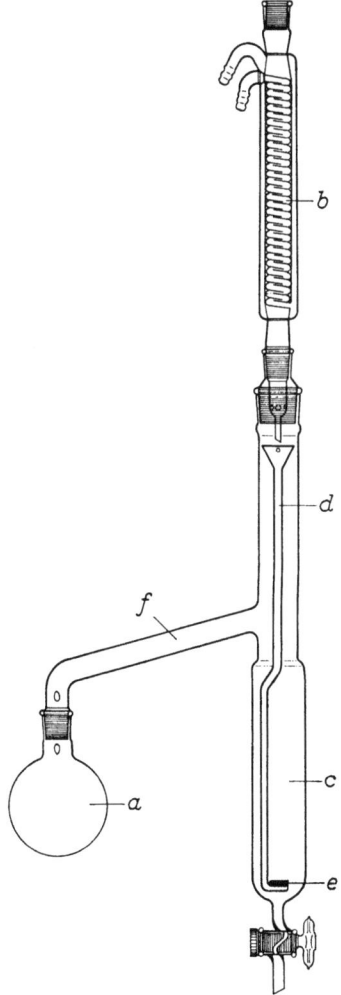

Abb. 2. Perforator

II. Lösen des Kunststoffes und Ausfällung des Polymeren

Obgleich die Extraktion das gebräuchlichste Verfahren zur Isolierung von Weichmachern darstellt, kann man in besonderen Fällen auch zu einer anderen Methode der Abtrennung greifen. So ist bei einer zähviskosen weichmacherhaltigen Kunststoffmasse, wie z.B. bei Lacken oder bei Nitrocellulose mit einem hohen Weichmachergehalt eine Extraktion zur Isolierung der Weichmacher weniger geeignet. Man bringt in diesem Fall den Kunststoff in Lösung — falls nicht wie z. B. bei einem Lack eine Kunststofflösung bereits vorliegt — und fällt das Polymere mit einem anderen Lösungsmittel aus, in dem der Weichmacher löslich ist. Das ausgefallene Polymere wird abzentrifugiert oder abfiltriert und die weichmacherhaltige Lösung eingeengt. Ist man an einer quantitativen Weichmacherabtrennung interessiert, so wird man versuchen, durch mehrmaliges Lösen und Fällen des Koagulates die mitgerissene Weichmachermenge ebenfalls zu erfassen. Trotzdem gelingt eine quantitative Abtrennung nicht in allen Fällen. Der Weichmacher enthält in den meisten Fällen noch geringe Mengen an Polymeren und Kunststoffhilfsprodukten wie Stabilisatoren usw. Prinzipiell ist diese Methode bei fast allen Kunststoffen anwendbar und soll daher im folgenden näher erläutert werden.

a) Polyvinylchlorid

Polyvinylchlorid wird mit peroxidfreiem Tetrahydrofuran oder Cyclohexanon in Lösung gebracht und durch langsames Eintropfen in Methanol wieder ausgefällt. Auch bei Anwendung kleinstmöglicher Mengen an Tetrahydrofuran und größerer Mengen an Methanol gelingt die quantitative Ausfällung des Polymeren nicht ganz. Von dem PVC können unter den beschriebenen Versuchsbedingungen noch etwa 3—5% Polyvinylchlorid in der Weichmacherfraktion enthalten sein. Tetrahydrofuran ist gegenüber Cyclohexanon ein besseres Lösungsmittel für Polyvinylchlorid. Während z. B. eine PVC-Probe bei 40°C in Tetrahydrofuran bereits nach 3—4 Stunden quantitativ gelöst ist, tritt eine vollständige Lösung bei sonst gleichen Bedingungen in Cyclohexanon erst nach ca. 20 Stunden ein

Beispiel: Abtrennung der Weichmacher aus PVC durch Fällung des Polymeren aus einer Lösung. 2,5 g Polyvinylchlorid und 25 ml Tetrahydrofuran werden in einem 100 ml Erlenmeyerkolben im Wasserbad auf ca. 40°C erwärmt. Nach 3—4 Std. hat sich das PVC aufgelöst. Vorhandene Füllstoffe bleiben ungelöst zurück und werden zweckmäßig vor der Weiterbehandlung abzentrifugiert. Unter beständigem Rühren wird die Lösung in 250 ml Methanol langsam eingetropft, wobei das Polyvinylchlorid ausfällt. Das ausgefallene Polymere wird abzentrifugiert bzw. abfiltriert und das Lösungsmittel im Vakuum abdestilliert. Der Weichmacher verbleibt als Destillationsrückstand.

b) Celluloseester

Als Lösungsmittel für Celluloseester (außer Cellulose-*tri*-acetat) ist Aceton gut geeignet. Das gelöste Polymere läßt sich mit Methanol wieder ausfällen. Im folgenden wird die Abtrennung der Weichmacher aus Cellulose-$2^1/_2$-acetat beschrieben.

Beispiel: Abtrennung der Weichmacher aus Celluloseacetat durch Fällung des Polymeren aus einer Lösung. 2,5 g Celluloseacetat werden in einem 100 ml Erlenmeyerkolben abgewogen und mit 30 ml Aceton unter beständigem Rühren bei Raumtemperatur in Lösung gebracht. Nach etwa 2 Std. liegt eine klare Lösung vor. Unter ständigem Rühren wird die Lösung in 250 ml Methanol getropft, wobei sich das Celluloseacetat abscheidet. Das ausgefallene Polymere wird nach etwa 1-stündigem Stehen abzentrifugiert bzw. abfiltriert. Von der erhaltenen klaren Lösung wird das Lösungsmittel durch Destillation gegebenenfalls im Vakuum (nicht zu hoch erhitzen, Weichmacherflüchtigkeit!) entfernt. Der Weichmacher bleibt als Destillationsrückstand zurück. Er enthält meist noch geringe Mengen Celluloseacetat (ca. 1-2%), das die anschließende Weichmacheridentifizierung aber nicht stört.

c) Nitrocellulose

Nitrocellulose liegt häufig als gelöster Lack vor. Um die Weichmacher möglichst quantitativ zu erfassen, fällt man die Nitrocellulose zweckmäßig in zwei Stufen, nämlich mit Benzol zunächst als Gallerte und dann mit Äther vollständig.

Beispiel: Abtrennung der Weichmacher aus einem Nitrocelluloselack. Ca. 20 g Nitrocelluloselacklösung werden unter ständigem Rühren in 250 ml Benzol eingetropft. Die ausgefallene Gallerte läßt man absitzen, dekantiert die überstehende Flüssigkeit ab und wäscht den Rückstand dreimal mit je 80 ml Benzol. Danach tropft man die Nitrocellulose in 250 ml äthylalkoholfreien Äther ein und läßt $^1/_2$ Stunde rühren. Die nun faserige Nitrocellulose wird abfiltriert und noch zweimal in Äther aufgerührt und wieder filtriert. Die zum Fällen und Auswaschen gebrauchten Benzol- und Äthermengen werden nacheinander in einer gewogenen Glasschale eingedampft. Der Rückstand besteht aus dem gesamten Weichmacher und Harzanteil des Lackes. Nach zweistündigem Trocknen bei 80 °C im Vakuumtrockenschrank wird er gewogen. Um die monomeren Weichmacher zu isolieren, behandelt man den Rückstand mehrere Male mit Petroläther. Zurück bleiben die Harze und polymeren Weichmacher (z. B. Adipin- bzw. Sebacinsäurepolyester). Wird in dem Rückstand ein Harnstoffharz vermutet, so kann dieses durch Ätherextraktion von anderen Harzen und polymeren Weichmachern befreit werden und bleibt quantitativ als ungelöster Rest zurück.

III. Weichmacher in Natur- und Synthesekautschuk

Neben den Füllstoffen kommt in Kautschukmischungen den Weichmachern mengenmäßig die größte Bedeutung zu. In vielen Fällen haben sie vor allem den Zweck, den Preis einer Mischung bzw. eines Vulkanisates zu erniedrigen. Sie ermöglichen eine Erhöhung der eingesetzten Füllstoffmenge und eine Einstellung der notwendigen Verarbeitungsviskosität der Mischungen, bzw. eine Erniedrigung der Vulkanisathärte auf den technologisch erforderlichen Bereich des betreffenden Gummiartikels.

In anderen Fällen finden Weichmacher Anwendung zur Erzielung spezieller Eigenschaften. So ist es möglich, die Füllstoffdispergierung, Klebrigkeit, Spritzbarkeit der Mischungen und in den Vulkanisaten die Elastizität, Tieftemperaturflexibilität und Brennbarkeit durch Auswahl geeigneter Weichmacher wesentlich zu verbessern.

Bei der Vielzahl der Gründe, aus denen Weichmacher in Natur- und Synthesekautschuk eingesetzt werden, sowie der außerordentlich unterschiedlichen chemischen Konstitution der verschiedenen Kautschuktypen ist es verständlich, daß der chemische Aufbau sehr verschieden sein kann, und die Anzahl der Weichmacher außergewöhnlich groß ist. Sie übertrifft zweifellos die Typenzahl, die in den verschiedenen Kunststoffen, speziell in PVC, zur Anwendung gelangt. Zwei große Gruppen sind bei einer Einteilung der Weichmacher für Natur- und Synthesekautschuk zu unterscheiden, nämlich aus Naturprodukten hergestellte und synthetische Weichmacher.

a) Weichmachertypen

α) Aus Naturprodukten hergestellte Weichmacher

In diese Gruppe gehören in erster Linie die *Mineralöl-Weichmacher*. Ihnen kommt mengenmäßig die größte Bedeutung zu, da sie als billige Streckmittel mit den meisten Kautschuktypen gut verträglich sind. Jedoch sind auch hier verschiedene Untergruppen zu unterscheiden, die durch relativen prozentualen Gehalt an aromatischen, naphthenischen und paraffinischen Kohlenwasserstoffen charakterisiert sind. Eine einfache Klassifizierung stellt die Bestimmung des Anilinpunktes [36] dar. Heute setzt sich jedoch die genauere Methode der Bestimmung der sog. Viskositäts-Dichte-Konstante [37] (=VDK) durch. Man unterscheidet hierbei folgende Gruppen:

Klassifizierung	Viskositäts-Dichte-Konstante
hocharomatisch	über 1,050
aromatisch	0,951 – 1,000
relativ aromatisch	0,901 – 0,950
naphthenisch	0,851 – 0.900
rel. naphthenisch	0,821 – 0,850
paraffinisch	0,791 – 0,820

Einen noch genaueren Aufschluß über die Konstitution bringt die Bestimmung der Kohlenstoffverteilung nach der Methode von KURTZ und WARD [*38*].

Die Mengen Mineralöl, die Kautschukmischungen zugesetzt werden, liegen im allgemeinen zwischen ca. 5—30 Gew. Tln., bezogen auf 100 Gew. Tle. Kautschuk. In geringerem Umfang werden größere Mengen bis zu ca. 100 Gew. Tle./100 Gew. Tle. Kautschuk verwendet.

Cumaron- und *Cumaron-Indenharze*, die aus Steinkohlenteer gewonnen werden, haben gegenüber den Mineralölen mengenmäßig eine wesentlich geringere Bedeutung. Sie finden Anwendung entweder als Klebrigmacher für Synthesekautschuk oder als Dispergatoren für hochgefüllte Mischungen. Sie werden charakterisiert durch ihren Erweichungspunkt und den Helligkeitsgrad. Die Dosierung liegt im allgemeinen bei etwa 2—5 Gew. Tln./100 Gew. Tle. Kautschuk.

Die Verwendung von *Terpenderivaten* spielt mengenmäßig eine nicht unbedeutende Rolle. In erster Linie handelt es sich um Fichtenteer, der als Klebrigmacher und Dispergator in Kautschukmischungen Anwendung findet. Die Mengen liegen im allgemeinen bei ca. 3—5 Gew. Tln./ 100 Gew. Tle. Kautschuk. Häufige Anwendung finden spezielle Typen von Harzsäuren, die aus Fichtenteer gewonnen werden, als Emulgatoren bei der Herstellung von Synthesekautschuktypen in wässriger Emulsion. Jedoch auch Kautschuktypen, die in Lösung hergestellt werden, erhalten meist Zusätze von Harzsäuren und zwar zunächst zur Zerstörung der Aktivatoren, jedoch auch zur Verbesserung der Klebrigkeit. Da die Harzsäuren beim Auswaschen und Aufarbeiten des Synthesekautschuks nur teilweise ausgewaschen werden, sind sie praktisch immer in fertigen Polymeren vorhanden und deshalb auch in den Gummiartikeln zu finden. Die von der Herstellung im Synthesekautschuk vorhandene Menge Harzsäure beträgt im allgemeinen ca. 1—7 Gew. Tle./100 Gew. Tle. Kautschuk und liegt in manchen Fällen, wenigstens teilweise, als Metallsalz (z. B. Na-, K-, NH_4-) vor.

Geringe Mengen von *Fettsäuren*, in der Hauptsache Stearinsäure, sind in den meisten Kautschukmischungen mit 0,5—3 Gew. Tln./100 Gew. Tle. Kautschuk enthalten. Sie finden als Füllstoffdispergatoren oder zur Verminderung der Klebrigkeit der Mischungen Anwendung und werden meist unter dem Begriff der Weichmacher angeführt.

β) **Synthetische Weichmacher**

Der Anwendung von synthetischen Weichmachern in Natur- und Synthesekautschuk kommt im Vergleich zu den Mineralölen mengenmäßig eine wesentlich geringere Bedeutung zu. Die Ursache liegt in erster Linie in ihrem deutlich höheren Preis. Infolgedessen werden synthetische

Weichmacher nur verwendet, wenn sie zur Erzielung spezieller Eigenschaften von Mischungen und Vulkanisaten dienen sollen oder weil die aus technologischen Gründen benötigte Kautschuktype nicht mit Mineralölen verträglich ist und deshalb einen synthetischen Weichmacher erfordert.

Die Anzahl der synthetischen Weichmacher, die in Natur- und Synthesekautschukmischungen zur Anwendung gelangen, ist außergewöhnlich groß. Sie umfaßt praktisch alle handelsüblichen PVC-Weichmacher sowie eine Reihe von Produkten, die speziell nur in Kautschuk eingesetzt werden. Außerdem findet man manche synthetische Harztypen, die jedoch außerordentlich schwer zu definieren und nachzuweisen sind.

Phthalsäureester. Als billige Weichmacher zur Verbesserung der Elastizität und Tieftemperaturbeständigkeit sind Phthalsäureester vielfach in Gummiartikeln zu finden. In der Hauptsache handelt es sich dabei um Dibutylphthalat (b 36) und Dioctylphthalat (b 41). Höhermolekulare Produkte sind meist von geringerem Interesse, da die niedrige Flüchtigkeit von Dioctylphthalat im allgemeinen ausreichend ist und die Tieftemperaturflexibilität mit steigender Kettenlänge ungünstiger wird.

Die zugesetzten Mengen bewegen sich im allgemeinen zwischen 5 und 30 Gew. Tln./100 Gew. Tle. Kautschuk.

Adipinsäureester. Im wesentlichen gilt dasselbe, was bei den Phthalsäureestern gesagt wurde. Jedoch ist aus preislichen Gründen ihre Verwendung im allgemeinen nur dann gerechtfertigt, wenn extreme Verbesserungen im elastischen Verhalten gewisser Kautschuktypen erzielt werden müssen.

Sebacinsäureester. In höherem Maße als manchmal preislich und technologisch gerechtfertigt ist, findet man in Gummiartikeln Dioctylsebacat (b 23). Dieses Produkt wird praktisch immer wegen seiner guten Tieftemperaturflexibilität und geringen Flüchtigkeit in Gummiartikeln eingesetzt. Die Dosierung entspricht den Angaben bei den Phthalsäureestern.

Phosphorsäureester. Entsprechend den Anwendungen in Kunststoffen werden Phosphorsäureester auch im Kautschuk wegen ihrer geringen Brennbarkeit beigemischt. In erster Linie sind sie in Synthesekautschuktypen zu finden, die selbst schon schwer brennbar (= chlorhaltig) sind und den Zusatz von nicht brennenden Weichmachern erfordern. Dabei handelt es sich meist um Trikresylphosphat (b 48) und Diphenylkresylphosphat (b 47). In selteneren Fällen findet man die Ester des Xylenols oder Mischester von Xylenol und Kresol oder Phenol sowie Trioctylphosphat. Die Dosierungen liegen im allgemeinen zwischen 5 und 15 Gew. Tln. Phosphorsäureester pro 100 Gew. Tle. Kautschuk.

Chlorkohlenwasserstoffe. Chlorkohlenwasserstoffe vom Typ chlorierter

Paraffine, Naphthaline und Diphenyle finden Anwendung in Dosierungen bis ca. 20 Gew. Tle./100 Gew. Tle. in nicht chlorhaltigen Kautschuktypen, sofern daraus schwerbrennbare Artikel hergestellt werden sollen. In chlorhaltigen Kautschuktypen liegt die zugesetzte Menge im allgemeinen niedriger und überschreitet meist nicht 10 Gew. Tle./100 Gew. Tle. Polymeres.

Emulsionsweichmacher. Emulsionsweichmacher finden in gewissem Umfang in Synthesekautschuk-Mischungen zur Verbesserung der Verarbeitbarkeit, insbesondere der Spritzbarkeit und des Kalandrierverhaltens Anwendung. Im allgemeinen handelt es sich um Derivate des Tallöls, die chemisch modifiziert wurden und in wäßriger Emulsion mit ca. 5% Wassergehalt vorliegen. Ihre Dosierung beträgt im allgemeinen bis ca. 5 Gew. Tle./100 Gew. Tle. Kautschuk.

Äther. In ihrer chemischen Konstitution als Äther oder Thioäther anzusprechen sind verschiedene Weichmacher, die speziell auf dem Kautschuksektor Verwendung finden. Der Dibenzyläther (b 73) wurde früher in größerem Umfang zur Verbesserung der Verarbeitbarkeit von Synthesekautschuk eingesetzt, hat jedoch heute seine Bedeutung weitgehend verloren. Andererseits finden Polyäther und Polyäther-thioäther, deren Konstitution chemisch nicht genau definiert ist, heute je nach Typ entweder als Antistatika oder als außerordentlich wirksame Weichmacher zur Erzielung guter Tieftemperaturflexibilität von Gummiartikeln Anwendung. Ätherderivate, die durch Umsetzung von Formaldehyd mit Kohlenwasserstoffen entstehen, haben eine gewisse Bedeutung als harzartige Klebrigmacher in Synthesekautschuk.

Thioäther-ester. Größere Bedeutung als sehr wirksame Weichmacher zur Verbesserung des elastischen und Tieftemperaturverhaltens von Gummiartikeln kommt Produkten zu, die als Thioäther-ester anzusprechen sind. Im einzelnen handelt es sich um Methylen- bis- thioglykolsäurebutylester (b 4), Thiobuttersäurebutylester, usw. Die Dosierung dieser Weichmacher liegt im allgemeinen zwischen 5 und 30 Gew. Tln./100 Gew. Tle. Kautschuk.

Polymerweichmacher. In Natur- und Synthesekautschuk kommt den Polymerweichmachern vom Typ der Polyester und Polyätherester usw. nur eine sehr begrenzte Bedeutung zu. Ihre Dosierung überschreitet meist nicht 10 Gew. Tle./100 Gew. Tle. Kautschuk.

Sonstige synthetische Weichmacher. Aus der großen Gruppe anderer synthetischer Weichmacher findet man in Einzelfällen die relativ teuren Azelainsäureester, außerdem Butyl- und Glyzerinester von Ölsäuren sowie Paraffinsulfonsäureester des Phenols und Kresols. Für Sonderzwecke werden auch synthetische Harze auf Basis von Phenol, Kresol, Naphthalin, usw. verwendet. Meist handelt es sich dabei um Formaldehyd-Umsetzungsprodukte.

b) Anwendung der Weichmacher in den verschiedenen Kautschuktypen

Jeder handelsübliche Gummiartikel kann durch ein bestimmtes technologisches Eigenschaftbild charakterisiert werden. Um dieses zu erreichen, ist eine geschickte Auswahl von Kautschuktype und Mischungsaufbau unter Berücksichtigung preislicher Gegebenheiten notwendig. Das bedeutet, daß im allgemeinen für die Herstellung eines bestimmten Gummiartikels nur ein einzelner oder nur wenige unterschiedliche Kautschuktypen aus technologischen und preislichen Gründen in Frage kommen. Aus der Kautschuktype und der Art des Gummiartikels lassen sich schon oft Schlüsse auf die verwendeten Weichmacher ziehen. Aus diesem Grund sollen im folgenden die einzelnen Kautschuktypen und ihre Hauptanwendungsgebiete, sowie die dabei im wesentlichen eingesetzten Weichmacher behandelt werden.

Naturkautschuk (NR). Der mengenmäßig größte Anteil von NR wird im Reifensektor verwendet. Dabei spielen ausschließlich Mineralöle und Harzsäuren eine wesentliche Rolle als Weichmacher. Weiterhin ist NR sehr weit verbreitet in technischen Artikeln und Kabelummantelungen. Auch hier sind meist Mineralöle im Einsatz. Lediglich in technischen Artikeln, die besonderen Ansprüchen in Elastizität usw. genügen, findet man die verschiedensten synthetischen Weichmacher vom Ester- oder Äthertyp. In schwer brennbaren Artikeln (z.B. Transportbänder) aus NR sind meist Chlorkohlenwasserstoffe, jedoch kaum Phosphorsäureester anzutreffen.

Styrol-Butadien-Kautschuk (SBR). Die größten Mengen dieses Synthesekautschuks finden ebenfalls im Autoreifen ihre Anwendung. Dabei werden hauptsächlich Mineralöle, jedoch auch gewisse Mengen von klebrigmachenden Weichmachern (Harze usw.) eingesetzt. In technischen Artikeln aus SBR werden synthetische Weichmacher häufiger verwendet als bei NR, trotzdem spielen hier, wie auch bei Kabelummantelungen, die Mineralöle die größte Rolle. Wie beim NR sind in schwer brennbaren Artikeln zumeist Chlorkohlenwasserstoffe zu finden.

Alle Fertigartikel, die aus SBR hergestellt wurden, enthalten gewisse Mengen Harzsäuren, die aus der Produktion dieses synthetischen Kautschuks stammen.

Butadien-Kautschuk (BR). Butadien-Kautschuk findet bisher praktisch ausschließlich im Reifensektor im Verschnitt mit NR oder SBR Verwendung. Es gelten praktisch die Angaben von Styrol-Butadien-Kautschuk.

Chloropren-Kautschuk (CR). Chloropren-Kautschuk stellt einen chlorhaltigen Kautschuk dar, der hauptsächlich für die Fertigung von technischen Artikeln und Kabelummantelungen Verwendung findet. In letzterem findet man Mineralöle als Weichmacher, während in technischen Artikeln (Dichtungen, Profilen usw.) dagegen häufig synthetische Weichmacher zur Verbesserung der Tieftemperaturflexibilität gebräuchlich sind. Es handelt sich dabei meist um Phthalsäureester und in geringem Umfang um Ölsäureester sowie andere synthetische Ester-, Äther- bzw. Ätherester-Weichmacher. In manchen Fällen finden Klebrigmacher (Harze) und Emulsions-Weichmacher Anwendung.

Da Chloropren-Kautschuk von sich aus schon flammwidrig ist, findet man in schwerbrennbaren technischen Artikeln sowie Kabelmänteln neben Mineralölen Phosphorsäureester und in geringem Umfang Chlorkohlenwasserstoffe als Weichmacher.

Butadien-Acrylnitril-Kautschuk (NBR). NBR ist auf Grund seiner chemischen Konstitution weniger verträglich mit Mineralöl-Weichmachern. Allenfalls finden relativ geringe Dosierungen von aromatischen Typen Anwendung als Streckmittel für NBR-Mischungen. Die größte Bedeutung als Weichmacher für NBR kommt den synthetischen Typen zu, die in allen Variationen in NBR-Vulkanisaten anzutreffen sind. In manchen Fällen ist ihre Verwendung nicht nach technologischen Gesichtspunkten erfolgt, sondern lediglich in Hinsicht auf betrieblich vorhandene Produkte. Aus diesen Gründen muß eine Analyse von Weichmachern in NBR sich auf die Berücksichtigung möglichst vieler Produkte erstrecken.

Abgesehen von Phthalsäure-, Adipin- und Sebacinsäureestern kommen zahlreiche Spezialweichmacher in Frage, wie Methylen-bis-thioglykolsäurebutylester, Thiobuttersäurebutylester, Alkylsulfonsäureester (C_{12}-C_{20}) des Phenols und der Kresole, Äther, Thioäther usw. Als Klebrigmacher finden Formaldehyd-Umsetzungsprodukte und Harze verschiedenster Art eine weitverbreitete Anwendung. Auch Emulsionsweichmacher als Verarbeitungshilfsmittel sind in manchen NBR-Vulkanisaten enthalten. Die Anwendung von Chlorkohlenwasserstoffen ist in schwerbrennbaren NBR-Artikeln notwendig.

Isobutylen-Isopren-Kautschuk (=Butylkautschuk= IIR). IIR wird in größerem Umfang als wetter- und hitzebeständiger, preislich günstiger Kautschuk zur Herstellung von Kabelisolationen, Profilen und anderen technischen Artikeln sowie für Gewebebeschichtung und Herstellung von sog. Heizschläuchen (zur Vulkanisation von Autoreifen) verwendet. Als Weichmacher finden praktisch ausschließlich Mineralöle vom paraffinischen und naphthenischen Typ wegen ihrer guten Verträglichkeit Anwendung. An synthetischen Weichmachern wird hauptsächlich Phosphorsäuretributoxyäthylester zur Verbesserung der Elastizität von IIR-Vulkanisaten angewandt.

Äthylen-Propylen-Co- und Terpolymere (EPM und EPT). EPM und EPT finden in steigendem Maße für gewisse technische Artikel wie Profile und Kabelisolationen Anwendung. Als Weichmacher werden hier praktisch ausschließlich Mineralöle, meist vom paraffinischen Typ, eingesetzt. Synthetische Weichmacher sind im allgemeinen technologisch nicht erforderlich und auch meist nicht verträglich. Eine gewisse Bedeutung besitzen Harze als Klebrigmacher, jedoch ist ihre chemische Konstitution außerordentlich heterogen.

Sulfochloriertes Polyäthylen (CSM). CSM wird als schwerbrennbarer, hitzebeständiger Kautschuk in gewissem Umfang zur Herstellung technischer Artikel, Gewebebeschichtungen und Kabelummantelungen usw. angewandt. Vielfach enthalten die Vulkanisate lediglich Harzsäuren in Form von Kolophonium-Derivaten und Epoxidharzen, die für die Vulkanisation eingesetzt werden. Weniger verbreitet ist die Verwendung von Mineralölweichmachern oder synthetischen Produkten (Ester, Äther, verschiedene Harze) in CSM.

Sonstige Kautschuktypen. Außer den vorgenannten Kautschuktypen gibt es noch eine Anzahl von Elastomeren, die nur eine geringe Bedeutung haben, jedoch im Einzelfall von großem technologischen Interesse sein können. Die Typen seien bezüglich ihrer Weichmacher im folgenden nur kurz abgehandelt:

Silikonkautschuk enthält aus technologischen Gründen nur in Einzelfällen Weichmacher und zwar in Form von Siliconölen.

Urethanelastomere werden manchmal zusammen mit Esterweichmachern (meist Phthalsäureestern) verarbeitet.

Acrylsäureester-Mischpolymerisate (=Arcylatkautschuk) finden praktisch immer ohne Weichmacher Anwendung.

Äthylen-vinylacetat-Copolymere enthalten bei Verarbeitung als Kautschukmaterial manchmal Zusätze von Phthalsäureestern.

c) Weichmacherextraktion aus Kautschuk

Alle niedermolekularen Stoffe lassen sich durch Aceton aus unvulkanisiertem und vulkanisiertem Kautschuk extrahieren [33, 39, 40]. Zu den niedermolekularen Verbindungen zählen auch die monomeren Weichmacher. Obwohl Weichmacher auf Esterbasis vorwiegend für Plastomere wie Polyvinylchlorid und Celluloseester verwendet werden, sind sie auch für Synthesekautschuke, inbesondere für Butadien-Acrynitril-Copolymere von Bedeutung.

Im Acetonextrakt befinden sich außer den Esterweichmachern auch Ätherweichmacher, paraffinische, naphthenische und aromatische Kohlenwasserstoffe, Fettsäuren, Harze, Sterine und andere Begleitstoffe aus Naturkautschuk, Stabilisatoren aus Synthesekautschuk und manchmal niedermolekulare Anteile der Polymeren. Außer diesen Stoffen werden mit Aceton geringe Mengen freien Schwefels sowie Vulkanisationsbeschleuniger und/oder ihre Zersetzungsprodukte extrahiert.

Werden an Stelle von Aceton Äther oder Petroläther (Kp. 40—70 °C) benutzt, so ist der Extrakt frei von Schwefel. Weder mit Aceton noch mit Äther bzw. Petroläther werden Polymerweichmacher quantitativ extrahiert. Um sie quantitativ im Extrakt zu erfassen, wird Methanol verwendet.

Beispiel: Extraktion einer Kautschukprobe [4, 40]. Als Extraktionsapparat dient eine Standardapparatur (s. Abb. 3). Man wickelt eine dünngewalzte oder zerkleinerte, analytisch genau eingewogene Probe von etwa 3 g in ein Stück Filterpapier, Leinentuch oder eine Extraktionshülse und steckt sie in das Hebergefäß (a). Das Hebergefäß wird sodann am Kühler (b) befestigt. Beides wird in den getrockneten und gewogenen, mit 90 ml Aceton beschickten Kolben (c) eingeführt und so erhitzt, daß das Hebergefäß sich alle 3,5 bis 4,5 Minuten entleert. Die Extraktion wird gleichmäßig und stetig 16 Stunden lang durchgeführt. Bei Proben, die mehr als 10% Schwefel auf Kautschuk enthalten, ist eine längere Extraktion erforderlich. Nach Beendigung der Extraktion wird das Aceton fast vollständig abdestilliert und der Rückstand bei 75°C im Trockenschrank bis zur Gewichtskonstanz (mindestens 2 Stunden) getrocknet, abgekühlt und zurückgewogen.

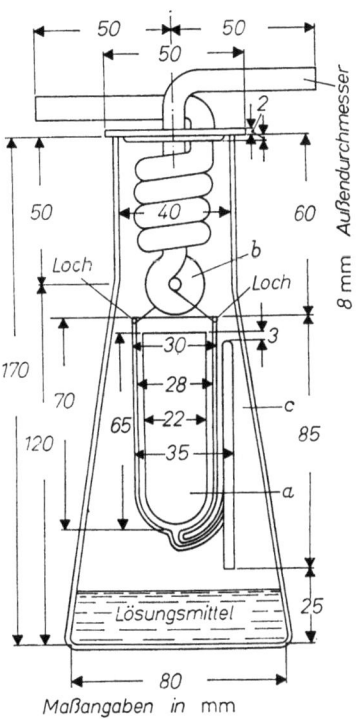

Abb 3. Standard-Extraktionsapparatur British Standards B.S. 903

B. Chemisch-analytische Untersuchungen

I. Qualitativer Nachweis von Heteroelementen

Aus der Anwesenheit einzelner Heteroelemente lassen sich oft Schlüsse bezüglich der Art des Weichmachers ziehen. Man wird daher zunächst qualitativ auf Anwesenheit dieser Elemente prüfen. Anschließend erfolgt eine quantitative Bestimmung. Bei positiver Nachweisreaktion einzelner Elemente erhält man dabei Hinweise über die mögliche Anwesenheit folgender Weichmacherklassen:

Phosphor: Phosphorsäureester
Chlor: Chlorierte aromatische oder aliphatische Körper (Chlorparaffine, gechlorte Phenoläther, chlorierte Ester usw.)
Phosphor und Chlor bzw. Halogen: Halogenierte Phosphorsäureester
Schwefel: Thioäther, Alkylsulfonsäureester
Stickstoff: Amide, Anilide, Harnstoff, Harnstoffderivate
Schwefel und Stickstoff: Sulfonamide, Sulfanilide

Es ist zu berücksichtigen, daß Chlor von herausgelöstem Polyvinylchlorid stammen, und ein geringer Schwefel- und Stickstoffgehalt von Stabilisatoren herrühren kann.

a) Aufschluß des Weichmachers

Reagentien:
1. *Metallisches Natrium*
2. *Destilliertes Wasser*

Arbeitsweise: Man bringt 2—3 Tropfen (30—50 mg) des Weichmachers in ein kleines Reagenzglas (Länge etwa 8 cm und Durchmesser etwa 5—6 mm), schmilzt die Substanz mit einem erbsengroßen Stückchen (nicht größer!) Natrium, erhitzt das Röhrchen bis zur Rotglut und taucht das heiße Röhrchen in ein Becherglas, in dem sich 20 bis 30 ml dest. Wasser befinden. Das Röhrchen zerspringt, wobei sich der durch überschüssiges Natrium entwickelte Wasserstoff entzündet. Man filtriert vom Bodensatz ab und teilt das Filtrat in mehrere Teile, mit denen der Nachweis der einzelnen Heteroatome durchgeführt wird.

b) Nachweis von Phosphor

Reagentien:
1. *Ammoniummolybdatlösung:* 3 g Ammoniummolybdat, $(NH_4)_6Mo_7O_{24} \cdot 4H_2O$, werden in Wasser gelöst, filtriert und auf 100 ml aufgefüllt
2. *Ammoniumnitratlösung:* 34 g Ammoniumnitrat, NH_4NO_3, werden in Wasser gelöst, filtriert und auf 100 ml aufgefüllt
3. *Konzentrierte Salpetersäure:* 65%ig, d= 1,39
4. *Salpetersäure 25%ig* (d= 1,153): Mischung von 18 ml konzentrierter Salpetersäure (d= 1,39) und 42 ml Wasser
5. *0,1 n Kaliumpermanganatlösung*
6. *0,1 n Oxalsäurelösung*
7. *Benzidinlösung:* 0,05 g Benzidin werden in 10 ml Eisessig gelöst und auf 100 ml mit Wasser aufgefüllt

Arbeitsweise: Ca. 10 ml des Filtrats (B, I, a) werden mit konz. Salpetersäure angesäuert und eingedampft. Der Rückstand wird in Wasser gelöst, zum Sieden erhitzt und so lange mit 0,1 n Kaliumpermanganatlösung versetzt, bis ein klarer Überschuß durch die blauviolette Farbe der Lösung angezeigt wird. Dieser Überschuß wird durch Zusatz von wenigen Tropfen einer 0,1 n Lösung von Oxalsäure zerstört. Anschließend setzt man 1 ml der 25%igen Salpetersäure und 2 ml der Ammoniumnitratlösung zu. Die Lösung wird erhitzt und mit 4 ml heißer Ammoniummolybdatlösung versetzt. Ein gelber Niederschlag zeigt die Anwesenheit von Phosphor an.

Eine Gelbfärbung kann auch durch Kieselsäure — aus Silikonöl stammend — hervorgerufen werden. Um ganz sicher zu gehen, wird der gelbe Niederschlag über ein Rundfilter abfiltriert und mit der Benzidinlösung benetzt. Bei Anwesenheit von Phosphorammoniummolybdat erhält man eine charakteristische blaue Färbung.

c) Nachweis von Halogenen

α) Nachweis von Chlorid und Bromid

Reagentien:
1. *25%ige Salpetersäure (d= 1,153):* Mischung aus 18 ml konzentrierter Salpetersäure (d = 1,39) und 42 ml Wasser
2. *Silbernitratlösung:* 1 g Silbernitrat wird in 100 ml Wasser gelöst

Arbeitsweise: 3 ml des Filtrats (B, I, a) werden mit verdünnter Salpetersäure angesäuert und eine Zeitlang erhitzt, um die bei Anwesenheit von Stickstoff und Schwefel gebildeten Verbindungen HCN und H_2S zu entfernen. Nach dem Erkalten wird mit 1 ml 1%iger Silbernitratlösung versetzt. Die Bildung eines weißen Niederschlages zeigt die Anwesenheit von Chlor, die eines gelblichen Niederschlages die Gegenwart von Brom bzw. Jod an.

β) Nachweis von Bromid

Die Anwesenheit von Jod wurde von uns bisher in Weichmachern nicht festgestellt. Bromhaltige Weichmacher sind wegen der flammwidrigen Wirkung öfter im Einsatz.

Die eindeutige Identifizierung von Chlorid und Bromid ist auf verschiedene Weise möglich [41]. Ein gängiges Verfahren wird angeführt.

Reagentien:
1. *Verdünnte Schwefelsäure:* Mischung aus Wasser und konzentrierter Schwefelsäure im Verhältnis 1:1
2. *Chlorwasser:* Gasförmiges Chlor wird 10 Minuten lang in destilliertes Wasser eingeleitet
3. *Schwefelkohlenstoff* oder *Chloroform*

Arbeitsweise: 3 ml des Filtrats (B, I, a) werden mit verdünnter Schwefelsäure angesäuert, wobei sich die Lösung erwärmt. Nach dem Erkalten wird die Lösung mit farblosem Schwefelkohlenstoff oder Chloroform und wenigen Tropfen Chlorwasser versetzt. Nach dem Umschütteln tritt bei Anwesenheit von Bromid im Schwefelkohlenstoff bzw. Chloroform vorübergehend eine Braunfärbung auf, die bei weiterer Zugabe von Chlorwasser unter Bildung von Bromchlorid in weingelb umschlägt.

d) Nachweis von Schwefel

Reagentien:

Nitroprussidnatriumlösung: Man löst 1 g Natrium-pentacyanonitrosyl-ferrat (II), $Na_2[Fe(CN)_5NO] \cdot 2H_2O$, in 100 ml Wasser

Arbeitsweise: 1 ml des Filtrats (B, I, a) wird mit 2 ml dest. Wasser verdünnt und mit 1 ml einer frisch bereiteten 1%igen wäßrigen Nitroprussidnatriumlösung versetzt. Entsteht eine violette Färbung, die meist in blutrot übergeht, so enthält die Substanz Schwefel. Die Probe ist außerordentlich empfindlich und spricht schon auf Spuren von Schwefel an.

e) Nachweis von Stickstoff

Reagentien:
1. *Eisen(II)sulfat*, $FeSO_4 \cdot 7H_2O$
2. *Ferrichlorid-Lösung:* Man löst 5 g Eisen(III)chlorid, $FeCl_3 \cdot 6H_2O$ in 100 ml Wasser

3. *Verdünnte Salzsäure:* Mischung von Wasser und konzentrierter Salzsäure (d = 1,19) im Verhältnis 1 : 1

Arbeitsweise: Zu 1 ml des Filtrats (B, I, a) gibt man einige Körnchen Eisen(II)-sulfat und kocht einige Minuten; setzt dann 1—2 Tropfen Ferrichlorid-Lösung zu und kocht nochmals auf. Die Lösung muß bis zuletzt alkalisch reagieren. Erforderlichenfalls gibt man einige Tropfen Lauge zu. Tritt nun beim Ansäuern mit verdünnter Salzsäure eine blaue Fällung auf, so enthält die Substanz Stickstoff. Enthält sie nur wenig Stickstoff, so entsteht zunächst keine blaue Fällung, sondern nur eine blaugrüne Färbung. Unter Umständen scheiden sich blaue Flocken erst nach Stunden ab.

II. Chemische Reaktionen zur Ermittlung bestimmter Strukturmerkmale bzw. der Weichmacherklassen

a) Nachweis von freien Fett- und Harzsäuren (Säurezahl)

Die Anwesenheit von Fett- und Harzsäuren wird durch die Bestimmung der Säurezahl im Acetonextrakt des Kautschuks (Kunststoffs) nachgewiesen.

Unter Säurezahl versteht man die Menge an Kaliumhydroxid in mg, die zur Neutralisierung von 1 g Substanz notwendig ist. Die Titration selbst kann natürlich auch mit der äquivalenten Menge Natronlauge erfolgen, wie dies im nachfolgend beschriebenen Arbeitsbeispiel geschieht. Der notwendige Umrechnungsfaktor auf Kaliumhydroxid ist in der Gleichung schon berücksichtigt.

Ist die Säurezahl größer als 1, dann sind freie Fett- und/oder Harzsäuren im Acetonextrakt vorhanden.

Reagentien:
1. *Äthylalkohol*
2. *Benzol*
3. *0,1 n Natronlauge* (wäßrig)
4. *Phenolphthaleinlösung, 0,1%ig in Äthylalkohol*

Arbeitsweise: Der genau gewogene, vom Lösungsmittel befreite Rückstand des Acetonextrakts (siehe A, III, c) wird in 50 ml eines Gemisches aus gleichen Teilen Äthylalkohol und Benzol gelöst und mit wäßriger 0,1 n Natronlauge gegen Phenolphthalein als Indikator titriert.

Die Berechnung der Säurezahl (SZ) wird nach folgender Gleichung vorgenommen:

$$SZ = \frac{a \cdot 5{,}6}{E}$$

E = Einwaage an Extraktionsrückstand in g
a = Verbrauch an 0,1 n Natronlauge in ml

b) **Prüfung auf Anwesenheit von Estern** [*42*] **(Verseifungszahl)**

Werden im Rückstand des Acetonextraktes (oder dem Extrakt mit einem anderen geeigneten Lösungsmittel wie Methanol, Äther, Methylenchlorid) Phosphor (Phosphorsäureester), große Mengen Schwefel (z. B. aus Alkylsulfonsäureester) und Chlor (z. B. aus Chlorparaffin) *nicht* gefunden, so können Mineralöl, Ätherweichmacher, Harze, Fettsäuren oder in besonderem Maße Ester von Mono- bzw. Dicarbonsäuren anwesend sein.

Die Anwesenheit von Estern wird durch die Bestimmung der Verseifungszahl, die bei Estern im allgemeinen > 200 ist, ermittelt. Unter Verseifungszahl versteht man die Menge an Kaliumhydroxid in mg, die zur Verseifung von 1 g Substanz notwendig ist.

Neben Estern werden jedoch auch viele Stoffe verwendet, die nur schwer verseifbar sind oder überhaupt keine Ester darstellen (z. B. Dibenzyläther, Polyäther, Mineralöl) und somit nach den für die Esterweichmacher üblichen Methoden nicht erfaßt werden. Diese Substanzen sind im unverseifbaren Anteil des Acetonextraktes enthalten und können dort mit Hilfe der IR-Spektroskopie bzw. chromatographisch nachgewiesen werden.

Reagentien:
1. *1 n äthanolische Kalilauge*
2. *1 n wäßrige Salzsäure*
3. *Phenolphthaleinlösung*, 0,1%ig in Äthanol

Arbeitsweise: 0,3—0,5 g Extraktionsrückstand (siehe A, I, a oder A, I, b) werden 1 Stunde lang mit 50 ml 1 n äthanolischer Kalilauge am Rückflußkühler zum Sieden erhitzt. Nach dem Abkühlen titriert man die überschüssige Lauge gegen Phenolphthalein mit 1 n Salzsäure zurück. Desgleichen titriert man 50 ml der alkoholischen Lauge mit 1 n Salzsäure. Die Verseifungszahl (VZ) wird nach folgender Gleichung berechnet:

$$VZ = \frac{(a-b) \cdot 56,1}{E}$$

E = Einwaage an Extraktionsrückstand in g
a = ml 1 n HCl, die bei der Titration der alkoholischen Lauge verbraucht wurden
b = ml 1 n HCl, die bei der Titration der Verseifungslösung verbraucht wurden

c) Bestimmung von Paraffin- und Naphthenkohlenwasserstoffen (unverseifbare Bestandteile)

Sind Paraffin- und Naphthenkohlenwasserstoffe, herrührend aus Paraffinwachsen und Mineralölen in einer Kautschukprobe enthalten, dann finden sie sich im unverseifbaren Anteil des Acetonextraktes (siehe A, III, c). Dieser unverseifbare Anteil umfaßt Paraffinwachs, flüssige Paraffine, naphthenische und aromatische Kohlenwasserstoffe, Harze, Ätherweichmacher u. dgl.

Reagentien:
1. *Äthanolische Kaliumhydroxidlösung*, ca. 1 n
2. *Äther*

Arbeitsweise: Der trockene Acetonextrakt von ca. 3 g Kautschuk (Kunststoff) (siehe A, III, c) wird mit 50 ml alkoholischer 1 n Kaliumhydroxidlösung verseift, indem man 2 Stunden am Rückfluß kocht; danach dampft man zur Trockene ein. Der Rückstand wird mit 100 ml dest. Wasser aufgenommen, in einen Scheidetrichter überführt und mit 25 ml-Portionen Äther praktisch bis zur Farblosigkeit der Lösung ausgeschüttelt. Die vereinigten Ätherauszüge werden zweimal mit Wasser gewaschen (bis das Waschwasser nicht mehr alkalisch reagiert). Die Ätherlösung wird in ein gewogenes Gefäß überführt und das Lösungsmittel abdestilliert. Man trocknet ca. 3 Stunden bei 70°C, kühlt ab und wiegt den unverseifbaren Anteil aus.

d) Bestimmung von festen Paraffinen

Die Bestimmung der festen Paraffine erfolgt aus dem unverseifbaren Anteil des Acetonextraktes der Kautschukprobe (siehe B, II, c).

Geräte:
Kältetrichter

Reagentien:
1. *Absoluter Äthylalkohol*
2. *96—100% Äthylalkohol*
3. *Eis-Kochsalz-Kältemischung*

Arbeitsweise: Die unverseifbare Substanz des Acetonextraktes (siehe B, II, c) wird mit 50 ml absolutem Alkohol 30 Minuten lang auf dem Dampfbad erhitzt, dann kühlt man mittels Eis-Kochsalz-Mischung oder auf ähnlich zweckentsprechende Weise auf mindestens —5°C ab und beläßt die Probe eine Stunde lang bei dieser Temperatur. Abgeschiedene Paraffine werden auf einem Filter im Kältetrichter bei —5°C gesammelt, mit 96—100%igem Alkohol gewaschen und getrocknet. Das Filtrat wird für die Bestimmung von flüssigen Paraffinen und naphthenischen Kohlenwasserstoffen verwendet. Die auf dem Filter gesammelten festen Paraffine werden in heißem Chloroform gelöst und in ein gewogenes Becherglas übergeführt. Man dampft ein, trocknet zunächst an der Luft und dann bei 100°C, kühlt und wiegt aus.

e) Bestimmung flüssiger Paraffine und naphthenischer Kohlenwasserstoffe

Der Anteil an flüssigen Paraffinen und naphthenischen Kohlenwasserstoffen wird aus dem bei der Abtrennung der festen Paraffine erhaltenen Filtrat (siehe B,II,d) ermittelt. Dies geschieht, indem man die Menge der gesättigten Kohlenwasserstoffe, die bei −5°C im Alkohol (und Tetrachlorkohlenstoff) löslich sind und von konz. Schwefelsäure nicht angegriffen werden, bestimmt.

Reagentien:
1. *Tetrachlorkohlenstoff*
2. *Konz. Schwefelsäure* ($d = 1,84$)
3. *Äther* peroxidfrei
4. *Methylrot*: 0,1%ige Lösung in einer Mischung von 3 Teilen Äthanol und 2 Teilen Wasser

Arbeitsweise: Das zur Bestimmung von flüssigen Paraffinen und naphthenischen Kohlenwasserstoffen reservierte Filtrat (siehe B,II,d) wird verdunstet, möglichst mit Hilfe eines Luftstromes, um ein Sieden zu vermeiden.

Der Rückstand wird mit 25 ml Tetrachlorkohlenstoff in einen Scheidetrichter übergeführt, mit konz. Schwefelsäure (D = 1,84) geschüttelt, die gefärbte Säure abgezogen und der Vorgang bis zur Farblosigkeit der letzteren wiederholt. Man gibt Wasser und genügend Äther zu, um eine Trennung der organischen Phase von der wäßrigen zu erhalten und wäscht wiederholt mit Wasser aus, bis keine Säure mehr vorhanden ist (Methylrot als Indikator). Die Äther-Tetrachlorkohlenstoff-Schicht wird in ein gewogenes Gefäß übergeführt und auf dem Dampfbad von Lösungsmitteln befreit. Mittels eines stetigen Stromes filtrierter Luft wird das Sieden verhindert. Die Dampfbehandlung wird unmittelbar vor dem Verdunsten der letzten Spuren der Lösungsmittel beendet und der Luftstrom weitere 10 Minuten aufrechterhalten. Im Infrarot-Spektrum muß man sich davon überzeugen, daß der Rückstand frei von Ätherweichmachern bzw. Chlorparaffinen ist. Dies wird meist der Fall sein. Der Rückstand wird im Trockenschrank bei 100°C getrocknet und gewogen.

Aromatische Bestandteile des Mineralöls und Harze werden nach diesem Verfahren nicht erfaßt, da sie beim Waschen der Tetrachlorkohlenstoff-Äther-Lösung mit Schwefelsäure von der letzteren aufgenommen werden. Wird Wert auf den Nachweis der aromatischen Anteile gelegt, so ist die Lösung vor dem Waschen mit Schwefelsäure infrarot- oder ultraviolett-spektroskopisch auf aromatische Bestandteile des Mineralöls zu untersuchen.

f) Nachweis von Phthalsäureestern

Phthalsäureester setzen sich mit Phenol und konzentrierter Schwefelsäure zu Phenolphthalein um, das im alkalischen Medium die bekannte violettrote Farbe zeigt [42].

Adipinsäureester können unter Umständen eine schwache blauviolette Färbung geben, die im Gegensatz zu Phthalsäureester beim Verdünnen mit 10%iger Natronlauge verschwindet. Andere Weichmacherklassen stören diesen Nachweis nicht.

Reagentien:
1. *Phenol*
2. *Konzentrierte Schwefelsäure*, d = 1,84
3. *10%ige Natronlauge*

Arbeitsweise: Zwei Tropfen des zu untersuchenden Weichmachers werden in einem Reagenzglas mit einer Spatelspitze Phenol und 2 Tropfen konzentrierter Schwefelsäure versetzt und 3 Minuten in ein Ölbad von 160 °C getaucht. Nach dem Erkalten verdünnt man mit 3 ml Wasser und gießt das Ganze in 20 ml 10%ige Natronlauge. Die Anwesenheit von Phthalsäure wird durch die violette Farbe des gebildeten Phenolphthaleins angezeigt.

g) Nachweis von Adipinsäureestern

Die Umsetzung von Adipinsäureestern mit Resorcin in der Schmelze führt zu einer Verbindung, die im alkalischen Medium eine rote Farbe zeigt und zur Identifizierung von Adipaten dienen kann.

Andere Weichmacherklassen geben eine gelbe bis orange Farbe. Dabei sind jedoch die graduellen Farbunterschiede so gering, daß sie sich nicht für eine eindeutige Identifizierung [43] eignen.

Reagentien:
1. *Resorcin*
2. *Konzentrierte Schwefelsäure*, d = 1,84
3. *10%ige Natronlauge*

Arbeitsweise: Zwei Tropfen des zu prüfenden Weichmachers werden in einem Reagenzglas mit einer Spatelspitze Resorcin und mit 2—3 Tropfen konzentrierter Schwefelsäure versetzt und in einem Ölbad 3 Minuten auf 160 °C erhitzt. Nach dem Erkalten wird die Lösung mit ca. 3—5 ml destilliertem Wasser verdünnt und in 20 ml 10%ige Natronlauge gegossen. Adipinsäureester sind durch ihre blutrote Färbung bei Tageslicht zu erkennen, die von anderen Weichmacherklassen nicht gegeben wird.

h) Nachweis von Citronensäureestern

Citronensäureester zeigen auf einer Kieselgel G-Platte nach dem Besprühen mit äthanolischer Kalilauge und nachfolgendem Erhitzen eine gelbe Farbe. Hierbei unterscheiden sich acetylierte und nicht acetylierte Citronensäureester noch dadurch, daß die acetylierten intensiv gelbe Flecken ergeben, während die Flecken der nicht acetylierten Citrate meistens nur einen schwach gelben Rand zeigen. Andere Weichmacher stören den Nachweis nicht.

Geräte:
Fertige Kieselgel-G-Platte (handelsüblich) oder *Glasplatten mit Grundausrüstung für Dünnschichtchromatographie* (a 12)

Reagentien:
1. *Kieselgel G* (a 17) (falls nicht fertig beschichtete Platten verwendet werden)
2. *2 n äthanolische Kalilauge*

Arbeitsweise: Man bringt einen Tropfen des Weichmachers auf die Kieselgel G-Platte (fertig beschichtet gekauft oder wie in Kapitel C, I, c beschrieben hergestellt) und besprüht mit einer 2 n äthanolischen Kalilauge. Anschließend wird sie im Trockenschrank 10 Minuten auf 100 °C erhitzt. Bei Anwesenheit von Citraten bildet sich ein gelber Fleck, bzw. gelber Rand.

i) Nachweis von phenol-, kresol- und xylenolhaltigen Weichmachern

Phenol-, kresol- und xylenolhaltige Weichmacher lassen sich mit 2,6- Dibromchinonchlorimid nachweisen. Bei positiver Reaktion bildet sich eine blaue Indophenolfarbe. Da der Nachweis sehr empfindlich ist, empfiehlt es sich, eine Blindprobe durchzuführen.

Reagentien:
1. *0,5 n äthanolische Kalilauge*
2. *1 n Salzsäure*
3. *Natriumboratpuffer;* Man löst 23,4 g Borax ($Na_2B_4O_7 \cdot 10H_2O$) in 900 ml warmem Wasser, gibt 3,27 g NaOH in gelöster Form zu und verdünnt auf einen Liter
4. *Reagenzlösung:* Man löst 0,1 g 2,6-Dibromchinonchlorimid in 25 ml 95%igem Äthanol. Die Lösung sollte jeweils frisch bereitet werden

Arbeitsweise: Ca. 10 mg des Weichmachers löst man in 5 ml 0,5 n alkoholischer Kalilauge. Das Becherglas wird 10 Minuten in ein kräftig sieden·

des Wasserbad getaucht. Zu dem Rückstand gibt man 2 ml Wasser und 2,5 ml 1 n HCl. 1 ml der neutralisierten Lösung wird in ein Reagenzglas gebracht und mit 2 ml Boratpuffer und 5 Tropfen 2,6-Dibromchinonchlorimid-Lösung versetzt. Bei positiver Reaktion entwickelt sich eine blaue Indophenolfarbe.

III. Quantitative Bestimmung von Heteroelementen

a) Mikromethoden mit Hilfe der Schöninger-Verbrennung

Die im folgenden beschriebenen quantitativen Bestimmungsmethoden der Heteroelemente wurden unter dem Gesichtspunkt ausgewählt, daß für die Durchführung nur ein geringer apparativer Aufwand erforderlich ist und die Analysen in jedem Laboratorium mit den einfachsten chemischen Hilfsmitteln durchgeführt werden können.

Die von Schöninger [*44*] entwickelte sogenannte Kolbenmethode zur Elementaranalyse hat wegen der geringen erforderlichen Substanzmengen sehr rasche Verbreitung gefunden. Die Einwaagen liegen zwischen 3 und 20 mg. Dieses Verfahren eignet sich zur Bestimmung von Phosphor [*45, 46*], Halogen [*46, 47*], Schwefel [*47*].

Da bei Weichmacheranalysen häufig nur geringe Substanzmengen zur Verfügung stehen, ist diese Methode für die Bestimmung der Heteroelemente in Weichmachern gut geeignet. Die Bestimmung ist oft nicht so genau wie die Makrobestimmung mit Hilfe der Wurzschmitt-Bombe [*48*], für die meisten Fälle jedoch hinreichend.

α) Verbrennung der Substanz

Die Verbrennung der Substanz führt man in einem mit Sauerstoff gefüllten Kolben durch. Im selben Kolben werden die Verbrennungsprodukte in einer geeigneten im Kolben befindlichen Flüssigkeit absorbiert und können anschließend direkt bestimmt werden.

Geräte:
1. *250 oder 300 ml Erlenmeyerkolben* (a 3) aus Pyrex- oder Duranglas mit Schliffstopfen (NS 40), in den ein 80 mm langer Platindraht mit angeschweißtem Platinnetz (a 4) eingeschmolzen ist (siehe Abb. 4 und 5). Der obere Rand des

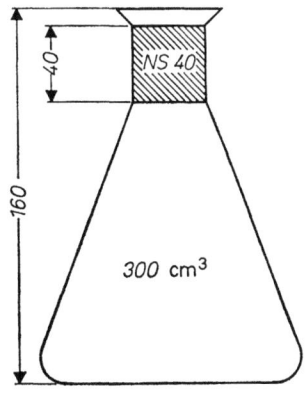

Abb. 4. Verbrennungskolben nach SCHÖNINGER

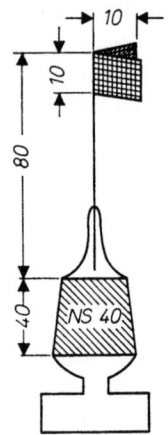

Abb. 5. Schliffstopfen mit Platinnetz

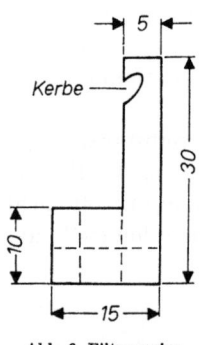

Abb. 6. Filterpapierfähnchen

Kolbens ist gleich einer Manschette nach außen gebogen (siehe Abb. 4).
2. *Aschefreies Filterpapier* (a 1)
3. *Pinzette*

Arbeitsweise: In das, am Schliffstopfen (NS 40) des Erlenmeyerkolbens angebrachte Platinnetz wird die in ein Filterpapier eingewogene Substanz eingeklemmt (siehe Abb. 5). Das aschefreie Filterpapier wird in der in Abb. 6 angegebenen Größe zugeschnitten und entsprechend gefaltet. Die in der Papierfahne eingeschnittene Kerbe dient zum Aufhängen an einem Häkchen des Wägebalkens. Während des gesamten Arbeitsganges ist das Filterpapier nur mit der Pinzette anzufassen. Da es sich bei den Weichmachern meist um eine zähe Flüssigkeit handelt, ist es empfehlenswert, die flüssige Substanz vorsichtig auf die Innenseiten des zusammengefalteten Papiers aufzutragen, so daß die Außenflächen trocken bleiben. Dadurch wird verhindert, daß eingewogene Substanz an der Pinzette haften bleibt oder beim Wägen verloren geht.

Nach dem Einbringen der in den folgenden Abschnitten beschriebenen Absorptionslösung in den Kolben füllt man diesen mit Sauerstoff. Dazu wird der Kolben mit einem Filterpapier, das in der Mitte eine runde Öffnung hat, abgedeckt. In diese Öffnung wird ein Glasrohr eingeführt, das über einen Gasschlauch mit der Sauerstoffbombe verbunden ist. Nach ca. 2 Minuten ist der Kolben mit Sauerstoff gefüllt.

Das herausragende Fähnchen des im Platinnetz eingeklemmten Filterpapiers wird an der Flamme eines Bunsenbrenners entzündet und der Stopfen so schnell wie möglich in den Kolbenhals gebracht. Bei der Verbrennung ist es ratsam, den Kolben mit dem Boden nach oben zu halten. Dadurch wird die Schliffdichtung von der Absorptionslösung gasdicht verschlossen. Da bei der Verbrennung innerhalb des Kolbens ein Druck entsteht, empfiehlt es sich, eine Schutzbrille zu tragen.

Wenn Filterpapier und Substanz ohne Rückstände verbrannt sind, schüttelt man den Kolben kräftig durch und läßt zur vollständigen Absorption ca. 15 bis 20 Minuten stehen. Dann kann der Kolbeninhalt zur weiteren Bestimmung aufgearbeitet werden.

β) **Photometrische Phosphorbestimmung** [45]

Die Substanz wird, wie in Abschnitt B, III, a, beschrieben, verbrannt. Die Verbrennungsprodukte werden in 10%iger Schwefelsäure absorbiert. Nach Zugabe einer Ammoniummolybdat- und Hydrazinsulfatlösung bildet sich bei Anwesenheit von Phosphor eine blaue Farbe, das sogenannte „Molybdänblau". Die Farbintensität wird mittels eines Photometers quantitativ ausgewertet. Die Reaktion kann ebenso gut für einen qualitativen Phosphornachweis herangezogen werden. Es lassen sich noch 0,02 mg Phosphor nachweisen. Siliziumverbindungen, wie z. B. Siliconöl stören diesen Nachweis nicht. Für quantitative Phosphorbestimmungen wählt man die Einwaagen so groß, daß die Absorptionslösung zwischen 0,050 bis 0,200 mg P/100 ml enthält.

Geräte:
1. *Verbrennungskolben nach Schöninger* mit Platinhalterung, 250 oder 300 ml Volumen
2. *100 ml Meßkolben*
3. *Photometer* (a 9), *Filter* (a 9) im Durchlässigkeitsbereich von 550—775 nm
   Küvetten (a 9) (beim Eppendorf-Photometer zweckmäßige Länge 20 mm)
4. *Aschefreies Filterpapier*
5. *Sauerstoff* (Stahlflasche)

Reagentien:
1. *Ammoniummolybdatlösung:* 40 g Ammoniummolybdat $(NH_4)_6Mo_7O_{24} \cdot 4H_2O$, werden in einer gekühlten Mischung aus 450 ml konzentrierter Schwefelsäure und 1 l Wasser gelöst. Die Lösung wird auf 2 l aufgefüllt
2. *Hydrazinsulfatlösung:* 1,5 g Hydrazinsulfat, $N_2H_4 \cdot H_2SO_4$, werden in 1 l Wasser gelöst
3. *Molybdat-Hydrazin-Reagenz:* 50 ml Ammoniummolybdatlösung werden mit 130 ml Wasser und mit 20 ml Hydrazinsulfatlösung gemischt und kräftig geschüttelt. Für jede Bestimmung werden jeweils 50 ml dieser Mischung verwendet
   Die beiden Lösungen sollen nicht eher als 20 Minuten vor Gebrauch gemischt werden, da die Mischung instabil ist
4. *Phosphorstandardlösung:* (0,020 mg P/ml), 87,86 mg wasserfreies KH_2PO_4 p. a. werden in 150 ml verdünnter Schwefelsäure (1:10) gelöst und mit Wasser auf 1000 ml aufgefüllt
5. *Verdünnte Schwefelsäure* (1:10)

Arbeitsweise: Die Einwaage wird so bemessen, daß die Menge des zu bestimmenden Phosphors 0,05 bis 0,2 mg beträgt. Die Substanz wird wie

beschrieben (siehe B,III, a, α) auf einem Streifen aschefreien Papiers ein
gewogen und verbrannt. Zur Absorption der Verbrennungsprodukte beschickt man den Kolben mit etwa 10 ml verdünnter Schwefelsäure (1:10).
Nach der Verbrennung wird der Kolben kräftig geschüttelt und 20 Minuten verschlossen stehen gelassen. Jetzt öffnet man, spült Stopfen,
Halterung und Kolbenhals mit Wasser, erhitzt den Kolbeninhalt und
hält etwa 15 Minuten lang bei schwachem Sieden. Dann wird er quantitativ in einen 100 ml Meßkolben übergeführt. Man spült mit etwas destilliertem Wasser nach, gibt 50 ml Molybdat-Hydrazin-Lösung zu und
schüttelt kräftig durch. Der Meßkolben wird 30 Minuten in ein siedendes
Wasserbad gebracht. Nach dem Abkühlen auf Zimmertemperatur füllt
man mit Wasser zur Marke auf und mißt die Absorption gegen Wasser.
Die Phosphormengen werden der mit Phosphorstandardlösung gewonnenen Eichkurve entnommen.

Berechnung: $\quad \% \text{ P} = \dfrac{\text{mg P (aus Eichkurve)} \cdot 100}{\text{mg Einwaage}}$

Herstellung der Eichkurve:
Verschiedene Mengen der Phosphorstandardlösung (1—10 ml) werden
nach obiger Vorschrift mit dem Molybdat-Hydrazin-Reagenz angefärbt
und im Photometer gegen Wasser gemessen. Auf mm-Papier wird die jeweils ermittelte Extinktion gegen die bekannte Menge Phosphor (mg)
aufgetragen.

γ) Maßanalytische Bestimmung von Phosphor

Für Laboratorien, die nicht über ein Photometer verfügen, sei eine
schnell durchführbare maßanalytische Mikrophosphorbestimmung [49]
angeführt.

Das bei der Verbrennung phosphorhaltiger Weichmacher nach SCHÖNINGER [44] (siehe B,III,a,α) gebildete Orthophosphat wird mit 0,005
molarer Cer(III)-lösung titriert. Als Indikator für diese Fällungstitration
dient Eriochromschwarz T. Bei Einwaagen von 3 bis 6 mg Substanz mit
Phosphorgehalten von 4% bis 15% sind Abweichungen von ± 0,2% bis
0,5% möglich.

Geräte:
1. *Verbrennungskolben* nach SCHÖNINGER mit Platinhalterung
2. *Aschefreies Filterpapier*
3. *Reinstes Wasser*, bidestilliert

Reagentien:
1. *Hexamethylentetramin* p.a.
2. *Hydroxylaminhydrochlorid* p.a.

3. *Konz. Salpetersäure*, d = 1,39
4. *Indikatorpulver:* 1 Teil Eriochromschwarz T (a 17) wird mit 200 Teilen Hexamethylentetramin feinst zerrieben und trocken aufbewahrt
5. *Cer(III)-maßlösung 0,005 n:* 2,75 g Diammonium-Cer(IV)-nitrat p. a. (a 17) werden in einem 1 l Meßkolben mit 2 ml konzentrierter Salpetersäure und etwas Wasser versetzt. Bis zur Entfärbung der Lösung wird spatelweise Hydroxylaminhydrochlorid zugesetzt und dann noch 1 bis 2 g im Überschuß. Nach dem Auflösen der Substanz wird mit Wasser bis zur Marke aufgefüllt. Die Titereinstellung der Cerlösung erfolgt komplexometrisch. Eine gemessene Menge 0,01 molare AEDTA-Lösung (Äthylendiamintetraessigsäure) oder 0,01 molare Titriplex-III-Lösung (a 17) wird mit etwa 1 g festem Hexamethylentetramin versetzt und zum Sieden erhitzt. Man setzt etwas Indikatorpulver zu und titriert mit der Cer-Maßlösung bis zum Farbumschlag nach rot.

Arbeitsweise: Die Verbrennung der Substanz wird wie im Abschnitt B, III, a, α, beschrieben durchgeführt. Als Absorptionsflüssigkeit dienen hier 10 ml bidestilliertes Wasser. In der Aufschlußlösung sollen 0,1 bis 0,5 mg Phosphor sein. Nach der Verbrennung wird der Kolben kräftig geschüttelt und 20 Minuten geschlossen stehen gelassen. Nach dem Abspülen des Stopfens und der Platinhalterung mit Wasser hält man den Kolbeninhalt 15 Minuten bei schwachem Sieden. Dann fügt man etwa 1 g festes Hexamethylentetramin zu und soviel Indikatorpulver, bis eine deutliche Blaufärbung auftritt. Man titriert die siedend heiße Lösung direkt im Verbrennungskolben tropfenweise mit der Cer-Maßlösung. Mitunter bemerkt man im Verlauf der Titration, daß die Lösung allmählich violett wird. Weiterer Zusatz von Hexamethylentetramin behebt das Übel. Bleicht die Farbe aus, gibt man noch etwas Indikatorpulver zu. Knapp vor Erreichen des Endpunktes tritt eine rasch vorübergehende Rotfärbung auf. Die Titration ist beendet, sobald die aufgetretene Rotfärbung bestehen bleibt.

Berechnung: $\% \, P = \dfrac{15{,}49 \cdot V \cdot F}{E}$

V = ml Verbrauch 0,005 molarer Cerlösung

F = Korrekturfaktor der Cerlösung

E = Einwaage in mg

Störend wirken bei der Titration Fluor, Arsen, Silizium, (z. B. Silikonöl) und einige Metalle. Geringe Mengen von Schwermetallen lassen sich durch Sulfit oder Kaliumcyanid maskieren.

δ) Maßanalytische Mikrobestimmung von Chlor und Brom

Bei der maßanalytischen Bestimmung von Chlorid- bzw. Bromidionen [47] wird ein exakter und farbkräftiger Umschlag erzielt, wenn mit salpetersaurer Quecksilber(II)-nitratlösung und Diphenylcarbazon als Indikator titriert wird. Die Substanz muß schwefelfrei sein. In der nachstehend beschriebenen Methode wurde das Verfahren von G. GIESELMANN und I. HAGEDORN [47] etwas modifiziert. Die Einwaage sollte zwischen 4 und 20 mg liegen. Der Aufschluß erfolgt durch Verbrennung nach SCHÖNINGER [44], wie in Abschnitt B,III,a, α beschrieben.

Geräte:
1. *Verbrennungskolben* nach SCHÖNINGER mit Platinhalterung
2. *Aschefreies Filterpapier*

Reagentien:
1. *Wasserstoffperoxid p.a.* 30%ig
2. *Quecksilbernitratlösung 0,01 n:* 1,62 g Quecksilber(II)-nitrat $Hg(NO_3)_2$, MG 324,59, werden in etwas Wasser und 1 ml HNO_3 p.a. in einem 1 l Meßkolben gelöst und ihr Titer mit einer 0,01 n Natriumchloridlösung oder mit einer Testsubstanz eingestellt
3. *Indikatorlösung:* 0,2 g Diphenylcarbazon, $C_6H_5\text{-NH-NH-CO-N}=NC_6H_5$ (a 17) werden in 100 ml Isopropanol gelöst

Arbeitsweise: 3 bis 20 mg des zu analysierenden Weichmachers werden auf aschefreiem Papier eingewogen und nach SCHÖNINGER verbrannt (siehe B,III,a,). In dem Kolben werden 4 ml Wasser und 3 Tropfen Wasserstoffperoxid 30%ig vorgelegt. Nach der Absorption der Verbrennungsgase (20 Minuten) wird der Stopfen und die Platinhalterung mit Wasser gewaschen. Zum Nachspülen dürfen nicht mehr als 3 ml Wasser verwendet werden. Zu der Absorptionslösung gibt man 20 ml Isopropanol und 10 Tropfen Indikatorlösung. Anschließend wird tropfenweise mit 0,01 n $Hg(NO_3)_2$-Lösung bis zum Umschlag nach violett titriert.

Berechnung: $\%\ Cl\ (Br) = \dfrac{35{,}5\ (79{,}9) \cdot V \cdot F}{E}$

V = ml Verbrauch 0,01 n $Hg(NO_3)_2$-Lösung
F = Korrekturfaktor der $Hg(NO_3)_2$-Lösung
E = Einwaage in mg

ε) Maßanalytische Mikrobestimmung von Schwefel

Die Substanz wird nach SCHÖNINGER verbrannt (siehe B,III,a,α) und das Sulfation nach H. WAGNER [50] mit 0,01 n Bariumperchloratlösung gegen Thorin als Indikator titriert. Die Einwaage wird so bemessen, daß der Verbrauch an Maßlösung nicht unter 3 ml liegt. Bei geringerem Verbrauch ist der Umschlag schwer zu erkennen und daher ungenau.

Geräte:
1. *Verbrennungskolben* nach SCHÖNINGER mit Platinhalterung
2. *Aschefreies Filterpapier*

Reagentien:
1. *Thorin-Lösung:* 0,2 g Thorin (a 17) werden in 100 ml Wasser gelöst
2. *Isopropanol*, über Calciumoxid destilliert, frei von Schwefelsäure
3. *Bariumperchloratlösung 0,01 n in 80%igem Isopropanol:* 1,6831 g $Ba(ClO_4)_2$ bzw. 1,9513 g $Ba(ClO_4)_2 \cdot 3H_2O$ werden in 200 ml Wasser gelöst, mit $HClO_4$ auf pH 2,5—4 eingestellt und mit Isopropanol auf 1 l aufgefüllt. Für einen Liter $Ba(ClO_4)_2$-Lösung benötigt man erfahrungsgemäß 1 ml 70%ige $HClO_4$. Die Lösung wird gegen 0,01 n H_2SO_4 oder eine Testsubstanz mit Thorin als Indikator eingestellt. Die 0,01 n $Ba(ClO_4)_2$-Lösung kann auch wie folgt dargestellt werden: In einem 2 l Meßkolben werden 3,156 g Bariumhydroxid mit 400 ml destilliertem Wasser und 4 ml 70%iger Perchlorsäure in Lösung gebracht und mit Isopropanol zur Marke aufgefüllt. Die Lösung wird gegen 0,01 n H_2SO_4 eingestellt.
4. *Wasserstoffperoxid p.a. 30%ig*

Arbeitsweise: 3 bis 20 mg des zu analysierenden Weichmachers werden, wie in Abschnitt B, III, a, α beschrieben, auf aschefreiem Papier eingewogen und nach SCHÖNINGER verbrannt. In dem Verbrennungskolben werden 4 ml Wasser und 4 Tropfen Wasserstoffperoxid (30%ig) als Absorptionsflüssigkeit vorgelegt. Nach der Verbrennung und Absorption der Verbrennungsprodukte (kräftig umschütteln und 20 Minuten stehen lassen) wird das Platinnetz mit wenig Wasser abgespült und der Kolbeninhalt eine Minute zum Sieden erhitzt. Man läßt erkalten, verdünnt mit 30—35 ml Isopropanol und versetzt mit 2 bis 3 Tropfen Thorin-Lösung. Anschließend wird mit 0,01 n $Ba(ClO_4)_2$-Lösung bis zum Umschlag von gelb nach rosa titriert.

Berechnung: $$\% \, S = \frac{16 \cdot V \cdot F}{E}$$

V = Verbrauch 0,01 n $Ba(ClO_4)_2$-Lösung
F = Korrekturfaktor der $Ba(ClO_4)_2$-Lösung
E = Einwaage in mg

b) Makromethoden mit Hilfe der IKA-Universal-Bombe nach B. WURZSCHMITT

α) Aufschluß der Substanz

Ein einfaches und rasches Aufschließen der Substanz gelingt mit Natriumperoxid und Äthylenglykol als Initialzünder in der Universal-

Bombe nach B. WURZSCHMITT [*48, 51, 52*]. Die Aufschlüsse bzw. Aufschlußlösungen der Universal-Bombe sind zur Bestimmung von Phosphor, Halogen und Schwefel geeignet.

Geräte:
1. *IKA-Universal-Bombe* (a 5)
2. *Schutzofen mit Mikrobrenner* (a 5)
3. *Gelatinekapseln* (a 6)

Reagentien:
1. *Natriumperoxid p.a.*
2. *Äthylenglykol*
3. *Natriumcarbonat p.a., wasserfrei*

Arbeitsweise: Wie bei vielen anderen Arbeiten im Laboratorium ist es auch hier sehr empfehlenswert, eine Schutzbrille zu tragen. Die Erwärmung der Bombe wird in einem Schutzofen vorgenommen. Zur Beschickung der Bombe wird diese lose in den umgedrehten unteren Verschraubungsring gestellt, der seinerseits auf den oberen gelegt wird (siehe Abb. 7).

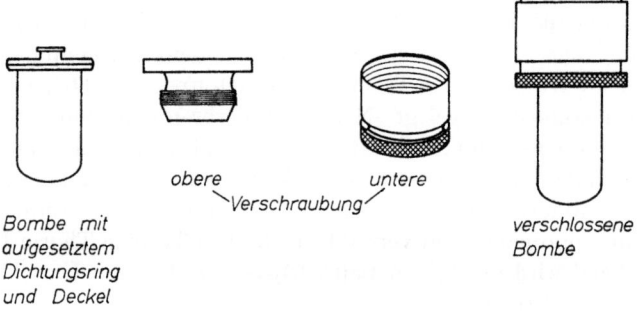

Abb. 7. Universal-Bombe nach WURZSCHMITT mit Verschraubung

Man gibt 8 Tropfen (160—170 mg) reines Äthylenglykol auf den Bombenboden, dazu die abgewogene Analysensubstanz, deren Einwaage zwischen 100—400 mg beträgt. Da es sich bei den Weichmachern meistens um flüssige bzw. zähviskose Substanzen handelt, werden diese vorteilhaft in einer Gelatinekapsel oder in einem anderen Kunststoffnäpfchen eingewogen. Die Gelatinekapsel hat einen Durchmesser von 7 mm und eine Länge von 20 mm. Zur Einwaage bringt man die Gelatinekapsel in eine Standvorrichtung (Abb. 8), die aus einem kleinen Kunststoffblock besteht (45×20×10 mm), der in der Mitte eine geeignete Vertiefung besitzt (nicht durchgehend). Die Kapsel mit eingewogener Analysensubstanz wird mit oder ohne Gelatinehaube in die Bombe gebracht und diese mit

Natriumperoxid $^3/_4$ voll gefüllt (ca. 8 g). Wägt man die Substanz ohne Kapsel ein, kann es vorkommen, daß sie mit dem Natriumperoxid sofort reagiert. In diesem Fall legt man zwischen Substanz und Natriumperoxid eine Schicht aus wasserfreier Soda. Auf die gefüllte Bombe werden Dichtungsring und Deckel aufgesetzt, die beiden Verschraubungen von Hand

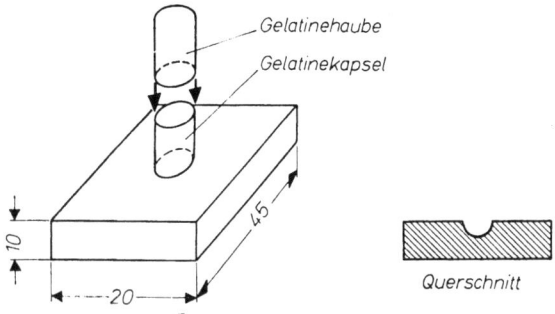

Abb. 8. Standvorrichtung für Gelatinekapsel

eingedreht und die verschlossene Bombe in den Schutzofen gestellt. Die Flammenspitze des Mikrobrenners darf dabei nur gerade den Bombenboden berühren. Die Zündung erfolgt bereits nach 10—20 sec. Meistens ist dabei ein leises knackendes Geräusch hörbar. Nach 40—60 sec. nimmt man die Bombe aus dem Ofen, kühlt sie zweckmäßig im Luftstrom ab und öffnet sie. Der Inhalt der Bombe muß, wenn die Reaktion richtig vor sich gegangen war, mehr oder weniger als Schmelze vorliegen. Das Reaktionsgemisch wird mit destilliertem Wasser aus der Bombe gespült. Zu diesem Zweck legt man nach vorherigem Entfernen der Dichtung mittels Pinzette die Bombe und den Bombendeckel in ein Becherglas passender Größe, bedeckt mit einem Uhrglas und gibt mit der Spritzflasche soviel Wasser zu, daß die umgelegte Bombe zur Hälfte im Wasser liegt. Zur Einleitung des Lösevorganges wird schwach erwärmt. Nach dem Lösen der Schmelze nimmt man Bombe und Deckel mit der Pinzette aus dem Becherglas, spült gründlich mit destilliertem Wasser ab und verkocht das sich bildende Wasserstoffperoxid. Gelegentlich sieht man in der Lösung einige Kohleteilchen herumschwimmen. Für den quantitativen Verlauf des Aufschlusses ist dies meist ohne Belang.

β) **Bestimmung von Phosphor**

Aus der Aufschlußlösung wird der Phosphor als Phosphat nach der Methode von WOY [53] salpetersauer mit Ammoniummolybdat gefällt. Der gebildete Niederschlag von Ammoniumphosphormolybdat ist zunächst noch nicht genügend sauber, er wird daher aus Ammoniak umgefällt. Die Auswaage erfolgt nach dem Glühen als Phosphormolybdänsäureanhydrid, 24 $MoO_3 \cdot P_2O_5$ (MG 3598), mit 1,7254% Phosphorgehalt.

Geräte:
1. *IKA-Universalbombe*
2. *Schutzofen mit Mikrobrenner*
3. *Gelatinekapseln*
4. *Filterpapier, Blauband* (a 1)
5. *Porzellanfiltertiegel 2A2*

Reagentien:
1. *Natriumperoxid p.a.*
2. *Äthylenglykol*
3. *Ammoniummolybdatlösung:* 30 g Ammoniummolybdat $(NH_4)_6Mo_7O_{24} \cdot 4 H_2O$ werden in Wasser gelöst, filtriert und auf 1 l aufgefüllt (1 ml fällt 0,5 mg P)
4. *Ammoniumnitratlösung:* 340 g Ammoniumnitrat werden in Wasser gelöst, filtriert und auf 1 l aufgefüllt
5. *25%ige Salpetersäure* (d = 1,153): Mischung aus 180 ml konzentrierter Salpetersäure (65%ig, d = 1,39) und 420 ml Wasser
6. *Waschflüssigkeit:* Man löst 100 g Ammoniumnitrat in 80 ml Salpetersäure (d = 1,153) und etwas Wasser und füllt mit Wasser auf 2 l auf
7. *8%iges Ammoniak:* Man mischt 352 ml 25%iges Ammoniak (konzentriert) und 680 ml Wasser

Arbeitsweise: Der Aufschluß nach WURZSCHMITT erfolgt wie in Abschnitt B, III, b, α beschrieben. Die stark alkalische Aufschlußlösung wird gekocht, bis das sich bildende Wasserstoffperoxid vertrieben ist (ca. 10 Minuten). Man kühlt die alkalische Lösung ab, säuert mit 25%iger Salpetersäure an und filtriert in einen 200 ml Meßkolben, wobei das Filter gut auszuwaschen ist. Der Kolben wird zur Marke aufgefüllt. Von dieser Lösung werden normalerweise 100 ml verwendet, welche nicht mehr als höchstens 0,0279 g P enthalten sollen. Ist mehr als 0,0279 g P vorhanden, so nimmt man nur einen Bruchteil der Lösung und ergänzt das Volumen durch Zusatz von Wasser auf 100 ml. Bei Anwesenheit von kleineren Mengen Phosphor verwendet man die gesamten 200 ml Lösung und engt sie auf 100 ml ein. Diese 100 ml Lösung werden in einem 400 ml Becherglas mit 30 ml der Ammoniumnitratlösung sowie 10 bis 20 ml der 25%igen Salpetersäure versetzt und zum Sieden erhitzt. Sobald die Flüssigkeit siedet, werden 40 ml der Ammoniummolybdatlösung, welche man in einem Becherglas gleichfalls zum Sieden gebracht hat, zugetropft. Das rohe Ammoniumphosphormolybdat scheidet sich sofort und quantitativ als gelbe Fällung ab. Das Ammoniummolybdat muß auf jeden Fall in einem schwachen aber deutlichen Überschuß vorhanden sein. Man prüft also, sobald der schwere Niederschlag sich am Boden abgesetzt hat, ob auf weiteren Zusatz an Fällungsmittel noch Gelbfärbung und Fällung stattfinden. Ist das der Fall, so wird weiter siedend heiße Ammoniummolybdatlösung zugesetzt, bis keine weitere Gelbfärbung und Trübung mehr eintritt.

Nach der Fällung bleibt der Niederschlag $^1/_2$—1 Stunde stehen. Nun dekantiert man die über dem Niederschlag stehende Flüssigkeit vorsichtig durch ein Filterpapier (Blauband) ohne den Niederschlag aufzurühren. Zum Nachwaschen gibt man 50 ml der heißen Waschflüssigkeit (siehe Reagenz 6) in das Becherglas, läßt die gelbe Fällung wieder absitzen und dekantiert noch einmal durch das gleiche Filter. Nun wird die rohe Fällung in 10 ml Ammoniak gelöst. Dazu läßt man Ammoniak aus einer Pipette über das vorher benutzte Filter laufen und fängt das Filtrat in dem daruntergestellten Becherglas auf, welches die Hauptmenge des Niederschlags enthält. Anschließend wäscht man das Filter mit einer Mischung von 20 ml der Ammoniumnitratlösung und 30 ml Wasser nach. Die erhaltene farblose ammoniakalische Lösung wird nun mit 1 ml der Ammoniummolybdatlösung versetzt und zum Sieden erhitzt. Sobald die Flüssigkeit siedet, werden 10 ml 25%ige Salpetersäure in einem dünnen Strahl durch einen Glastrichter mit dünn ausgezogenem Hals unter Umschwenken zugesetzt. Der Niederschlag von Ammoniumphosphormolybdat scheidet sich sofort wieder ab und ist nunmehr genügend rein. Nach 10 Minuten wird der Niederschlag auf einem vorher geglühten (450—500°C) und gewogenen Porzellanfiltertiegel (2A2) abgesaugt, fünf- bis siebenmal mit je 5 ml Waschflüssigkeit nachgewaschen und im Trockenschrank bei 110°C getrocknet. Anschließend wird der Niederschlag im Muffelofen bei 450—500°C geglüht. Hat sich der Filtertiegelinhalt gleichmäßig blauschwarz gefärbt, was nach ca. 20—30 Minuten der Fall ist, läßt man im Exsikkator erkalten und wägt zurück.

Berechnung: $\% \, P = \dfrac{A \cdot 0{,}017254 \cdot 100 \cdot 2}{E} = \dfrac{A \cdot 3{,}4508}{E}$

A = Auswaage an Phosphormolybdänoxyd, 24 $MoO_3 \cdot P_2O_5$ in mg (für 100 ml Lösung von insgesamt 200 ml)

E = Einwaage in mg

γ) **Bestimmung von Chlor**

Die nach WURZSCHMITT gewonnene Aufschlußlösung (siehe B, III, b, α), welche das Chlor als Chloridion enthält, wird im salpetersauren Medium mit 0,1 n Silbernitratlösung potentiometrisch titriert. Steht kein Potentiometer zur Verfügung, kann die Titration auch mit Hilfe eines Indikators nach VOLHARD durchgeführt werden.

Geräte:
1. *IKA-Universal-Bombe*
2. *Schutzofen mit Mikrobrenner*
3. *Gelatinekapseln*
4. *Potentiometer*, (a 7) zweckmäßig mit automatischer Bürette und Schreiber (a 7)
5. *Elektroden*, (a 8) Kalomelelektrode, Silberelektrode

Reagentien:
1. *Natriumperoxid p.a.*
2. *Äthylenglykol*
3. *0,1 n Silbernitratlösung*
4. *Verdünnte Salpetersäure p.a.* (1 : 1)
5. *Ammonium-Eisen-alaun-Lösung:* Man stellt sich eine gesättigte wäßrige Lösung von Ammoniumeisen(III)-sulfat, $NH_4Fe(SO_4)_2 \cdot 12\ H_2O$, her
6. *0,1 n Ammoniumrhodanid-Lösung*
7. *Nitrobenzol*

Arbeitsweise mit Potentiometer: Die nach Abschnitt B, III, b, α gewonnene, stark alkalische Aufschlußlösung wird mit verdünnter Salpetersäure angesäuert und mit 0,1 n Silbernitratlösung titriert. Eventuell vorhandene Kohleteilchen stören nicht und brauchen nicht abfiltriert zu werden. Als Bezugselektrode dient eine Kalomelelektrode, als Meßelektrode eine Silberelektrode.

Berechnung: $$\% \text{ Cl} = \frac{355 \cdot V \cdot F}{E}$$

V = ml Verbrauch 0,1 n $AgNO_3$-Lösung
F = Korrekturfaktor der 0,1 n $AgNO_3$-Lösung
E = Einwaage in mg

Ohne Potentiometer (*nach* VOLHARD): Steht kein Potentiometer zur Verfügung, so kann nach VOLHARD [54] auf folgende Weise titriert werden: Die stark alkalische Aufschlußlösung wird ebenfalls mit verdünnter Salpetersäure angesäuert. Man gibt ca. 1 ml Eisenalaunlösung und eine genau abgemessene Menge (2—3 ml) 0,1 n Ammoniumrhodanidlösung zu und titriert mit 0,1 n Silbernitratlösung bis zum Verschwinden der roten Farbe. Darüber hinaus werden noch 3—5 ml zugesetzt (genau abgemessen). Darauf gibt man 1 ml Nitrobenzol dazu, schüttelt das Ganze kräftig durch und titriert das überschüssige Silbernitrat mit 0,1 n Ammoniumrhodanidlösung zurück. Der Titrationsendpunkt ist erreicht, wenn die Lösung leicht braun-rot wird.

Berechnung: % Cl = $\dfrac{355 \cdot (a-b)}{E}$

a = ml Verbrauch 0,1 n AgNO$_3$-Lösung
b = ml insgesamt eingesetzte 0,1 n Ammoniumrhodanidlösung
E = Einwaage in mg

δ) **Bestimmung von Schwefel**

Das beim Aufschluß nach WURZSCHMITT (siehe B, III, b, α) gebildete Sulfation wird mit Bariumchlorid als Bariumsulfat gefällt und gravimetrisch bestimmt.

Geräte:
1. *IKA-Universalbombe*
2. *Schutzofen mit Mikrobrenner*
3. *Gelatinekapseln*
4. *Filterpapier* (Schwarzband) (a 1) oder
5. *Porzellanfiltertiegel 2A2*

Reagentien:
1. *Natriumperoxid p.a.*
2. *Äthylenglykol*
3. *Konzentrierte Salzsäure* (d = 1,19)
4. *Bariumchloridlösung:* Man löst 50 g Bariumchlorid p.a., BaCl$_2 \cdot$ 2 H$_2$O, in 1 l Wasser
5. *verd. Schwefelsäure:* Man gießt zu 800 ml destilliertem Wasser 200 ml konzentrierte Schwefelsäure

Arbeitsweise: Die alkalische Aufschlußlösung (siehe B, III, b, α) wird mit konzentrierter Salzsäure angesäuert, durch ein Schwarzbandfilter filtriert, ausgewaschen und mit destilliertem Wasser auf ein Volumen von ca. 400 ml gebracht. Man erhitzt zum Sieden und versetzt tropfenweise mit einer ca. 5%igen Bariumchloridlösung, wobei sich ein weißer Niederschlag bildet. Nach dem Absetzen des Niederschlags tropft man nochmals Bariumchloridlösung zu, um zu sehen, ob die Fällung vollständig war. Man läßt eine Stunde bei 90 °C und anschließend noch 1 bis 2 Stunden bei Raumtemperatur stehen. Durch einen vorher ausgeglühten (600 °C) und gewogenen Porzellanfiltertiegel 2A2 wird abfiltriert und so lange mit destilliertem Wasser gewaschen, bis im Filtrat mit verdünnter Schwefelsäure kein Barium mehr nachzuweisen ist. Nach dem Trocknen bei 180 °C wird der Porzellanfiltertiegel im Muffelofen bei 600 °C bis zur Gewichtskonstanz geglüht (ca. 30—45 Minuten). Man läßt im Exsikkator erkalten und wiegt zurück.

Berechnung: $\% S = \dfrac{13,73 \cdot A}{E}$

A = Auswaage an Bariumsulfat in mg
E = Einwaage in mg

ε) **Maßanalytische Bestimmung von Stickstoff nach KJELDAHL**

Der Weichmacher wird mit Schwefelsäure unter Zusatz eines Selenreaktionsgemisches als Katalysator naß verascht, wobei sich aus dem vorhandenen Stickstoff Ammoniumsulfat bildet [55]. Man stellt alkalisch, treibt den dabei frei werdenden Ammoniak mit Wasserdampf in eine vorgelegte Säure und titriert die überschüssige Säure mit Lauge zurück.

Die Aufschlußmethode nach KJELDAHL ist nicht für alle Stickstoffverbindungen geeignet. Bei der Stickstoffbestimmung in Weichmachern erhält man nach dieser Methode im allgemeinen zufriedenstellende Ergebnisse.

Geräte:
1. *Aufschlußkolben 250 ml nach* KJELDAHL (a 10)
2. *Destillationsapparatur* (siehe Abb. 9)

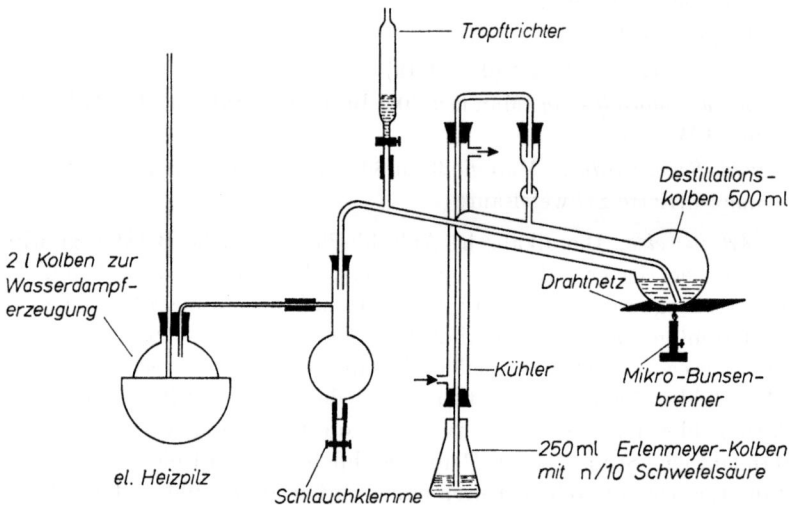

Abb. 9. Stickstoffbestimmungsapparatur nach KJELDAHL

Reagentien:
1. *Selenreaktionsgemisch* (a 17)
2. *Konzentrierte Schwefelsäure p.a. 96%ig* (d = 1,84)

3. *0,1 n Schwefelsäure*
4. *30%ige Natronlauge*
5. *0,1 n Natronlauge*
6. *Calciumoxid*
7. *Methylrotlösung*: 0,1 g Methylrot gelöst in 300 ml Äthylalkohol und 200 ml Wasser

Arbeitsweise: In einen 250 ml Kjeldahlaufschlußkolben werden 50—200 mg Weichmacher eingewogen. Dazu gibt man 5 g Selenreaktionsgemisch, 20 ml konzentrierte Schwefelsäure und ein paar Körnchen Siliciumcarbid als Siedesteine. Man erhitzt so lange, bis die Lösung eine hellgrüne Farbe angenommen hat. Diese Lösung wird quantitativ durch den Tropftrichter (siehe Abb. 9) in die Destillationsapparatur umgespült. Man bringt den Kolben, der zur Wasserdampferzeugung dient, und in dem sich ca. 100 g Calciumoxid und ca. 1 l Wasser befinden, zum Sieden. Gleichzeitig wird soviel 30%ige Natronlauge durch den Tropftrichter langsam zulaufen gelassen, bis die Lösung eine braunschwarze Farbe angenommen hat. Dazu werden ca. 70—100 ml benötigt. Während des Durchleitens von Wasserdampf erhitzt man den Destillationskolben mit schwacher Sparflamme, so daß die Flüssigkeit schwach siedet. Nach ca. $1/2$ Stunde ist das freigesetzte Ammoniak quantitativ übergetrieben. Es wird in einem Erlenmeyerkolben aufgefangen, in dem sich eine bekannte Menge 0,1 n Schwefelsäure im Überschuß (!) und 3—5 Tropfen Methylrot befinden. 20 ml 0,1 n Schwefelsäure sind in den meisten Fällen ausreichend. Das Ende des Kühlers muß in die Vorlage eintauchen. Nach beendeter Destillation senkt man die Vorlage, spült das Kühlerende mit einer Spritzflasche mit 2—3 ml destilliertem Wasser ab und entfernt hierauf den Vorlage-Erlenmeyer-Kolben. Die Lösung wird mit 0,1 n Natronlauge gegen Methylrot als Indikator bis zum Umschlag nach gelb titriert.

Berechnung: $\% N = \dfrac{(a-b) \cdot 140{,}08}{E}$

a = ml 0,1 n vorgelegte Schwefelsäure

b = ml 0,1 n verbrauchte Natronlauge

E = Einwaage in mg

C. Dünnschichtchromatographische Analyse

I. Allgemeines zur Dünnschichtchromatographie

a) Prinzip der Dünnschichtchromatographie

Die Dünnschichtchromatographie ist eine Analysenmethode, bei der Verfahren der Papierchromatographie mit all ihren Vorteilen auf Adsorbentien angewendet werden, die auch in der Säulenchromatographie üblich sind. Meist wird nach einer von E. STAHL [56] vorgeschlagenen Standard-Technik gearbeitet. Auf diese Methode wird im folgenden näher eingegangen, soweit es für das Verständnis und für die Durchführung der DC-Analyse von Weichmachern erforderlich ist. Für eine eingehende Information über die dünnschichtchromatographische Analyse stehen Lehr- und Handbücher [56—59] zur Verfügung.

Auf etwa 0,25 mm dicke Schichten von Adsorbentien, die in geeigneter Weise auf Glasplatten vom Format 20×20 cm oder 10×20 cm aufgebracht werden, trägt man etwa 1,5 cm vom unteren Plattenrand entfernt mit einer Mikropipette Lösungen der zu trennenden Substanzen auf. Nach dem Verdampfen des Lösungsmittels stellt man die Platten in eine Trennkammer, die etwa 0,5 cm hoch mit einem Laufmittel gefüllt ist. Die Atmosphäre der Kammer muß mit Laufmittel gesättigt sein. Das Laufmittel — auch als Lösungsmittel, Lösungsmittelgemisch, Elutionsmittel oder Fließmittel bezeichnet — wandert bei der aufsteigenden, eindimensionalen Chromatographie über den Startpunkt hinweg nach oben. Die einzelnen Substanzen der aufgetragenen, zu untersuchenden Lösung werden dann mit verschiedenen Geschwindigkeiten mitgeführt. Die Trennung kann durch Kombinationen von Adsorptions-, Verteilungs- oder Ionenaustauschvorgängen bewirkt werden.

Nachdem die Front des Laufmittels eine ausreichende Trennstrecke (z.B. 10—16 cm von der Startlinie an gerechnet) zurückgelegt hat, wird die Platte aus der Kammer herausgenommen und getrocknet. Die getrennten Substanzen werden durch Besprühen mit einem geeigneten Reagenz sichtbar gemacht. Häufig können sie auch unter UV-Licht beobachtet werden, besonders bei Verwendung von Sorbentien, die einen Fluoreszenzfarbstoff, wie z.B. Blankophor DCB® (a 20) enthalten. Als Maß der Wanderungsgeschwindigkeit einer Verbindung in einem bestimmten Laufmittel dient der R_F-Wert:

$$R_F\text{-Wert} = \frac{\text{Entfernung der Substanz vom Start}}{\text{Entfernung des Laufmittels vom Start}}$$

Wegen geringen Schwankungen des R_F-Wertes empfiehlt es sich, auf dem gleichen Chromatogramm eine bekannte Vergleichssubstanz neben der unbekannten Mischung mitlaufen zu lassen. Man kann zur Identifizierung auch die unbekannte Substanz zusammen mit der bekannten auf einem Fleck chromatographieren. Erhält man mit verschiedenen Laufmitteln immer nur einen Fleck, dann handelt es sich sehr wahrscheinlich um die gleiche Verbindung. Die in den folgenden Tabellen angeführten R_F-Werte stellen nur Mittelwerte dar. Die Schwankungen in den Absolutwerten selbst können bis etwa 20% betragen. Unter anderem wird die Größe des R_F-Wertes stark von der aufgetragenen Substanzmenge beeinflußt. Größere Substanzmengen zeigen im allgemeinen einen größeren R_F-Wert. Man wird daher bei Vergleichs- und Analysenproben für etwa gleiche Auftragsmengen sorgen. Als Maß für die Auftragsmenge kann die Fleckengröße nach dem Entwickeln des Chromatogramms dienen. Bei zu hohen Weichmacherkonzentrationen, was entsprechend große Flecken zur Folge hat, muß eine zweite Probe mit stärkerer Verdünnung chromatographiert werden.

b) Erforderliche Geräte und Substanzen zur DC-Analyse von Weichmachern

Arbeitsgeräte für die Dünnschichtchromatographie werden von verschiedenen Firmen als Standard-Geräte hergestellt (a 12, a 13, a 14). Die für die Weichmacheranalyse erforderliche Ausrüstung besteht z. B. aus folgenden Teilen:

1. Dünnschicht-Streichgerät mit Schichtdickenregulierung zwischen 0 und 2000 μ
2. Arbeitsschablone aus Kunststoff für eine 1,1 m lange Bahn von Trägerglasscheiben (z. B. 5 Platten 20×20 cm und 2 Platten 5×20 cm)
3. 10 Träger-Platten aus Glas 20×20 cm von genau gleicher Stärke, sowie einer Start- und einer Schlußscheibe (5×20 cm)
4. Rechteckige Trennkammer mit aufgeschliffenem Griffdeckel für Platten 20×20 cm
5. Leichtmetall-Trockengestell für 10 Platten 20×20 cm
6. Beschriftungsschablone aus Plexiglas mit Maßstab
7. Zwei graduierte Spezial-Pipetten mit 10 μl Fassungsvermögen zum Auftragen der Substanzgemische
8. 1 kg-Packung Kieselgel G nach STAHL für Dünnschichtchromatographie (a 17)
9. 250 g optischer Aufheller Blankophor DCB

10. 2-teiliger Sprüher zum Aufnebeln der Reagentien mit Druckluft
11. UV-Lampe (a 15)
12. Farblose Klebefolie

c) Herstellung der Dünnschichtplatten

In den nachfolgenden Arbeitsvorschriften werden Geräte der Firma Desaga verwendet. Mit gleichem Erfolg können selbstverständlich auch andere Geräte für die gleichen Zwecke eingesetzt werden.

α) Auslegen der Glasplatten und Vorbereitung des Streichgerätes

Die 110 cm lange und 22 cm breite Arbeitsschablone aus Kunststoff legt man so auf einen feststehenden Tisch, daß die aufgesetzte, lange Anschlagleiste dem Benutzer zuliegt. Die kurze Leiste befindet sich dann auf der rechten Seite. Nun werden fünf gleich dicke, vorher mit Chromschwefelsäure gereinigte und fettfrei gemachte Glasplatten (20×20 cm) aufgelegt. Die gereinigten Glasscheiben müssen untereinander und an der langen Anschlagleiste eng anliegen. An das linke und rechte Ende der Plattenreihe legt man je eine 5×20 cm-Platte an (Start- und Schlußplatte).

Das Streichgerät wird zunächst ohne Füllung auf die Startplatte aufgelegt. Der eingravierte rote Pfeil zeigt nach rechts in die Streichrichtung. Mit seiner Führungsschiene liegt der Streicher eng an der Arbeitsschablone an und läßt sich so mühelos über die Glasplattenbahn ziehen. Man übt zunächst das gleichmäßige Führen des Streichgerätes. Der eigentliche Streichvorgang für die ganze Plattenbahn darf etwa 5 bis 6 sec. dauern. Gleichzeitig prüft man bei einem derartigen Versuch, ob die Plattenbahn aus gleich dicken Platten besteht; es dürfen nämlich keine Stöße beim Gleiten des Streichers auftreten. Die gewünschte Schichtdicke kann an dem Streichgerät mit Hilfe einer Stellschraube leicht eingestellt werden. Bei den üblichen Arbeiten beträgt sie 0,25 mm.

β) Bereitung der Streichmasse zur Herstellung von Kieselgel-G-Platten

30 g Kieselgel G werden mit 60 ml destilliertem Wasser in einem verschlossenen 250 ml Erlenmeyer-Kolben durch einminutenlanges kräftiges Schütteln gleichmäßig gemischt. Diese dünnflüssige Suspension wird sofort in das offene Streichgerät gefüllt und auf die Platten aufgetragen.

γ) Bereitung der Streichmasse zur Herstellung von Kieselgel-G-Platten mit Blankophor DCB

Man löst etwa 1 g Blankophor DCB in 40 ml Aceton, filtriert den unlöslichen Rückstand über ein Faltenfilter ab und mischt das Filtrat mit einer wäßrigen Suspension von 30 g Kieselgel G in 40 ml Wasser. Nach etwa einminutenlangem Schütteln wird die Suspension sofort in das Streichgerät gefüllt.

δ) **Beschichten der Platten**

Nach dem Einfüllen der Streichmasse in das Streichgerät legt man den Hebel um 180° nach links, so daß am roten Pfeil die für die Luftzufuhr benötigte Öffnung sichtbar wird. Man stellt sich am besten vor die Mitte der Schablone, faßt das Streichgerät mit beiden Händen und zieht es ohne größere Druckanwendung über die Platten. Die Führungsschiene des Gerätes gibt seitlichen Halt. Ist die Schlußplatte erreicht, legt man den Hebel wieder nach rechts um, wodurch der Auslauf der noch im Gerät vorhandenen Flüssigkeit gesperrt wird. Nach dem Beschichten löst man die Deckelschraube, die sich auf der Seite des Pfeils befindet und zieht den Kippmechanismus zur Reinigung heraus, die sofort nach dem Aufstreichen vorgenommen wird.

ε) **Behandlung der Platten nach dem Beschichten**

Die Platten bleiben etwa 10 Minuten liegen, bis ihre Oberfläche matt geworden ist. Dann bringt man sie in das Trockengestell und erhitzt in einem Trockenschrank 30 Minuten auf 110 °C.

d) Auftragen der Substanzen

Von dem zu untersuchenden Weichmacher bzw. Weichmachergemisch wird eine 1 bis 10%ige Lösung in Äthanol oder Benzol hergestellt. Mit einer Spezialpipette, deren Fassungsvolumen 10 µl beträgt, werden nun zwischen 1 und 5 µl der Lösung auf der Startlinie aufgetragen. Der Abstand der Startlinie vom unteren Rand der Platte soll etwa 2,5 cm betragen, derjenige der nebeneinanderliegenden Auftragspunkte etwa 1,5 cm.

e) Entwickeln des Chromatogramms

Die Trennkammer, die der Größe der Platte angepaßt ist, wird soweit mit einem Fließmittel gefüllt, daß die Platte etwa 1 cm tief eintaucht. Um die Kammer mit Lösungsmitteldampf zu sättigen, legt man einen Streifen Filterpapier, das mit Lösungsmittel getränkt ist, an die Innenseite der Kammerwand. Dann wird die vorbereitete Platte in die Kammer gebracht und so lange darin belassen, bis die Lösungsmittelfront die gewünschte Laufhöhe von 10 bis 17 cm erreicht hat. Bei den hier beschriebenen dünnschichtchromatographischen Weichmacheranalysen beträgt die Laufhöhe meist 16,5 cm. Die dazu erforderliche Laufzeit liegt normalerweise bei 20 bis 60 Minuten.

f) Sichtbarmachen der getrennten Substanzen

Da die Weichmacher farblose Substanzen sind, müssen zur Sichtbarmachung Hilfsmittel angewandt werden.

α) Anfärben durch Sprühreagentien

Für einzelne Weichmacherklassen z.B. für Phthalate und Adipate, sowie für bestimmte Spaltprodukte von Weichmachern sind spezifische Anfärbungen bekannt. Die dafür erforderlichen Reagentien und die entstehenden Farben der getrennten Substanzen werden später bei der Beschreibung der DC-Analyse der einzelnen Weichmachergruppen angeführt.

β) Sichtbarmachung durch Zusatz von Fluoreszenzfarbstoffen zu dem Sorbens

Mischt man dem Kieselgel G einen optischen Aufheller, z.B. Blankophor DCB, zu (siehe Abschn. C, I, c, γ), so lassen sich die getrennten Weichmacher je nach Typ als helle oder dunkle Flecken unter der UV-Lampe erkennen. Käufliche Sorbentien mit Leuchtstoffen haben oft den Nachteil, daß lediglich Weichmacher mit aromatischen Bestandteilen wie z.B. Phthalsäureester nachzuweisen sind, wohingegen aliphatische Dicarbonsäureester meist unsichtbar bleiben. Das Fluoreszenzfarbstoff-Verfahren ist bei der direkten dünnschichtchromatographischen Analyse sämtlicher Weichmacherklassen anwendbar. Eine gewisse Klassifizierung der Weichmacher ist bei dieser Methode schon dadurch gegeben, daß die einen als helle, die anderen als dunkle Flecken unter dem UV-Licht sichtbar werden. So erscheinen z.B. die Phthalsäureester der niederen Alkohole bis zum Butanol sowie Salizylsäurephenylester und Resorcinmonobenzoat auf Blankophor DCB-haltigen Kieselgel-G-Platten unter der UV-Lampe als dunkle Flecken, während die übrigen Weichmacher hell fluoreszieren.

γ) Sichtbarmachung durch Joddampf [60]

Die Anfärbung der getrennten Substanzen mit Joddampf ist besonders vorteilhaft. Man bringt zu diesem Zweck die entwickelten Chromatogramme in eine mit Joddampf gefüllte Trennkammer. Die Flecken färben sich deutlich erkennbar braun. Nach dem Markieren durch Umranden der Flecken mit einer Nadel kann man das anhaftende Jod an der Luft verdampfen lassen, so daß die Flecken wieder farblos werden. Anschließend können die Flecken abgekratzt und zu weiteren Untersuchungen, z.B. zur Aufnahme von IR-Spektren, herangezogen werden.

Diese Methode ist prinzipiell bei allen Weichmacherklassen möglich. Bei der Beschreibung der DC-Analyse wird später nicht mehr darauf eingegangen.

g) Dokumentation der Dünnschichtchromatogramme

Die Dokumentation kann erfolgen:
1. durch Fotografieren
2. durch Auflegen eines transparenten Papiers und Umfahren der Zonen mit dem Bleistift
3. durch Besprühen mit einer Kunststoffdispersion

Eine solche Dispersion ist z.B. unter der Bezeichnung „Neatan neu" (a 17) im Handel. Folgende Arbeitsweise ist zweckmäßig: Auf das trockene Dünnschichtchromatogramm wird „Neatan neu" in einem Zuge bis zur guten Durchfeuchtung der Schicht aufgesprüht. Anschließend werden die Platten an der Luft getrocknet. Man legt dann eine Klebefolie (a 20) von der Größe 27×23 cm lose auf die besprühte Schicht und preßt sie mit einer Gummiwalze von Hand gut auf. Die Sorbensschicht haftet nun fest auf der Folie und kann leicht von der Glasplatte gelöst werden. Die Rückseite des abgezogenen Chromatogramms wird ebenfalls mit einer Klebefolie fixiert. Dadurch verhindert man ein späteres Ablösen der Sorbensschicht. Die auf diese Weise präparierten Chromatogramme lassen sich in einem Ordner aufbewahren.

II. Direkte dünnschichtchromatographische Analyse von Weichmachern

Die Dünnschichtchromatographie eignet sich gut zur direkten Identifizierung von Weichmachern. Der Vorteil liegt darin, daß das Verfahren verhältnismäßig einfach durchzuführen und mit einem geringen Kostenaufwand verbunden ist. Als sehr günstig erweist sich weiter, daß bei einzelnen Weichmacherklassen auf der Dünnschichtplatte eine spezifische Anfärbung und damit eine nähere Charakterisierung bezüglich der Weichmacherklasse möglich ist. Es sei jedoch nicht verschwiegen, daß bei der Vielzahl der recht verschiedenen Substanzen eine direkte dünnschichtchromatographische Identifizierung unbekannter Weichmacher bzw. Weichmachergemische nicht immer möglich ist. So lassen sich z.B. die Ester niederer Alkohole im allgemeinen gut trennen, während die Ester mit längerkettigen Alkoholen nur sehr wenig unterschiedliche R_F-Werte besitzen. Ester isomerer linearer und verzweigter Alkohole sind ebenfalls dünnschichtchromatographisch nicht zu unterscheiden. Polymere Weichmacher bleiben meistens am Start zurück. Es müssen daher häufig andere Verfahren zusätzlich mit herangezogen werden. Nach Möglichkeit wird man sich bei der Weichmacheranalyse zur stärkeren Beweiskraft stets zweier verschiedener Methoden bedienen. So kann man auch chemische Umwandlungsprodukte von Weichmachern wie z.B. Säuren, Phenole und Alkohole dünnschichtchromatographisch trennen und nachweisen. Als weitere analytische Hilfsmittel bieten sich die Gaschromatographie und die Spektroskopie an, die später eingehend erläutert werden.

a) Adipinsäureester

Die direkte dünnschichtchromatographische Analyse von Diisobutyladipat wurde von J. W. C. PEEREBOOM [9] beschrieben. D. BRAUN gibt die R_F-Werte einiger weiterer Adipinsäureester an, die sich untereinander nicht wesentlich unterscheiden. Adipinsäurepolyester bleiben am Start zurück. Als Fließmittel wurde von BRAUN [61] Methylenchlorid und als Sorbens Kieselgel G verwendet.

Ein weiteres Fließmittel zur Trennung der für die Praxis wichtigsten Adipinsäureester ist ein Gemisch von Diisopropyläther/Petroläther (Kp.: 40–60°C) im Volumenverhältnis 20:80 [43]. Die damit erhaltenen R_F-Werte dieser Verbindungen sind in Tabelle 2 angeführt. Ein Chromatogramm als Beispiel zeigt Abb. 10.

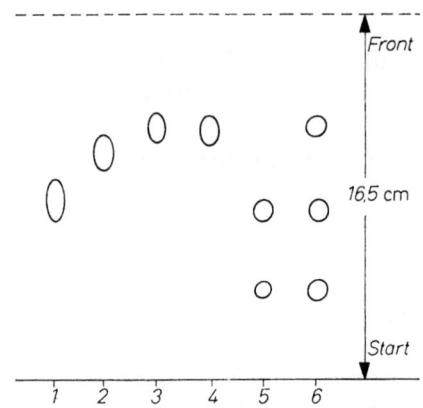

Abb. 10. DC-Trennung von Adipinsäureestern

1 Dibutyladipat (b 8)   4 Di-(isononyl)-adipat (b 11)
2 Dinonyladipat (b 9)   5 Benzylbutyladipat (b 12)
3 Di-(2-äthylhexyl)-adipat (b 10)   6 Benzyloctyladipat (b 13)

Arbeitsbedingungen:
Adsorbens: Kieselgel G mit Blankophor DCB. Fließmittel: Diisopropyläther/Petroläther (Kp. 40–60°C) (20:80). Detektion: UV-Lampe

Tabelle 2. *DC-Analyse von Adipinsäureestern auf Kieselgel G; Fließmittel: Diisopropyläther/Petroläther 20:80*

Weichmacher	Rf-Wert		
Dibutyladipat (b 8)	0,48		
Dinonyladipat (b 9)	0,62		
Di-(2-äthylhexyl)-adipat (b 10)	0,68		
Di-(isonoyl)-adipat (b 11)	0,68		
Benzylbutyladipat (b 12)	0,23	0,45	
Benzyloctyladipat (b 13)	0,23	0,45	0,69
Adipinsäurepolyester (b 14)	0		

Dibutyladipat kann an Hand des R_F-Wertes von Adipinsäureestern der höheren Alkohole unterschieden werden. Die Adipate der C_8- und C_9-Alkohole zeigen gleiche Wanderungsgeschwindigkeiten. Handelsübliches Benzylbutyladipat ergibt hier zwei und Benzyloctyladipat drei Flecken, vgl. Abb. 10. Adipinsäurepolyester bleiben unter den beschriebenen Arbeitsbedingungen am Start zurück.

Für den Nachweis der getrennten Adipate sind zwei Verfahren besonders geeignet. Einmal existiert eine für Adipate — ausgenommen Adipinsäurepolyester — charakteristische Farbreaktion. Die Platten werden nach dem Entwickeln mit einer 20%igen äthanolischen Resorcinlösung, die etwas Zinkchlorid enthält, und anschließend mit 4 n Schwefelsäure besprüht. Nach dem Erhitzen geben sich Adipinsäureester mit Ausnahme der Adipinsäurepolyester als orangefarbene Flecken zu erkennen, Phthalsäureester zeigen mit den gleichen Sprühreagentien zitronengelbe Flecken. Bei wenig Erfahrung können diese beiden Substanzklassen verwechselt werden. Zur eindeutigen Unterscheidung kann man sich der unter B, II,f und B, II,g erwähnten Nachweise bedienen. Azelate, Sebacate, Citrate und Phosphate stören den Farbnachweis der Adipinsäureester auf der Dünnschichtplatte nicht. Eine andere Möglichkeit zum Sichtbarmachen der getrennten Adipate ist durch Verwendung von Sorbentien mit Blankophor DCB (siehe C, I, a, γ) und Betrachten unter der UV-Lampe gegeben. Die Adipinsäureester — auch Polyester — sind als hellfluoreszierende Flecken auf schwach fluoreszierendem Grund zu sehen. Die Fluoreszenz der getrennten Substanzen nimmt mit der Zeit ab.

Geräte:
1. *Grundausrüstung zur Dünnschichtchromatographie* siehe C,I,b
2. *UV-Lampe* (nur wenn mit optischem Aufheller, z.B. Blankophor DCB gearbeitet wird)

Reagentien:
1. *Kieselgel G nach Stahl*
2. *Diisopropyläther*

3. *Petroläther* (Kp.: 40—60°C)
4. *Blankophor DCB* oder *Resorcin, Zinkchlorid, 4 n Schwefelsäure*

Herstellung der Platten: siehe C,I,c

Sichtbarmachen der Adipate:
1. bei Verwendung von Blankophor DCB in der Platte: UV-Lampe
2. ohne Blankophor DCB: Die Platten werden mit einer 20%igen äthanolischen Resorcinlösung besprüht, die 1% Zinkchlorid enthält. Man erwärmt 10 Minuten auf 100°C, besprüht mit 4 n Schwefelsäure und erwärmt wiederum 20 Minuten auf 120°C. Adipinsäureester geben orangefarbene Flecken.

b) Azelainsäureester

Eine teilweise Auftrennung der wichtigsten Azelainsäureester erreicht man mit der Fließmittelzusammensetzung Diisopropyläther/Petroläther (Kp. 40—60°C) im Volumenverhältnis 10:90 auf Kieselgel G, das den Aufheller Blankophor DCB enthält (a34). Die Unterschiede in den R_F-Werten der einzelnen Azelainsäureester sind jedoch zu gering, um auf Grund der direkten dünnschichtchromatographischen Analyse eine eindeutige Aussage zuzulassen. Man erhält jedoch orientierende Hinweise auf die C-Anzahl des Alkoholrestes. Die R_F-Werte sind in Tabelle 3 angeführt, das Beispiel eines Dünnschichtchromatogramms zeigt Abb. 11.

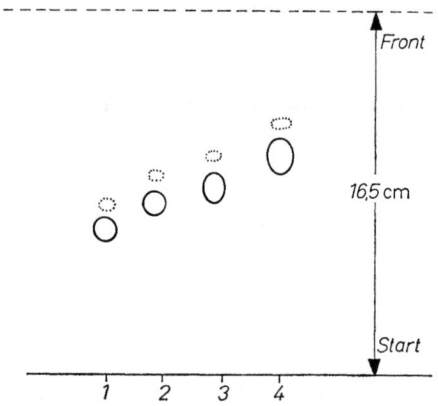

Abb. 11. DC-Trennung von Azelainsäureestern

1 Dibutylazelat (b 16)   3 Di-(2-äthylbutyl)-azelat (b 18)
2 Dihexylazelat (b 17)   4 Di-(2-äthylhexyl)-azelat (b 19)

Arbeitsbedingungen:
Adsorbens: Kieselgel G mit Blankophor DCB. Fließmittel: Diisopropyläther/Petroläther (Kp. 40—60°C) (10:90). Detektion: UV-Lampe

Tabelle 3. *DC-Analyse von Azelainsäureestern auf Kieselgel G mit Blankophor DCB; Fließmittel: Diisopropyläther/Petroläther (Kp. 40—60°C) (10:90)*

Weichmacher	Rf-Werte
Dibutylazelat (b 16)	0,38
Dihexylazelat (b 17)	0,47
Di-(2-äthylbutyl)-azelat (b 18)	0,51
Di-(2-äthylhexyl)-azelat (b 19)	0,60

Bei der DC-Analyse der Azelainsäureester unter den angeführten Arbeitsbedingungen ist über dem Hauptfleck ein halbmondförmiger kleiner Fleck zu beobachten. Dieser Nebenbestandteil wurde bisher bei allen Azelainsäureestern festgestellt, so daß man ihn sogar als charakteristisch für Azelate ansehen kann. Bei Verwendung anderer Laufmittel ist diese Nebenkomponente nicht immer zu sehen.

Sichtbar gemacht werden die auf Kieselgel G und Blankophor DCB getrennten Azelate durch Betrachten unter der UV-Lampe. Azelainsäureester erscheinen als hellfluoreszierende Flecken auf schwach bläulichem Untergrund.

Geräte:
1. *Grundausrüstung zur Dünnschichtchromatographie*, siehe C, I, b
2. *UV-Lampe* (a 15)

Reagentien:
1. *Kieselgel G* (a 17) *nach Stahl*
2. *Blankophor DCB*
3. *Diisopropyläther*
4. *Petroläther* (Kp.: 40—60°C)

Herstellung der Platten mit Blankophor DCB: siehe C, I, c, γ

c) Sebacinsäureester

Die direkte dünnschichtchromatographische Analyse von Sebacinsäureestern kann auf Kieselgel G mit zwei verschiedenen Fließmitteln durchgeführt werden. Die Fließmittelzusammensetzung Diisopropyläther/Petroläther (Kp.: 40—60°C) im Volumenverhältnis 20:80 [62] ermöglicht gegenüber Methylenchlorid [61] als Elutionsmittel eine etwas bessere Trennung (siehe Abb. 12 und Abb. 13 und Tab. 4).

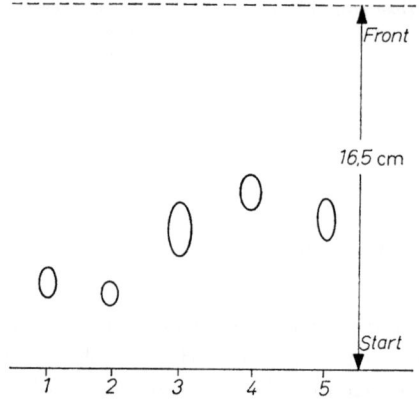

Abb. 12. DC-Trennung von Sebacinsäureestern

1 Dimethylsebacat (b 20)
2 Diäthylsebacat (b 21)
3 Dibutylsebacat (b 22)
4 Di-(2-äthylhexyl)-sebacat (b 23)
5 Dibenzylsebacat (b 24)

Arbeitsbedingungen:

Adsorbens: Kieselgel G mit Blankophor DCB. Fließmittel: Methylenchlorid. Detektion: UV-Lampe

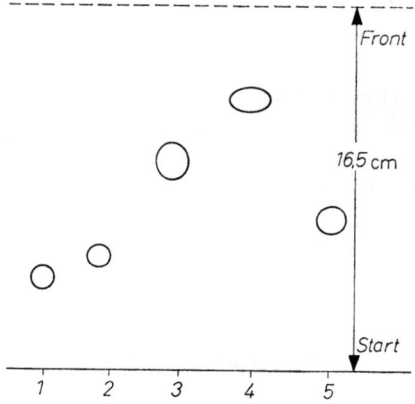

Abb. 13. DC-Trennung von Sebacinsäureestern

1 Dimethylsebacat (b 20)
2 Diäthylsebacat (b 21)
3 Dibutylsebacat (b 22)
4 Di-(2-äthylhexyl)-sebacat (b 23)
5 Dibenzylsebacat (b 24)

Arbeitsbedingungen:

Adsorbens: Kieselgel G mit Blankophor DCB. Fließmittel: Diisopropyläther/Petroläther (Kp. 40—60°C) (20:80). Detektion: UV-Lampe

Tabelle 4. *R_F-Werte von Sebacinsäureestern auf Kieselgel G Platten (mit Blankophor DCB); verschiedene Fließmittel*

Weichmacher	R_F-Werte von Sebacinsäureestern	
	mit Methylenchlorid als Fließmittel	mit Diisopropyläther/Petroläther 20 : 80 als Fließmittel
Dimethylsebacat (b 20)	0,23	0,27
Diäthylsebacat (b 21)	0,23	0,32
Dibutylsebacat (b 22)	0,38	0,58
Di-(2-äthylhexyl)-sebacat (b 23)	0,48	0,75
Dibenzylsebacat (b 24)	0,41	0,41
Sebacinsäurepolyester (b 25) (b 26)	0	0

Abgesehen von Dimethyl- und Diäthylsebacat lassen sich die Sebacate auf Grund ihrer Unterschiede in den R_F-Werten durch die direkte DC-Analyse erkennen. Voraussetzung dafür ist, daß ihre Zugehörigkeit zur Weichmacherklasse der Sebacinsäureester festliegt. Zur Sichtbarmachung der Sebacate enthält das Sorbens Blankophor DCB. Dadurch sind die getrennten Sebacinsäureester unter der UV-Lampe als helle Flecken auf bläulichem Untergrund zu erkennen. Eine spezifische Anfärbung für Sebacinsäureester ist bisher nicht bekannt.

Geräte:
1. *Grundausrüstung zur Dünnschichtchromatographie*, siehe Abschn. C,I,b
2. *UV-Lampe* (a 15)

Reagentien:
1. *Kieselgel G* (a 17) nach STAHL
2. *Blankophor DCB*
3. *Methylenchlorid* oder *Diisopropyläther* und *Petroläther* (Kp.: 40—60°C)

Herstellung der Platten mit Blankophor DCB: siehe C,I,c,γ

d) Citronensäureester

Um festzustellen, ob ein Citronensäureester vorliegt, wird man zunächst die unter B,II,h beschriebene Farbreaktion für Citrate auf der Dünnschichtplatte durchführen.

Für die Sichtbarmachung der getrennten Citronensäureester auf einem entwickelten Chromatogramm ist diese Farbreaktion nicht geeignet, da die Weichmacherkonzentration hier offenbar zu gering ist. Man erhält nur mit dem reinen Weichmacher und nicht mit einer Weichmacher-Lösung eine Anfärbung. Die Citronensäureester lassen sich wie die anderen Weichmacher auf Kieselgel-G-Platten, die den Aufheller Blankophor DCB enthalten, unter der UV-Lampe als hellfluoreszierende Flecken erkennen. Als Fließmittel wird einmal Methylenchlorid und zum anderen ein Gemisch von Diisopropyläther und Petroläther (Kp.: 40—60 °C) im Volumenverhältnis 30:70 [62] verwendet. Mit dem Fließmittelgemisch werden bessere Trenneffekte erzielt, siehe Abb. 14, Abb. 15 und Tab. 5.

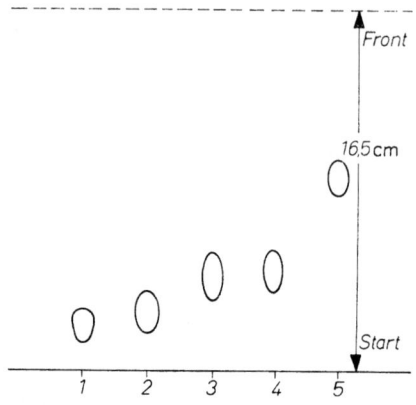

Abb. 14. DC-Trennung von Citronensäureestern

1 Citronensäuretriäthylester (b 27)
2 Citronensäuretributylester (b 28)
3 O-(Acetyl)-citronensäuretriäthylester (b 29)
4 O-(Acetyl)-citronensäuretributylester (b 30)
5 O-(Acetyl)-citronensäure-(2-äthylhexyl)-ester (b 31)

Arbeitsbedingungen:

Adsorbens: Kieselgel G mit Blankophor DCB. Fließmittel: Methylenchlorid. Detektion: UV-Lampe

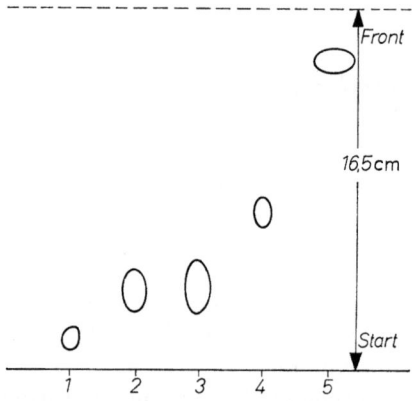

Abb. 15. DC-Trennung von Citronensäureestern

1 Citronensäuretriäthylester (b 27)
2 Citronensäuretributylester (b 28)
3 O-(Acetyl)-citronensäuretriäthylester (b 29)
4 O-(Acetyl)-citronensäuretributylester (b 30)
5 O-(Acetyl)-citronensäure-(2-äthylhexyl)-ester (b 31)

Arbeitsbedingungen:

Adsorbens: Kieselgel G mit Blankophor DCB. Fließmittel: Diisopropyläther/Petroläther (Kp. 40—60°C) (30:70). Detektion: UV-Lampe

Tabelle 5. R_F-Werte von Citronensäureestern auf Kieselgel-G-Platten (mit Blankophor DCB); verschiedene Fließmittel

Weichmacher	R_F-Werte von Citronensäureestern	
	mit Methylenchlorid als Fließmittel	mit Diisopropyläther/Petroläther (30 : 70) als Fließmittel
Citronensäuretriäthylester (b 27)	0,09	0,07
Citronensäuretributylester (b 28)	0,13	0,20
O-(Acetyl)-citronensäuretriäthylester (b 29)	0,25	0,21
O-(Acetyl)-citronensäuretributylester (b 30)	0,27	0,42
O-(Acetyl)-citronensäure-(2-äthylhexyl)-ester (b 31)	0,52	0,84

Wie auch bei anderen Ester-Weichmachern ganz allgemein beobachtet wird, steigen die R_F-Werte der Citronensäureester mit steigender Kohlenstoffzahl des Alkoholrestes, wobei die acetylierten Citronensäureester noch weiter wandern als die nicht acetylierten. O-(Acetyl)-citronensäuretributylester und O-(Acetyl)-citronensäure-(2-äthylhexyl)-ester zeigen bei Verwendung des Fließmittelgemisches deutliche Unterschiede in den R_F-Werten. Die anderen Citronensäureester sind wegen ihrer geringen Unterschiede im R_F-Wert ohne vorherige Verseifung nicht zu unterscheiden.

Geräte:
1. *Grundausrüstung zur Dünnschichtchromatographie*, siehe C, I, b
2. *UV-Lampe* (a 15)

Reagentien:
1. *Kieselgel G* (a 17) *nach Stahl*
2. *Blankophor DCB* (a 20)
3. *Methylenchlorid* oder *Diisopropyläther* und *Petroläther* (Kp.: 40—60 °C)

Herstellung der Platten mit Blankophor DCB: siehe C, I, c, γ

e) Phthalsäureester

Phthalsäureester stellten im Jahre 1963 rund 62% der insgesamt verwendeten Weichmacher. Der Analyse dieser Verbindungen kommt daher eine besondere Bedeutung zu. Zur Vereinheitlichung der Verfahren wird auch bei diesen Estern lediglich mit zwei Fließmitteln gearbeitet, und zwar mit Methylenchlorid und einem Gemisch aus Diisopropyläther/Petroläther (Kp.: 40—60 °C) im Volumenverhältnis 70:30. Mit dem

Fließmittelgemisch werden gegenüber Methylenchlorid bessere Trenneffekte erzielt [63]. Man kann durch Veränderung der Mischungsanteile leicht die Wanderungsgeschwindigkeit variieren. Ein höherer Anteil an Diisopropyläther erhöht bei den Phthalsäureestern die Laufstrecke. Als

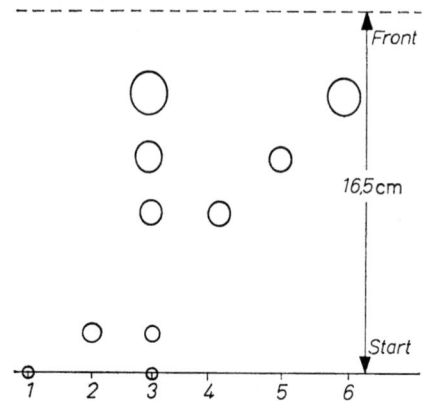

Abb. 16. DC-Trennung von Phthalsäureestern

1 Phthalsäureäthylenglykolester (b 32)   4 Dimethylphthalat (b 34)
2 Di-(methoxyläthyl)-phthalat (b 33)   5 Diäthylphthalat (b 35)
3 Gemisch 1 + 2 + 4 + 5 + 6   6 Dibutylphthalat (b 36)

Arbeitsbedingungen:
Adsorbens: Kieselgel G. Fließmittel: Diisopropyläther/Petroläther (70:30). Detektion: Resorcin-Lösung

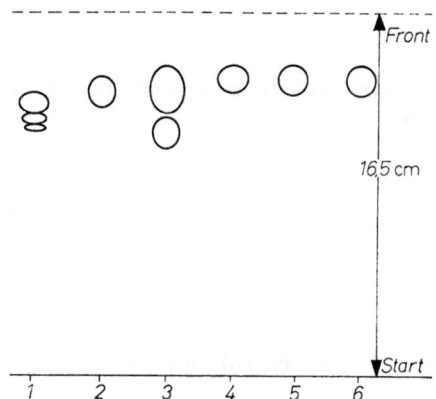

Abb. 17: DC-Trennung von Phthalsäureestern höherer Alkohole

1 Benzylbutylphthalat (b 37)   4 Di-(isononyl)-phthalat (b 39)
2 Di-(methylcyclohexyl)-phthalat (b 38) 5 Di-(isodecyl)-phthalat (b 40)
3 Gemisch 1 + 2 + 4 + 5 + 6   6 Di-(2-äthylhexyl)-phthalat (b 41)

Arbeitsbedingungen:
Adsorbens: Kieselgel G nach Stahl. Fließmittel: Diisopropyläther/Petroläther (70:30). Detektion: Resorcin-Lösung

Sorbens dient Kieselgel G. Phthalsäureäthylenglykolester, Di-(methoxyäthyl)-phthalat, Dimethylphthalat, Diäthylphthalat, Dibutylphthalat lassen sich mit dem Fließmittelgemisch Diisopropyläther/Petroläther im Volumenverhältnis 70:30 eindeutig identifizieren, siehe Abb. 16. Bei Verwendung von Methylenchlorid als Elutionsmittel werden Dimethylphthalat und Diäthylphthalat, die häufig als Gemisch vorkommen, nicht getrennt. Die Phthalsäureester der höheren Alkohole, von C_8 aufwärts, lassen sich mit keinem Fließmittel so trennen, daß eine eindeutige Identifizierung möglich ist, siehe Abb. 17, Tab. 6.

Tabelle 6. R_F-Werte von Phthalsäureestern auf Kieselgel-G-Platten mit verschiedenen Fließmitteln

Weichmacher	R_F-Werte von Phthalsäureestern	
	mit Methylenchlorid als Fließmittel	mit Diisopropyläther/Petroläther (70:30) als Fließmittel
Phthalsäureäthylenglykolester (b 32)	0	0
Di-(methoxyäthyl)-phthalat (b 33)	0,15	0,09
Dimethylphthalat (b 34)	0,46	0,43
Diäthylphthalat (b 35)	0,49	0,58
Dibutylphthalat (b 36)	0,60	0,76
Benzylbutylphthalat (b 37)	0,67	0,65 0,70 0,75
Di-(methylcyclohexyl)-phthalat (b 38)	0,68	0,78
Di-(isononyl)-phthalat (b 39)	0,72	0,82
Di-(isodecyl)-phthalat (b 40)	0,73	0,83
Di-(2-äthylhexyl)-phthalat (b 41)	0,79	0,83

Das bei Kunststoffen auf Celluloseesterbasis häufig eingesetzte Weichmachergemisch aus Dimethylphthalat, Diäthylphthalat und Triphenylphosphat kann mit einer Kieselgel- G-Platte, die Blankophor DCB enthält, leicht analysiert werden, wenn durch einen Phosphor- und Phthalsäurenachweis die Zugehörigkeit zur entsprechenden Weichmacherklasse feststeht. Bei Verwendung einer Mischung aus Diisopropyläther und Petroläther (Kp.: 40—60°C) im Volumenverhältnis 70:30 als Fließmittel erscheint das Triphenylphosphat (R_F-Wert = 0,50) als hell fluoreszierender Fleck zwischen Dimethylphthalat (R_F-Wert = 0,43) und Diäthylphthalat (R_F-Wert = 0,58), die als dunkle Flecken zu erkennen sind.

Durch Besprühen mit Resorcin und Schwefelsäure lassen sich die Phthalsäureweichmacher auf Kieselgel- G-Platten als gelbe Flecken auf hellbraunem Untergrund gut nachweisen. Die Anfärbung kann leicht zu Verwechslungen mit Adipinsäureestern führen, die orangegelbe Flecken zeigen. Andere Weichmacher wie Azelain-, Sebacin-, Citrat- und Phosphat-Weichmacher stören diesen Nachweis nicht. Eine Unterscheidung zwischen Adipat- und Phthalat-Weichmachern ist unter anderem durch eine DC-Analyse auf Platten mit Fluoreszenzfarbstoffen möglich. Enthält das Sorbens Blankophor DCB, so erscheinen sämtliche Adipinsäureester unter der UV-Lampe als *hell*fluoreszierende Flecken, während die Phthalsäureester niederer Alkohole bis C_4 als dunkle Flecken zu erkennen sind. Verwendet man ein käufliches Sorbens, das einen Leuchtstoff enthält wie z. B. Kieselgel HF 254 (a 17), so sind unter UV-Licht sämtliche Phthalsäureester als dunkle Flecken zu sehen, während Adipinsäureester unsichtbar bleiben.

Geräte:
1. *Grundausrüstung zur Dünnschichtchromatographie*, siehe C, I, b
2. *UV-Lampe* (a 15)

Reagentien:
1. *Kieselgel G* (a 17) nach STAHL; eventuell Kieselgel HF 254 (a 17)
2. *Blankophor DCB* (a 20)
3. *Diisopropyläther*
4. *Petroläther* (Kp.: 40–60°C)
5. *Resorcin*
6. *Zinkchlorid*
7. *4 n Schwefelsäure*

Herstellung der Platten: C, I, c, β und C, I, c, γ

Sichtbarmachung der Phthalate:
1. bei Verwendung von Fluoreszenzfarbstoffen in der Platte durch Betrachten unter der UV-Lampe
2. Farbreaktion:

Die Platten werden mit einer äthanolischen Resorcinlösung (20%ig) besprüht, die 1% Zinkchlorid enthält. Man erwärmt 10 Minuten auf 100°C, besprüht mit 4 n Schwefelsäure und erwärmt wiederum 20 Minuten auf 120°C. Die Phthalate zeigen gelbe Flecken.

f) Phosphorsäureester

Die direkte dünnschichtchromatographische Analyse von Phosphorsäureestern ist in der Literatur [9, 11, 61, 65] mehrfach beschrieben. Speziell für die als Weichmacher gebräuchlichsten Phosphorsäureester ist die im folgenden beschriebene Arbeitsweise empfehlenswert [65]. Als Sorbens dient Kieselgel G und als Fließmittel einmal Methylenchlorid und zum anderen Diisopropyläther/Petroläther (Kp.: 40–60°C) im Volumenverhältnis 50:50. Einige Chromatogramme werden in den Abbildungen 18, 19, 20, 21 wiedergegeben. Die R_F-Werte sind in Tab. 7 zusammengefaßt.

Direkte dünnschichtchromatographische Analyse von Weichmachern

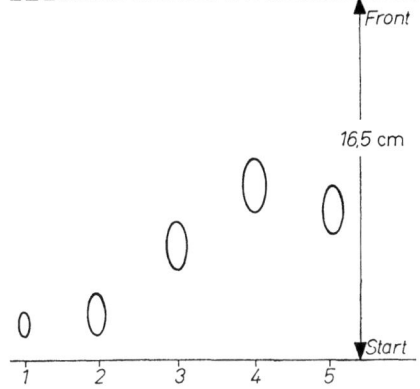

Abb. 18. DC-Trennung von Phosphorsäureestern

1 Tri-(chloräthyl)-phosphat (b 42)
2 Tributylphosphat (b 43)
3 Tri-(2-äthylhexyl)-phosphat (b 44)
4 Di-(phenyl)-(2-äthylhexyl)-phosphat (b 45)
5 Triphenylphosphat (b 46)

Arbeitsbedingungen:

Adsorbens: Kieselgel G mit Blankophor DCB. Fließmittel: Methylenchlorid. Detektion: UV-Lampe

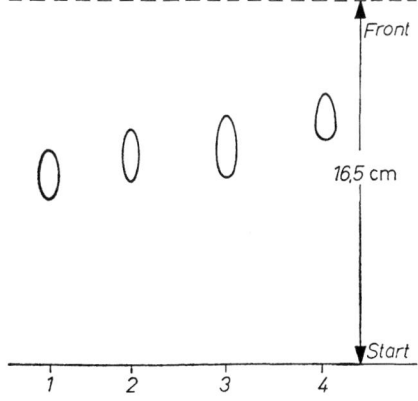

Abb. 19. DC-Trennung von Phosphorsäureestern

1 Di-(phenyl)-kresylphosphat (b 47)
2 Trikresylphosphat (b 48)
3 Di-(phenyl)-xylenylphosphat (b 49)
4 Trixylenylphosphat (b 61)

Arbeitsbedingungen:

Adsorbens: Kieselgel G mit Blankophor DCB. Fließmittel: Methylenchlorid. Detektion: UV-Lampe

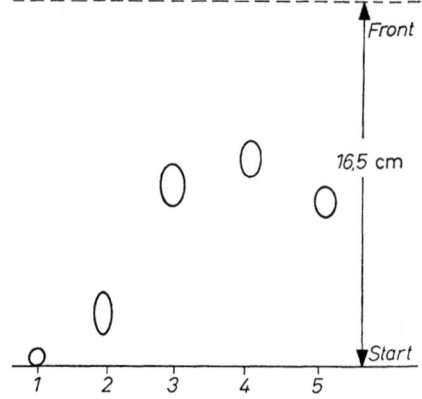

Abb. 20. DC-Trennung von Phosphorsäureestern

1 Tri-(chloräthyl)-phosphat (b 42)
2 Tributylphosphat (b 43)
3 Tri-(2-äthylhexyl)-phosphat (b 44)
4 Di-(phenyl)-(2-äthylhexyl)-phosphat (b 45)
5 Triphenylphosphat (b 46)

Arbeitsbedingungen:
Adsorbens: Kieselgel G mit Blankophor DCB. Fließmittel: Diisopropyläther/Petroläther (Kp. 40–60°C) (50:50). Detektion: UV-Lampe

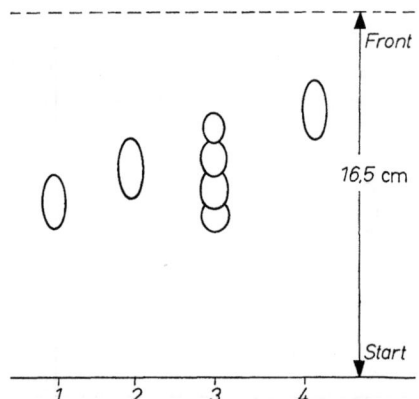

Abb. 21. DC-Trennung von Phosphorsäureestern

1 Di-(phenyl)-kresylphosphat (b 47)
2 Trikresylphosphat (b 48)
3 Di-(phenyl)-xylenylphosphat (b 49)
4 Trixylenylphosphat (b 61)

Arbeitsbedingungen:
Adsorbens: Kieselgel G mit Blankophor DCB. Fließmittel: Diisopropyläther/Petroläther (Kp. 40–60°C) (50:50). Detektion: UV-Lampe

Direkte dünnschichtchromatographische Analyse von Weichmachern 63

Tabelle 7. R_F-*Werte von Phosphatweichmachern auf Kieselgel-G-Platten mit verschiedenen Fließmitteln*

Weichmacher	R_F-Werte von Phosphatweichmachern	
	mit Methylenchlorid als Fließmittel	mit Diisopropyläther/Petroläther (50 : 50) als Fließmittel
Tri-(chloräthyl)-phosphat	0,09	0
Tributylphosphat	0,13	0,15
Tri-(2-äthylhexyl)-phosphat	0,32	0,51
Di(phenyl)-(2-äthylhexyl)-phosphat	0,48	0,57
Triphenylphosphat	0,41	0,45
Di(phenyl)kresylphosphat	0,54	0,48
Trikresylphosphat	0,59	0,58
Di(phenyl)xylenylphosphat	0,62	0,43 0,51 0,60 0,71
Trixylenylphosphat	0,72	0,73

Während die aliphatischen Phosphorsäureester an Hand des R_F-Wertes relativ gut unterschieden werden können, ist dies bei den aromatischen Phosphat-Weichmachern wegen der wenig verschiedenen R_F-Werte nicht mehr möglich.

Bei Verwendung von Kieselgel-G-Platten mit Blankophor DCB lassen sich die getrennten Phosphat-Weichmacher unter UV-Licht als hellfluoreszierende Flecken eindeutig erkennen. Weiter eignet sich für den Nachweis auf Kieselgel G das Besprühen mit einer Ammoniummolybdat- und Hydrazin-Lösung, wobei die getrennten Phosphate als weiße bis braune Flecken auf bläulichem Untergrund zu erkennen sind [65]. Ein Diazoniumreagenz nach D. BRAUN [60] gibt mit Phosphaten gelbe bis orangefarbene Flecken auf hellem Grund.

Geräte:
1. *Grundausrüstung für die Dünnschichtchromatographie*, siehe C,I,b
2. *UV-Lampe* (a 15) (wenn die Flecken nicht mit einer Farbreaktion nachgewiesen werden sollen, siehe weiter unten)

Reagentien:
1. *Kieselgel G* (a 17)
2. *Blankophor DCB*
3. *Methylenchlorid* oder *Diisopropyläther* und *Petroläther* (Kp.: 40—60°C)
4. *Reagentien für die Farbreaktionen,* siehe dort

Herstellung der Platten: siehe C,I,c,β und C,I,c,γ

Nachweis der getrennten Verbindungen:

a) *mit der UV-Lampe* bei Verwendung von Blankophor DCB in den Platten
b) *mit Ammoniummolybdatlösung (I)* und *Hydrazinsulfatlösung (II)*

Reagentien:
1. *Ammoniummolybdat*
2. *Hydrazinsulfat*
3. *40%ige Perchlorsäure*
4. *Konz. Salzsäure*

Lösung (I): 3 g Ammoniummolybdat, 20 ml 40%ige Perchlorsäure und 5 ml Salzsäure werden in 200 ml Wasser gelöst.

Lösung (II): Gesättigte Hydrazinlösung: 5 g Hydrazinsulfat werden in einem 100 ml Meßkolben in Wasser gelöst und zur Marke aufgefüllt.

Die entwickelten Platten werden mit Lösung (I) besprüht, 10 Minuten auf 100°C erhitzt, anschließend mit Lösung (II) besprüht und 20 Minuten auf 110°C gehalten. Die Phosphate erscheinen als weiße Flecken auf hellblauem Untergrund.

c) *mit Diazoniumreagens*

Reagentien:
1. *p-Nitranilin*
2. *Natriumnitrit*
3. *0,5 n äthanolische Kalilauge*
4. *25% Salzsäure*

Diazoniumreagenslösung: 0,8 g p-Nitranilin in 250 ml Wasser lösen, dann 20 ml 25%ige Salzsäure dazugeben und mit einer 5%igen NaNO$_2$-Lösung bis zur Farblosigkeit diazotieren.

Die Platten werden mit 0,5 n äthanolischer KOH besprüht, 15 Minuten bei 60°C getrocknet, dann mit Diazoniumreagens besprüht. Phosphorsäureester ergeben gelbe bis orangefarbene Flecken auf hellem Grund.

g) Salicylsäurephenylester und Resorcinmonobenzoat

Obwohl Salicylsäurephenylester (b 78) (Salol) und Resorcinmonobenzoat (b 77) nicht als Weichmacher, sondern als Stabilisatoren eingesetzt werden, wurden sie in dieses Buch mit aufgenommen, da sie bei der Isolierung der Weichmacher aus den Kunststoffen mit abgetrennt werden und sich anschließend im Weichmacherextrakt befinden.

Resorcinmonobenzoat läßt sich im Gegensatz zu Salol von den Weichmachern auf klassischem Wege leicht abtrennen [35]. Der vom Extraktionsmittel befreite Weichmacherextrakt wird mit einigen ml Petroläther (Kp.: 40—60°C) versetzt und kräftig durchgeschüttelt. Alsdann beginnt das Resorcinmonobenzoat auszukristallisieren, während die Weichmacher in Lösung bleiben. Häufig scheiden sich Resorcinmonobenzoatkristalle auch schon nach dem Abdampfen des Extraktionsmittels aus. Eine nahezu quantitative Abscheidung des Stabilisators erreicht man durch mehrstündiges Stehenlassen der Petrolätherlösung bei 0°C. Die Unlöslichkeit des Resorcinmonobenzoats ist stark von der Art des anwesenden Weichmachers abhängig. Die abgeschiedenen Kristalle werden abgesaugt bzw. abzentrifugiert und einige Male mit geringen Mengen Petroläther nachgewaschen. Der Schmelzpunkt des auf diese Weise isolierten Resorcinmonobenzoats liegt je nach Reinheitsgrad zwischen 134°C und 138°C. Den dünnschichtchromatographischen Nachweis von Resorcinmonobenzoat wird man vorteilhaft mit der isolierten Verbindung durchführen, von der man sich etwa 5%ige Lösungen in Benzol bzw. Äther herstellt.

Selbstverständlich gelingt auch der Nachweis von Resorcinmonobenzoat im Kunststoffextrakt ohne vorherige kristalline Abscheidung. Die DC-Analyse von Salol wird mit dem gesamten Weichmacherextrakt durchgeführt. Von dem eingeengten Kunststoffextrakt stellt man sich je nach Stabilisatorengehalt 5 bis 20%ige Lösungen in Benzol oder Äther her. Davon werden 2 bis 10 µl auf die Dünnschichtplatte aufgetragen. Als Sorbens dient Kieselgel G mit oder ohne Blankophor DCB. Das Dünnschichtchromatogramm mit Methylenchlorid als Fließmittel zeigt Abb. 22.

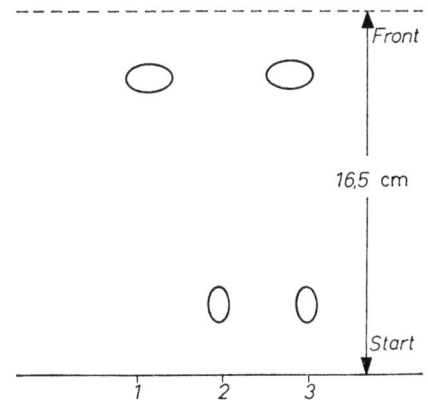

Abb. 22. DC-Trennung von Salol und Resorcinmonobenzoat
  1 Salol (b 78)
  2 Resorcinmonobenzoat (b 77)
  3 Resorcinmonobenzoat + Salol

Arbeitsbedingungen:
Adsorbens: Kieselgel G mit Blankophor DCB. Fließmittel: Methylenchlorid. Detektion: UV-Lampe

Einen so großen R_F-Wert wie Salol haben unter diesen Bedingungen nur sehr wenig Weichmacher. Bei der dünnschichtchromatographischen Trennung in Abb. 23 wurde als Laufmittel eine Mischung von Diisopropyläther und Petroläther (Kp.: 40—60°C) im Volumverhältnis 70:30 verwendet. Der Nachweis der getrennten Stabilisatoren ist auf verschie-

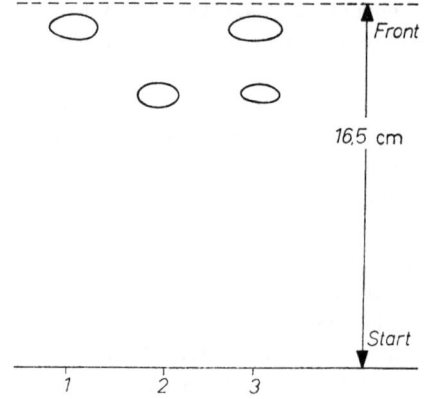

Abb. 23. DC-Trennung von Salol und Resorcinmonobenzoat
1 Salol (b 78)
2 Resorcinmonobenzoat (b 77)
3 Resorcinmonobenzoat + Salol

Arbeitsbedingungen:
Adsorbens: Kieselgel G mit Blankophor DCB. Fließmittel: Diisopropyläther/Petroläther (Kp. 40—60°C) (70:30). Detektion: UV-Lampe

dene Weise möglich. Für Salol ist die starke, helle Fluoreszenz auf einer normalen Kieselgel- G-Platte beim Betrachten unter UV-Licht charakteristisch. Resorcinmonobenzoat ist unter diesen Bedingungen nicht zu erkennen. Verwendet man dagegen eine Kieselgel- G-Platte mit Blankophor DCB, so sind beide Stabilisatoren unter UV-Licht als dunkle Flecken zu sehen.

Geräte:
1. *Grundausrüstung zur Dünnschichtchromatographie*, siehe C,I,b
2. *UV-Lampe* (a 15)

Reagentien:
1. *Kieselgel G* (a 17) *nach Stahl*
2. *Blankophor DCB* (a 20)
3. *Methylenchlorid* oder *Diisopropyläther und Petroläther* (Kp.: 40—60°C)

Herstellung der Platten mit Blankophor DCB: siehe C,I,c,γ

III. Dünnschichtchromatographische Analyse von Bestandteilen verseifbarer Weichmacher

Die direkte dünnschichtchromatographische Analyse allein ist für eine eindeutige Identifizierung von Weichmachern häufig nicht ausreichend. Hier kann die dünnschichtchromatographische Analyse der Verseifungsprodukte weiterhelfen [60]. Säuren und Phenole können als solche getrennt werden, während sich zur Erkennung der Alkoholkomponenten die Chromatographie ihrer 3,5-Dinitrobenzoesäureester bewährt hat.

a) Säuren

Aliphatische Dicarbonsäuren von Oxalsäure bis Sebacinsäure und verschiedene andere, für die Weichmacheranalyse wichtige Säuren, lassen sich in Form ihrer Ammonsalze auf Kieselgel G trennen, wobei als Elutionsmittel ein Gemisch von Alkohol, Wasser und Ammoniak im Volumenverhältnis 100 : 12 : 16 dient [66]. Als Indikator zum Anfärben eignet sich Bromkresolgrün.

In einem anderen Verfahren nach KNAPPE und PETERI [67] werden für höhere aliphatische Dicarbonsäuren Kieselgur-Platten verwendet, die mit Polyäthylenglykol M 1000 imprägniert sind. Dieses Verfahren eignet sich auch für die Trennung einiger anderer, in Weichmachern vorkommender Säuren [60], siehe Abb. 24. Die zugehörigen R_F-Werte sind in Tab. 8 zusammengestellt. Als Fließmittel eignet sich ein mit Polyäthylenglykol M 1000 gesättigtes Gemisch Diisopropyläther/Ameisensäure und Wasser (90 : 7 : 3 Volumteile). Der Nachweis der getrennten Flecken gelingt mit Bromkresolpurpur. Im folgenden wird nur die zweitgenannte Methode nach KNAPPE und PETERI beschrieben.

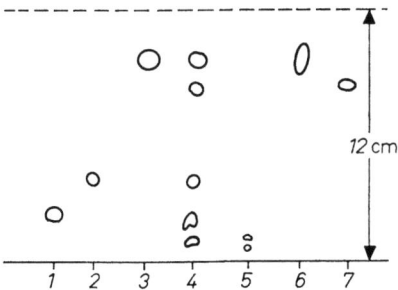

Abb. 24. DC-Analyse von Säuren aus verseiften Weichmachern auf mit Polyäthylenglykol M 1000 imprägnierten Kieselgur G-Platten

1 Phthalsäure aus Phthalsäuredidecylester (b 40)
2 Adipinsäure aus Adipinsäuredinonylester (b 11)
3 Sebacinsäure aus Sebacinsäuredioctylester (b 23)
4 Mischung aus 1 + 2 + 3 + 5 + 6 + 7
5 Citronensäure aus O-(Acetyl)-tri(2-äthylhexyl)-citrat (b 31)
6 Phosphorsäure aus Di-phenyl-octylphosphat (b 45)
7 Azelainsäure aus Azelainsäure-di-(2-äthylhexyl)-ester (b 19)

Arbeitsbedingungen:

Adsorbens: Kieselgur G imprägniert mit Polyäthylenglykol M 1000. Fließmittel: Diisopropyläther, Ameisensäure 98–100%, Wasser (90 : 7 : 3), mit Polyäthylenglykol gesättigt. Detektion: Anfärbung mit Bromkresolpurpur

Tabelle 8. R_F-Werte von Säuren auf mit Polyäthylenglykol M 1000 imprägnierten Kieselgur-G-Platten

Säuren	R_F-Werte
Citronensäure	0,07
Phthalsäure	0,16
Adipinsäure	0,31
Azelainsäure	0,70
Sebacinsäure	0,81
Phosphorsäure	0,75 bis 0,85

Geräte:
1. *Grundausrüstung zur Dünnschichtchromatographie*, siehe C,I,b

Reagentien:
1. *1 n Kalilauge* (äthanolisch)
2. *Ionenaustauscher Amberlite IR 120, H-Form* (a 28)
3. *Kieselgur G* (a 17)
4. *Polyäthylenglykol M 1000*
5. *Natriumdiäthyldithiocarbamat*
6. *Indikator-Lösung:* 0,04 g Bromkresolpurpur in 100 ml 50%igem Äthanol
7. *Diisopropyläther*
8. *Ameisensäure 98—100%ig*

Verseifung der Weichmacher. Je 1 g der betreffenden Weichmacher bzw. des vom Extraktionsmittel befreiten Weichmacherextraktes werden mit 25 ml 1 n äthanolischer Kalilauge 3 Stunden unter Rückfluß erhitzt. Nach dem Abkühlen werden 3 bis 4 ml der Lösung mit etwas ausgefallenem Salz unter Schütteln mit soviel Ionenaustauscher (Amberlite IR 120, H-Form) versetzt, bis die Lösung neutral reagiert. Dann wird auf mit Polyäthylenglykol M 1000 imprägnierten Kieselgur- G-Platten chromatographiert.

Herstellung der imprägnierten Kieselgur G-Platten [67]. 30 g Kieselgur G und 0,05 g Natriumdiäthyldithiocarbamat werden in einer Reibschale mit einer Mischung aus 45 ml dest. Wasser und 15 g Polyäthylenglykol M 1000 sorgfältig verrührt. Zur Erreichung einer homogenen Mischung ist die Verwendung eines Mixgerätes (z.B. Starmix) sehr zu empfehlen. Der für die Beschichtung von etwa 5 Platten ausreichende Brei wird mit Hilfe des Streichgerätes in üblicher Weise aufgetragen. Die Platten werden zunächst 10 Minuten an der Luft getrocknet und anschließend 30 Minuten lang im Trockenschrank bei 100°C aktiviert. Die fertig zubereiteten Platten können im Exsikkator über einem Trockenmittel längere Zeit aufbewahrt werden.

Fließmittel. Das Fließmittel besteht aus 90 Vol.-Teilen Diisopropyläther, 7 Vol.-Teilen Ameisensäure (98-100% ig, kristallisierbar) und 3 Vol.-Teilen dest. Wasser. Die Mischung wird noch mit Polyäthylenglykol M 1000 gesättigt. Das so zubereitete Fließmittel soll nicht länger als 2 Stunden aufbewahrt werden.

Entwickeln und Sichtbarmachen. Wenn die Fließmittelfront eine Höhe von etwa 12 cm durchlaufen hat, werden die Platten aus der Kammer genommen und 10 Minuten in einem säurefreien Trockenschrank auf 100 °C erhitzt. Wesentliche Temperaturabweichungen nach beiden Richtungen beeinträchtigen die Anfärbbarkeit der Platten. Nach dem Erkalten werden die Platten mit einer Lösung von 0,04 g Bromkresolpurpur in 100 ml 50%igem Äthanol besprüht. Die Sprühlösung wurde vorher mit Natronlauge auf pH = 10 eingestellt. Dicarbonsäureflecken und Frontlinie heben sich mit leuchtendem Gelb deutlich und scharf von dem intensiv blau gefärbten Untergrund ab.

b) Phenole

Phenolische Bestandteile kommen häufig in Phosphatweichmachern vor. Trotz der bekannt schwierigen Verseifbarkeit von derartigen Phosphorsäureestern kann man sie durch dreistündiges Kochen mit 1 n alkoholischer Kalilauge verseifen [*60*]. Zur Abtrennung der verhältnismäßig großen Salzmengen wird die alkalische Verseifungslösung mit einem

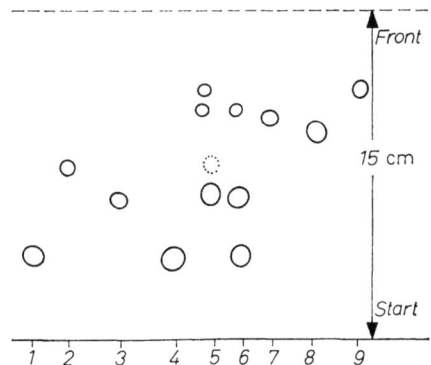

Abb. 25. DC-Analyse von Phenolen aus verseiften Weichmachern (nach D. BRAUN [60])

1 Phenol
2 o-Kresol
3 m-Kresol
4 Phenole aus Octyldiphenylphosphat (b 45)
5 Phenole aus Trikresylphosphat
6 Phenole aus Di-(phenyl)-kresylphosphat (b 47)
7 Xylenol-1,2,3 (2,3-Dimethylphenol)
8 Xylenol-1,2,3 (3,5-Dimethylphenol)
9 Xylenol-1,2,4 (2,4-Dimethylphenol)

Arbeitsbedingungen:
Adsorbens: Kieselgel G, imprägniert mit Formamid. Fließmittel: Methylenchlorid/Cyclohexan (55:45). Detektion: Diazotierte Benzidinlösung

sauren Ionenaustauscher (Amberlite IR 120, H-Form) bis zur neutralen Reaktion geschüttelt und dann direkt zur Chromatographie auf die Platte aufgetragen.

Man verwendet Kieselgel- G-Platten, die vorher mit einer Mischung aus Aceton und Formamid im Volumenverhältnis 2:1 imprägniert wurden [68]. Als Elutionsmittel dient eine Mischung von 55 Volumenteilen Methylenchlorid und 45 Volumenteilen Cyclohexan. Zum Erkennen der getrennten Flecken werden die entwickelten Platten mit einer diazotierten Benzidinlösung besprüht, wodurch sehr beständige Anfärbungen entstehen. Abb 25 zeigt die mit verschiedenen technischen Weichmachern erhaltenen Ergebnisse zusammen mit einigen Vergleichssubstanzen. Man sieht daraus z. B., daß das untersuchte technische Trikresylphosphat verschiedene Begleitsubstanzen enthält; neben etwas Phenol ist nach der Verseifung vor allem ein Anteil an o-Kresol zu erkennen. Die R_F-Werte von Phenolen sind in Tab. 9 angeführt. Ein weiteres Verfahren zur dünnschichtchromatographischen Analyse von Phenolen, das hier nicht aufgenommen wurde, beschreiben PASTUSKA und Mitarb. [69, 70].

Tabelle 9. *R_F-Werte von Phenolen auf formamidimprägnierten Kieselgel-G-Platten*

Weichmacherkomponente	R_F-Werte
Phenol	0,21
o-Kresol	0,51
m-Kresol	0,39
p-Kresol	0,40
3,4-Dimethylphenol	0,56
2,3-Dimethylphenol	0,68
3,5-Dimethylphenol	0,61
2,4-Dimethylphenol	0,76
2,6-Dimethylphenol	0,93
2,5-Dimethylphenol	0,75

Geräte:
1. *Grundausrüstung zur Dünnschichtchromatographie*, siehe C, I, b

Reagentien:
1. *1 n alkoholische Kalilauge*
2. *Ionenaustauscher Amberlite* IR 120, H-Form (a 28)
3. *Kieselgel G*
4. *Aceton*
5. *Formamid*
6. *Cyclohexan*
7. *Methylenchlorid*
8. *Benzidin*
9. *Natriumnitrit*
10. *Konz. Salzsäure* (d = 1,18)

Verseifung der Weichmacher. Etwa 0,5 g der zu untersuchenden Weichmacher werden mit 10 ml 1 n alkoholischer Kalilauge unter Rückfluß 3 Stunden zum Sieden erhitzt. Nach dem Abkühlen werden einige Milliliter davon zusammen mit etwas ausgefallenem Salz unter Schütteln mit Amberlite IR 120/H-Form versetzt, bis die Flüssigkeit neutral reagiert. Etwa 1 bis 5 µl davon werden auf die Platte aufgetragen und wie beschrieben chromatographiert.

Herstellung der Platten (siehe Abschn. C, I, c). Die Platten werden nicht wie in C, I, c angegeben bei 110°C im Trockenschrank getrocknet, sondern 30 Minuten bei 105°C; diese Temperatur soll nicht überschritten werden, da sich sonst die Schicht beim anschließenden Imprägnieren ablöst.

Imprägnierung der Kieselgel- G-Platten. Die kalten Platten werden vor Gebrauch senkrecht einige Sekunden in eine Mischung aus Aceton und Formamid (2:1) getaucht, herausgenommen und sofort flach gelegt, damit das Formamid nicht ablaufen kann. Die Seitenränder müssen gut abgewischt werden, da sonst überschüssiges Formamid von der Seite her in die Platten zieht und die Schicht dann nach dem Trocknen glasig bleibt. Mit einem Warmluftstrom (Fön) wird das Aceton vollständig entfernt (etwa 5—10 min). Nach dem Trocknen ist der imprägnierte Teil der Schicht etwas heller als der nichtimprägnierte, beim Eintauchen in die Imprägnierlösung herausragende obere Teil.

Durchführung der Dünnschichtchromatographie. Auf die so vorbereiteten Platten werden methanolische Lösungen der zu untersuchenden Phenole wie üblich aufgetragen; unterste Nachweisgrenze sind etwa 1—2 µg. Als Elutionsmittel dient ein Gemisch aus Methylenchlorid und Cyclohexan (55:45). Es ist zweckmäßig, eine Laufstrecke von 15 cm zu verwenden. Nach der Chromatographie werden die Platten rasch in einem kalten Luftstrom getrocknet und dann mit einer Lösung von diazotiertem Benzidin besprüht.

Herstellung der Diazoniumlösung. 5 g Benzidin werden in 14 ml konz. Salzsäure gelöst, dann wird mit Wasser auf 1 Liter aufgefüllt. Diazotiert wird mit einer 10%igen wässrigen Natriumnitritlösung. Kurz vor dem Gebrauch werden gleiche Volumina der beiden Lösungen gemischt, das fertige Reagens ist etwa 2—3 Stunden haltbar. Nach dem Besprühen erhitzt man die Platten kurz im Warmluftstrom. Die Phenole erscheinen als orangegelbe Flecken auf hellem Untergrund.

c) Alkohole

Für die dünnschichtchromatographische Trennung und Identifizierung der Alkohole ist die vorherige Überführung in geeignete Derivate erforderlich; hierzu kommen die 3,5-Dinitrobenzoesäureester oder auch die sauren Halbester der 3-Nitrophthalsäure oder der Diphensäure in Frage. Eine dünnschichtchromatographische Trennung der 3,5-Dinitrobenzoesäureester von Alkoholen beschreiben DHONT und DE ROOY [71]. Über eine andere elegante DC-Analyse von Alkoholen aus Weichmachern berichtet D. BRAUN [60].

Für die Identifizierung von Alkoholen in Weichmachern erwies sich die direkte Umesterung der betreffenden Weichmacher mit 3,5-Dinitrobenzoesäure als sehr vorteilhaft. Sie gelingt bei 150°C in Gegenwart einiger Tropfen Schwefelsäure in etwa 30 min. Durch die Umesterung läßt sich die sonst erforderliche vorherige Verseifung der Weichmacher und die Isolierung der entstandenen Alkohole umgehen; außerdem braucht man dann für die Herstellung der Ester nicht das sonst immer frisch zu bereitende 3,5-Dinitrobenzoylchlorid zu verwenden. Die bei der Umesterung entstandenen Ester werden mit Äther aufgenommen und auf Kieselgel G dünnschichtchromatographiert. Als Fließmittel dient ein Gemisch aus 150 Volumenteilen Benzol und 1 Volumenteil Essigsäuremethylester. Bei einer Laufstrecke von 10 cm dauert die Trennung etwa 30 Minuten. Die Flecken lassen sich nach dem Besprühen mit einer 0,5%igen Lösung von Rhodamin B in Alkohol unter UV-Licht erkennen.

Tab. 10 enthält die R_F-Werte der Dinitrobenzoesäureester einiger für die Weichmacheranalyse wichtiger Alkohole. Man sieht, daß das beschriebene Verfahren für eine Erkennung der Alkoholkomponente verschiedener gängiger Weichmachertypen geeignet ist.

Tabelle 10. *R_F-Werte von 3,5-Dinitrobenzoesäureestern einiger Alkohole* (nach D. BRAUN [60])

Alkoholrest	R_F-Wert
Methyl-	0,40
Äthyl-	0,49
Butyl-	0,65
n-Hexyl-	0,73
n-Octyl-	0,80
2-Äthylhexyl-	0,81
n-Decyl-	0,81
Cyclohexyl-	0,68
Benzyl-	0,63
Glyzerin-	0,05

Geräte:
1. *Grundausrüstung zur Dünnschichtchromatographie*, siehe C, I, b

Reagentien:
1. *Konz. Schwefelsäure* (d = 1,98)
2. *3,5-Dinitrobenzoesäure*

3. *Äther*
4. *Natriumcarbonat* (Soda)
5. *Kieselgel G*
6. *Benzol*
7. *Essigsäuremethylester*
8. *Rhodamin B* (a 17)
9. *Äthanol*

Umesterung. 2 ml der zu untersuchenden Weichmacher werden mit 2 Tropfen konzentrierter Schwefelsäure und 1,5 g 3,5-Dinitrobenzoesäure 30 Minuten im Ölbad auf 150 °C erhitzt. Nach dem Erkalten wird mit 25 ml Äther aufgenommen, die ätherische Lösung mit 25 ml 5%iger Sodalösung und dann mit Wasser gewaschen. Nach dem Abdunsten des Äthers kristallisiert das entstandene 3,5-Dinitrobenzoat manchmal direkt aus und kann durch Umkristallisieren gereinigt werden. Von den umkristallisierten Dinitrobenzoaten wird zum Chromatographieren eine 5%ige Lösung hergestellt. Bleibt nach dem Abdampfen des Äthers ein dunkler, öliger Rückstand, so kann dieser mit wenig Äther aufgenommen und direkt chromatographiert werden.

Sichtbarmachung der getrennten Substanzen. Die entwickelten Platten werden mit einer 0,5%igen äthanolischen Lösung von Rhodamin B besprüht. Beim Betrachten unter UV-Licht sind die von den Estern herrührenden Flecken deutlich auf rot fluoreszierendem Untergrund zu erkennen.

D. Gaschromatographische Analyse

I. Allgemeines zur Gaschromatographie

a) Prinzip

Abb. 26 zeigt die schematische Darstellung eines Apparates für die Gaschromatographie. Eine kleine Menge der zu analysierenden Probe wird bei der Weichmacheranalyse meist als Lösung mit Hilfe einer kleinen Spritze (Fassungsvolumen 1 bis 50 µl) am vorderen Ende der Säule aufgebracht. Die Säule hat eine bestimmte Temperatur, die während der Analyse entweder konstant gehalten wird oder kontinuierlich ansteigt. Der konstante Strom eines inerten Gases wird durch die Säule geleitet. Dieses Gas nennt man Trägergas; es stellt das Eluierungsmittel dar. Es transportiert die Komponenten der Mischung mit verschiedener Geschwindigkeit dampfförmig durch die Säule und läßt sie schließlich bei einer guten Trennung nacheinander (als einzelne Banden oder auch Peaks) austreten. Dazwischen liegen Zonen von reinem Trägergas. Jede Beimischung zum reinen Trägergas wird am Ende der Säule von einem empfindlichen Detektor wahrgenommen. Dieser zeigt damit das Vorhandensein und die Menge einer Komponente im Trägergas an.

Die Säulenfüllung besteht aus einem festen Trägermaterial — bei den nachstehend beschriebenen Analysen häufig Kieselgur, Chromosorb usw. — auf dem sich die sogenannte Trennflüssigkeit oder stationäre Phase befindet. Als Trennflüssigkeit kommen bei der Weichmacheranalyse sehr schwer flüchtige Verbindungen wie Polyester z. B. Ultramoll III® (a 20) und andere Polymere in Frage. Diese Art der gaschromatographischen

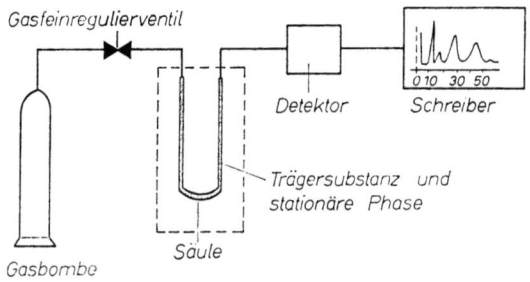

Abb. 26. Schematische Darstellung eines Gaschromatographen

Trennung läuft unter dem Namen Gas-Flüssigkeits-Verteilungschromatographie oder Gas-Liquidus-Chromatographie (GLC).

Gaschromatographen sind heute in verschiedensten Ausführungen im Handel (a 16, a 24, a 26, a 27). Im folgenden wird kurz auf einige Einzelheiten hingewiesen, die für die praktische Durchführung einer gaschromatographischen Weichmacheranalyse wichtig sind. Für ein tieferes Eindringen in die Gaschromatographie stehen Lehr- und Handbücher zur Verfügung [*72, 73, 74*].

b) Trennsäulen

Für analytische Zwecke (bis ca. 30 mg) Substanz werden meist Rohre mit einer lichten Weite von 4 mm verwendet. Die Rohrlänge liegt je nach der gewünschten Trennwirkung zwischen 0,3 und 4 Metern. Diese Säulen werden mit Säulenfüllmaterial gefüllt, das aus Trägermaterial, beladen mit flüssiger oder fester Phase (Trennflüssigkeit) besteht. Neben diesen sogenannten gepackten Säulen werden in der Gaschromatographie noch Kapillar-Trennsäulen, auch Golay-Säulen (a 16) genannt, verwendet. Sie haben eine lichte Weite von 0,25—1,0 mm, eine Länge von 25 bis 100 m und sind im Handel erhältlich. Bei der Weichmacheranalyse fanden sie bisher keine sehr häufige Verwendung. Als Werkstoff für die gepackten Säulen kommen u.a. Glas, V_2A-Stahl oder Kupfer in Frage.

Als feste inerte Trägersubstanzen für die Trennflüssigkeit (stationäre Phase) dienen Kieselgurpräparate oder zerkleinertes Schamottematerial mit einer Korngröße von 0,2 bis 0,4 mm. Zur Weichmacheranalyse wird meist Kieselgur (a 17) oder Chromosorb (a 18) verwendet. Bei der GLC soll der feste Füllstoff nur als Träger für die eigentliche Trennflüssigkeit dienen und selbst keine adsorptiven Eigenschaften haben; sonst können zusätzlich unerwünschte Adsorptionserscheinungen eintreten. Als Folge solcher Adsorption treten die getrennten Substanzen unsymmetrisch am Ende der Trennsäule aus und der Detektor zeigt unsymmetrische Banden, sogenannte Peaks mit Tailing (Schwanzbildung). Man kann diese Erscheinung durch Siliconisieren d.h. durch Behandeln des Trägers mit Dimethylchlorsilan und anschließendes Waschen mit Methanol oder durch Zusatz von Natriumcapronat abschwächen oder beseitigen.

Die *stationäre Phase* ist bei der GLC für ein optimales Analysenergebnis von besonderer Bedeutung. Sie hat sich chemisch weitgehend dem Charakter der Probensubstanzen anzupassen. Geringe Flüchtigkeit, thermische Beständigkeit und ein gewisses Lösungsvermögen für die zu trennenden Substanzen sind Voraussetzungen für die Eignung als Trennflüssigkeit. Da Weichmacher sehr hohe Siedepunkte haben, wird eine entsprechend geringe Flüchtigkeit selbst bei hoher Temperatur (200—

350 °C) und eine entsprechend hohe thermische Stabilität der stationären Phase gefordert. Meist werden diesen Anforderungen nur höher molekulare Substanzen gerecht wie z.B. Ultramoll III (a 20), Silicongummi (a 24), Polyglykol (a 17), Resoflex LAC-2R-446 (a 22) usw., um nur einige stationäre Phasen zu nennen, die sich zur gaschromatographischen Weichmacheranalyse eignen. Es handelt sich dabei meistens selbst um Weichmacher. Die für den gaschromatographischen Nachweis eines Weichmachers bzw. einer Weichmacherkomponente geeignete Trennflüssigkeit ist nachfolgend bei der Analyse der Weichmacherklassen jeweils angegeben.

α) **Füllen der Säule**

Man verschließt ein Säulenende mit einem luftdurchlässigen Material (z.B. Verbandstoff, Gardinenstoff oder Glaswolle) und verbindet das andere Ende mit einem Trichter. Das verschlossene Säulenende wird unter Zwischenschaltung einer Dreihalsflasche an eine Vakuumvorrichtung angeschlossen. Die Dreihalsflasche soll verhindern, daß die durch den porösen Säulenverschluß hindurchgegangenen Teilchen des Säulenfüllmaterials in die Vakuumpumpe gelangen. Damit die Glaswolle nicht herausgesaugt wird, steckt man eine Sicherheitsnadel durch den Schlauch. Das Säulenfüllmaterial wird nun unter Saugen und Beklopfen (Vibrieren) der Säule in den aufgesetzten Trichter eingefüllt und zwar langsam und portionsweise, damit die Packung hohlraumfrei wird. Der Füllvorgang ist beendet, wenn das Füllmaterial etwa 1 cm unter dem Einfüllsäulenende steht und bei weiterem Schütteln nicht mehr absinkt. Nach dem Lösen des Säulenendes von der Saugvorrichtung verschließt man beide Säulenenden mit einem etwa 1 cm langen Glas- bzw. Quarzwollepfropfen. Metallsäulen lassen sich auch statt mit Glaswolle mit käuflichen Sintermetall-Klemmscheiben (a 16, a 24) verschließen.

β) **Ausheizen der Säule**

Die Säule wird derart in einen Gaschromatographen bzw. in einen eigens dafür angefertigten Ausheizofen eingebaut, daß ein Säulenende an die Trägergasleitung angeschlossen wird, während das andere unter Umgehung des Detektors frei in den Ofenraum bzw. in eine Abgasleitung mündet. Hierdurch werden austretende Substanzen vom Detektor und seinen Zuleitungen ferngehalten. Bei Verwendung von Wasserstoff als Trägergas darf dieses selbstverständlich nicht in den Ofenraum geleitet werden.

Man spült zunächst etwa 30 Minuten bei Raumtemperatur mit Trägergas, um die eingeschlossene Luft völlig zu verdrängen. Erst dann heizt man auf. Die anzuwendende Temperatur ist von der Art der Trennflüssigkeit abhängig und ist später jeweils angeführt.

Es ist unbedingt erforderlich, die Säule im Trägergasstrom auch wieder erkalten zu lassen, um oxydative Einflüsse auf die Trennflüssigkeit zu vermeiden. Die Säule wird dann sofort mit einem Stück Gummischlauch beidseitig verschlossen, wie überhaupt Säulen niemals unverschlossen bleiben sollen. Nach diesem Ausheizvorgang ist die Säule gebrauchsbereit.

c) Herstellung von Säulenfüllmaterial

Die stationäre Phase wird in einem geeigneten Lösungsmittel gelöst und mit einer Suspension des Trägermaterials im selben Lösungsmittel gemischt. Um eine gleichmäßige Verteilung der stationären Phase auf der Oberfläche der Trägersubstanz zu erreichen, wird das Lösungsmittel unter beständigem Rühren abdestilliert. Dazu eignet sich besonders gut ein Vakuum-Rotationsverdampfer (a 19). Als Destillationsrückstand verbleibt das fertige Säulenfüllmaterial.

α) Ultramoll III-Säule

200 g Kieselgur (a 17) werden in ca. 600 ml Chloroform aufgeschlämmt. Dazu gibt man eine Lösung von 30 g Ultramoll III (a 20) in 200—300 ml Chloroform. In einem Vakuum-Rotationsverdampfer (a 19) wird das Lösungsmittel im Vakuum abgezogen, wobei gegen Ende der Destillation der Destillationsrückstand mit Hilfe eines Wasserbades auf 60—80°C erwärmt wird. Im Kolben verbleibt das fertige Füllmaterial mit 15% Ultramoll III, bezogen auf Kieselgur. Die Säulen werden damit gefüllt und vor der Durchführung einer Analyse im Trägergasstrom bei 230°C 8 Stunden lang ausgeheizt, siehe Abschn. D,I,c,α.

β) Resoflex LAC-2R-446-Säule

200 g Kieselgur werden in ca. 600 ml Chloroform aufgeschlämmt und mit einer Lösung von 20 g Resoflex LAC-2R-446 (a 22) in 200 bis 300 ml Chloroform gemischt. Das Material wird wie unter α beschrieben weiter aufgearbeitet. Die Ausheizzeit beträgt bei 220°C 6 bis 8 Stunden, siehe Abschn. D,I,c,β.

d) Säulentemperatur

Die Wahl der Trennsäulentemperatur ist für ein günstiges Trennergebnis bei angemessener Versuchsdauer von großer Bedeutung. Eine tiefere Temperatur begünstigt zwar die schärfere Trennung, führt aber zu einer Verbreiterung der Banden und erfordert lange Analysenzeiten. Zu hohe Temperaturen führen bei kürzerer Analysendauer meist zu unscharfen Trennungen. Im allgemeinen kann je nach Säulenlänge bei einer Säulentemperatur von 50—200°C unter dem Siedepunkt der am höchsten siedenden Probenkomponente gearbeitet werden. Wird die Analyse bei konstanter Säulentemperatur durchgeführt, spricht man von isothermer Arbeitsweise. Für Probengemische mit großem Siedepunktsbereich wird man nach Möglichkeit die Säulentemperatur während der Analyse erhöhen. Man spricht dann von einer temperaturprogrammierten Arbeitsweise. Temperaturprogrammiertes Arbeiten verkürzt die Analysenzeit und läßt auch die hochsiedenden Komponenten noch als schmale Banden (Peaks) auftreten. Wenn bei den nachstehend beschriebenen Analysen programmiert gearbeitet wurde, ist es bei den Fraktogrammen besonders vermerkt. Bei allen anderen Beispielen handelt es sich um isotherme Arbeitsweise.

e) Trägergas und Detektor

Die Auswahl des Trägergases richtet sich vor allem nach der Art des Detektors. Bei Verwendung von Wärmeleitfähigkeitszellen (WLD) wählt man zweckmäßig ein Trägergas, dessen Wärmeleitfähigkeit sich möglichst stark von jener der Weichmacherdämpfe unterscheidet. Das ist bei Wasserstoff und Helium der Fall, wobei man Wasserstoff wegen der Explosionsgefahr nach Möglichkeit meidet. Verwendet man einen Flammenionisationsdetektor (FID), so kann anstelle von Helium auch Stickstoff gebraucht werden. Diese beiden genannten Detektoren werden am häufigsten angewandt. Die Empfindlichkeit der Anzeige eines FID kann bis 10^{-13} g/ml Trägergas gesteigert werden und liegt um etwa 3 Zehnerpotenzen höher als die eines WLD. Bei dem Nachweis von Spuren, wie z. B. bei der Bestimmung von Weichmacherspuren in Lebensmitteln wird man sich daher vorteilhaft eines FID bedienen. Wasser und andere anorganische Bestandteile werden von dem FID nicht registriert.

f) Qualitative Auswertung

Unter definierten Arbeitsbedingungen ist das Retentionsvolumen V_R bzw. die Retentionszeit t_R für eine bestimmte Komponente charakteristisch. Die Retentionszeit t_R entspricht bei der hier verwendeten Definition der Zeitdifferenz vom Zeitpunkt des Aufgebens der Probe (Punkt A in Abb. 27) bis zum Erscheinen des Peakmaximums (Punkt K in Abb. 27). Unter Retentionsvolumen versteht man entsprechend das Produkt aus Retentionszeit (min) und Strömung (ml/min). Anstelle des Reten-

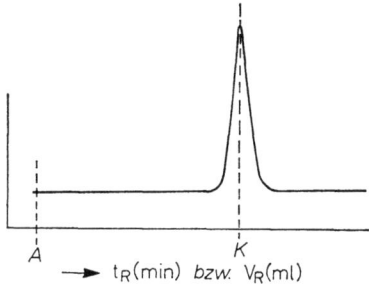

Abb. 27. Größen im Eluierungsdiagramm   A Probenaufgabe K Peakmaximum

tionsvolumens verwendet man meist das relative Retentionsvolumen ($V_R$rel.), indem man auf eine Bezugssubstanz bezieht. $V_R$rel. ist gemäß Abb. 28 folgendermaßen definiert: $V_R\text{rel.} = \dfrac{AK}{AB}$

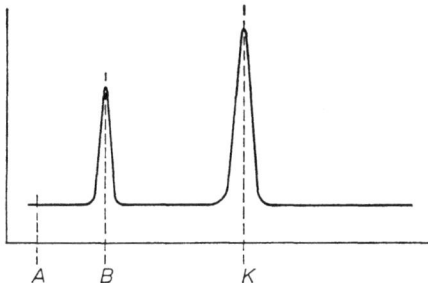

Abb. 28. Definition des relativen Retentionsvolumens ($V_R$rel.)
A Probenaufgabe B Peakmaximum der Bezugssubstanz K Peakmaximum der Probe

Streng genommen müßte bei der Berechnung von Retentionszeit bzw. Retentionsvolumen das sogennante Blindvolumen der Gesamtapparatur berücksichtigt werden. Man müßte von der Retentionszeit der Analysensubstanz diejenige Zeit abziehen, die eine ohne jegliche Wechselwirkung durch die Apparatur geschickte Substanz benötigt. Analog verhält es sich mit dem Retentionsvolumen. Diese Größen wurden hier und im folgenden nicht berücksichtigt, da sie erstens sehr klein sind und zweitens bei Vergleichs- und Analysensubstanz im selben Maße eingehen. Zur Weichmacherbestimmung wird fast immer eine Vergleichsanalyse durchgeführt.

Bei gleichen gaschromatographischen Arbeitsbedingungen kann man die einzelnen Verbindungen durch ihre Retentionsvolumina identifizieren.

Zweckmäßig führt man eine Vergleichsanalyse mit bekannten Substanzen durch. Anstelle der Volumenachse (V_R) wird auch die Zeitachse (t_R) eines Schreibers für diesen Zweck verwendet. Zur Erhärtung des Ergebnisses kann man in einem weiteren Chromatogramm die vermutete Substanz der unbekannten Probe zumischen und feststellen, ob die fragliche Bande vergrößert wird. Wenn die Substanzen nicht identisch sind, wird im allgemeinen eine neue Bande oder eine Schulter in der Bande auftreten. Allerdings bleibt die Möglichkeit offen, daß die zugefügte bekannte Substanz die gleiche Retentionszeit hat wie eine andere im Fraktogramm vorhandene Komponente. Es tritt dann ebenfalls nur eine Vergrößerung dieser Bande auf. In diesem Falle muß man Chromatogramme mit stationären Phasen verschiedener Polarität aufnehmen. Die eine oder die andere dieser Trennflüssigkeiten wird dann die Bande in zwei auflösen oder wenigstens eine Schulter auftreten lassen, wenn es sich nicht um die gleiche Verbindung handelt. Schließlich kann man die fragliche Substanz am Säulenende im präparativen Maßstab auffangen und mit Hilfe anderer Methoden identifizieren. In Frage kommen: IR- und UV-Spektroskopie, Massenspektroskopie, chemischer Abbau, wie Verseifung oder Veresterung usw. Um eine für diese Methoden ausreichende Substanzmenge zu sammeln, sind viele Einspritzungen in den Gaschromatographen erforderlich. Es sind aber auch schon einige brauchbare präparative Gaschromatographen im Handel.

g) Quantitative Auswertung

Zur Vereinfachung der quantitativen Auswertung der Chromatogramme geht man von der Annahme aus, daß die Bandenfläche, bei schmalen Banden auch die Bandenhöhe, bei gleichen Arbeitsbedingungen der Gewichtskonzentration der betreffenden Substanz im Trägergas in einem gewissen Konzentrationsbereich proportional ist. Die Peakfläche erhält man in guter Näherung aus dem Produkt von Peakhöhe und Peakbreite in der halben Höhe (Halbwertsbreite). Der Zusammenhang zwischen Bandenfläche und Substanzmenge wird am besten durch Eichen mit bekannten Substanzmengen festgestellt und in einer Eichkurve festgehalten. Man vergleicht dann z. B. die Peakfläche der zu analysierenden Lösung bei gleicher Einspritzmenge mit der Peakfläche einer Vergleichslösung von bekannter Konzentration.

Um unkontrollierbare Schwankungen irgendwelcher Einflußgrößen auszuschalten, fügt man der Probe häufig eine Markierungssubstanz in bekannter Menge zu. Die genaue Durchführung dieses Verfahrens wird später eingehend beschrieben.

II. Gaschromatographische Analyse von Weichmacherkomponenten

a) Carbonsäuren

Die gaschromatographische Weichmacheranalyse beginnt im allgemeinen mit der Identifizierung der Carbonsäurekomponente als Methylester. Zu diesem Zweck werden die Weichmacher durch Umesterung in die entsprechenden Carbonsäuremethylester übergeführt. Nach der Umesterung kann die Reaktionslösung ohne chemische Aufarbeitung unmittelbar in den Gaschromatographen eingespritzt und hinsichtlich des Carbonsäuremethylesters untersucht werden. Gemäß

$$RCOOR' + CH_3OH \rightleftharpoons RCOOCH_3 + R'OH$$

wird bei der Umesterung des Weichmachers der entsprechende Alkohol frei, der sich ebenfalls gaschromatographisch nachweisen läßt. Bei Weichmacheranalysen mit bifunktionellen Alkoholkomponenten wurde beobachtet, daß unter den gegebenen Reaktionsbedingungen eine teilweise Verätherung des bei der Umesterung frei gewordenen Alkohols stattfindet.

Durchführung der Umesterung. Die Umesterung wird in einem kleinen Einschmelzrohr mit einem Volumen von etwa 5 ml durchgeführt. 30 bis 300 mg an eingeengtem Weichmacherextrakt werden in das Glasröhrchen gebracht und mit 1 bis 2 ml absolutem Methanol versetzt, das etwa 3 Gew.-% p-Toluolsulfonsäure enthält. Das Röhrchen wird zugeschmolzen und in einer metallischen Schutzhülle 3 Stunden auf 130°C erhitzt. Unter Kühlung mit Eis oder Trockeneis werden die Reaktionsröhrchen geöffnet. Die erhaltene Lösung kann unmittelbar in den Gaschromatographen eingespritzt werden.

α) Monocarbonsäuren

Niedere Monocarbonsäuren sind in Weichmachern nur mit einem mehrwertigen bzw. höhermolekularen Alkohol als Veresterungskomponente von Bedeutung, da nur dann die gewünschte geringe Flüchtigkeit des Weichmachers garantiert ist. Auch sind freie Hydroxylgruppen von Oxycarbonsäuren häufig mit niederen Fettsäuren verestert. So ist z. B. die Hydroxylgruppe der Citronensäure und der Rizinolsäure oft acetyliert. Essigsäure kommt weiter als Säurekomponente im Glyzerinmono-, Glyzerindi- und Glyzerintriacetat vor. Propionsäure, Buttersäure, Capronsäure, Äthylbuttersäure, Caprylsäure, Pelargonsäure, Caprinsäure, Laurinsäure sowie Benzoesäure sind mit mehrwertigen Alkoholen wie z. B. Äthylenglykol, Diäthylenglykol, Triäthylenglykol, Tetraäthylenglykol, Polyäthylenglykol, 1,2-Propylenglykol und Glyzerin verestert. Benzoesäure ist in dem Stabilisator Resorcinmonobenzoat enthalten.

Die Weichmacher höherer Fettsäuren von Laurinsäure an aufwärts haben als Alkoholkomponenten neben Glykolen auch monofunktionelle Alkohole, da ihre Flüchtigkeit hinreichend gering ist. Es kommen in Frage: Methyl-, Propyl-, Isopropyl-, Butyl-, Octylalkohol usw., daneben Ätheralkohole wie Glykolmonomethyläther und Glykolmonobutyläther.

Bei bifunktionellen Alkoholen als Weichmacherkomponenten neben höheren Fettsäuren ist meist nur eine Hydroxylgruppe verestert. Die für die Herstellung derartiger Weichmacher wichtigsten Säuren sind Laurinsäure, Myristinsäure, Stearinsäure, Ölsäure und Rizinolsäure. Der Vollständigkeit halber sind in den nachstehend aufgeführten Fraktogrammen auch die übrigen Fettsäuremethylester angeführt.

Die Fettsäuremethylester, die nach der oben beschriebenen Umesterung erhalten werden, können bei isothermer Arbeitsweise nicht alle unter denselben Bedingungen durchgesetzt werden. Die niederen Carbonsäuremethylester wie die der Essigsäure, Propionsäure, Buttersäure und 2-Äthylbuttersäure werden in einer Ultramoll III-Säule (15% auf Kieselgur) bei 70°C gut getrennt; siehe Abb. 29.

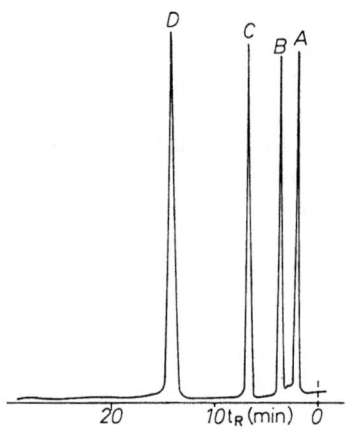

Abb. 29. GC-Trennung von niederen Monocarbonsäuremethylestern
A Methanol und Essigsäuremethylester   C Buttersäuremethylester
B Propionsäuremethylester   D 2-Äthylbuttersäuremethylester

Arbeitsbedingungen:
3 m Glassäule, innerer Durchmesser: 4 mm; 15% Ultramoll III (a 20) auf Kieselgur (a 17); 70°C; 40 ml He/min.

Methanol und Essigsäuremethylester haben unter diesen Bedingungen gleiche Retentionsvolumina. Sie werden jedoch in einer Polyglykol-P-2000-Säule (30% auf Kieselgur) bei 70°C gut getrennt [75]; siehe Abb. 30.

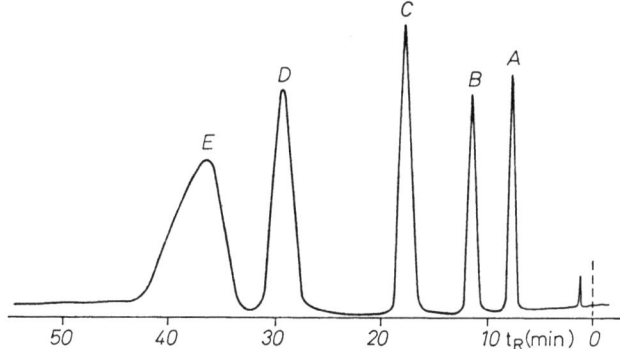

Abb. 30. GC-Trennung niederer Monocarbonsäuremethylester
A Essigsäuremethylester   C Buttersäuremethylester
B Propionsäuremethylester   D 2-Äthylbuttersäuremethylester
E Methanol

Arbeitsbedingungen:
3 m Glassäule, innerer Durchmesser: 4 mm; 30% Polyglykol P 2000 (a 17) auf Kieselgur; 70 °C; 54 ml He/min.

Die mittleren Carbonsäuremethylester, wie 2-Äthylhexansäure-, Caprylsäure-, Pelargonsäure-, Benzoesäure-, Caprinsäure- und Laurinsäuremethylester lassen sich in einer 1 m langen, mit 15% Ultramoll III beladenen Kieselgursäule bei 80 °C trennen; siehe Abb. 31.

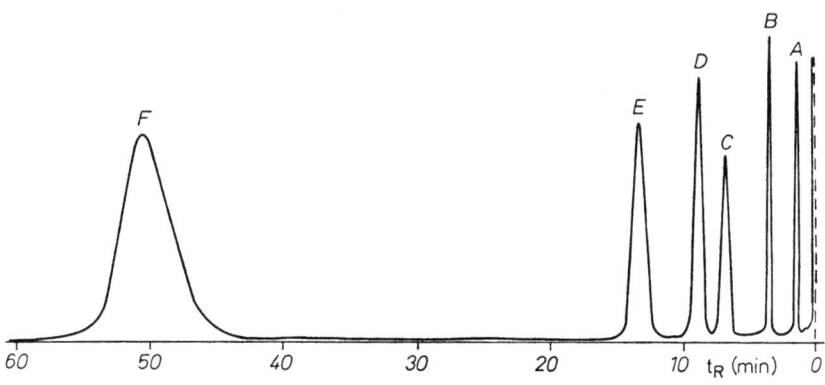

Abb. 31. GC-Trennung mittlerer Monocarbonsäuremethylester
A 2-Äthylhexansäuremethylester   D Benzoesäuremethylester
B Caprylsäuremethylester   E Caprinsäuremethylester
C Pelargonsäuremethylester   F Laurinsäuremethylester

Arbeitsbedingungen:
1 m Glassäule, innerer Durchmesser: 4 mm; 15% Ultramoll III auf Kieselgur; 80 °C; 176 ml He/min.

Höhere Carbonsäuremethylester, von Laurinsäure an aufwärts, wie z. B. Laurinsäure-, Myristinsäure-, Palmitinsäure-, Stearinsäure-, Ölsäure-, Linolsäure-, Linolensäure- und Rizinolsäuremethylester werden bei gleicher Säulenfüllung und Säulenlänge wie die mittleren Carbonsäuren, jedoch bei 160 °C gut getrennt; siehe Abb. 32.

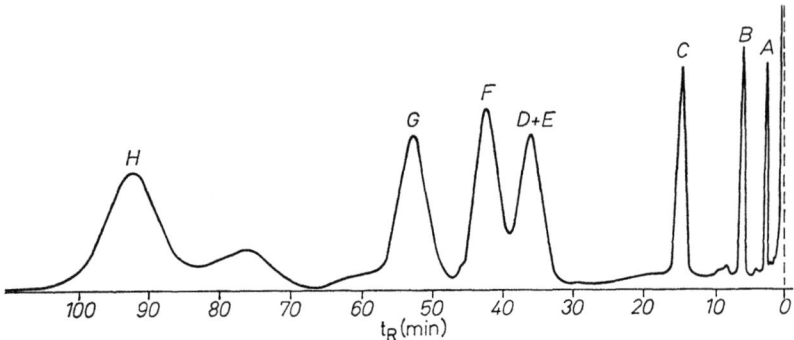

Abb. 32. GC-Trennung höherer Monocarbonsäuremethylester

A Laurinsäuremethylester
B Myristinsäuremethylester
C Palmitinsäuremethylester
D Stearinsäuremethylester
E Ölsäuremethylester
F Linolsäuremethylester
G Linolensäuremethylester
H Rizinolsäuremethylester

Arbeitsbedingungen:
1 m Glassäule, innerer Durchmesser: 4 mm; 15% Ultramoll III auf Kieselgur; 160 °C; 244 ml He/min.

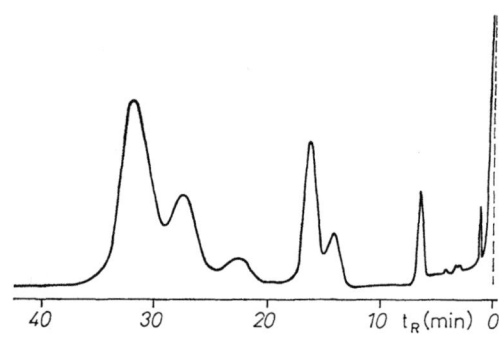

Abb. 33. Fraktogramm von Rizinolsäuremethylester

Arbeitsbedingungen:
1 m Glassäule, innerer Durchmesser: 4 mm; 15% Ultramoll III auf Kieselgur; 170 °C; 115 ml He/min.

Stearinsäuremethylester und Ölsäuremethylester haben gleiche Retentionsvolumina. Eine Trennung dieser beiden Verbindungen ist bei Verwendung einer 2 m langen Glassäule mit Äthylenglykolsuccinat als Trennflüssigkeit (15% auf Celite 545; 60/100 mesh [a 16]) möglich.

Rizinolsäuremethylester zeigt ein sehr charakteristisches Fraktogramm, an Hand dessen er leicht zu erkennen ist; siehe Abb. 33. Da es sich um ein technisches Produkt handelt, treten mehrere Komponenten auf.

β) **Di- und Tricarbonsäuremethylester**

Die durch Umesterung in Methanol aus den Weichmachern hergestellten Di- und Tricarbonsäuremethylester werden in 1 m langen Glassäulen mit zwei verschiedenen Trennflüssigkeiten bei 160 °C analysiert. Als Trennflüssigkeit wird einmal Resoflex LAC-2R-446 (10% auf Kieselgur) zum anderen Ultramoll III (15% auf Kieselgur) verwendet, siehe Abb. 34 und Abb. 35.

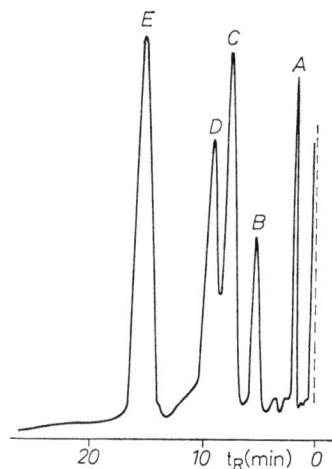

Abb. 34. GC-Trennung von Di- und Tricarbonsäuremethylestern
A Dimethyladipat   C Dimethylsebacat   E Trimethylcitrat
B Dimethylazelat   D Dimethylphthalat

Arbeitsbedingungen:
1 m Glassäule, innerer Durchmesser: 4 mm; 10% Resoflex LAC-2R-446 (a 22) auf Kieselgur; 160°C; 160 ml He/min.

Adipinsäure-, Azelainsäure-, Phthalsäure-, Sebacinsäure- und Citronensäuremethylester werden bei Verwendung obiger stationärer Phasen gut getrennt, wobei Ultramoll III gegenüber Resoflex LAC-2R-446 eine bessere Trennleistung zeigt.

γ) **Mono-, Di- und Tricarbonsäuren**

Da zu Beginn einer Analyse unbekannt ist, ob Weichmacher auf Basis Mono-, Di- oder Tricarbonsäure vorliegen, sind gaschromatographische Bedingungen wünschenswert, welche die Trennung der Mono-, Di- und

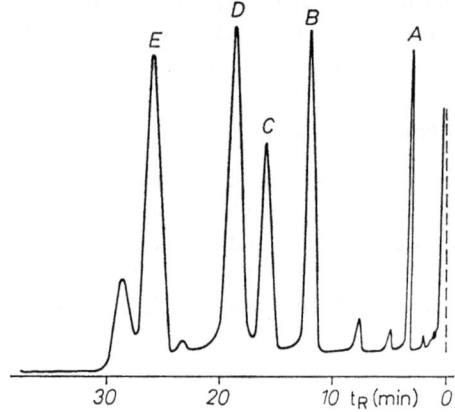

Abb. 35. GC-Trennung von Di- und Tricarbonsäuremethylestern

A Dimethyladipat C Dimethylphhalatt E Trimethylcitrat
B Dimethylazelat D Dimethylsebacat

Arbeitsbedingungen:
1 m Glassäule, innerer Durchmesser: 4 mm; 15% Ultramoll III auf Kieselgur; 160°C; 200 ml He/min.

Tricarbonsäuremethylester ermöglichen und sie gemeinsam auf einem Fraktogramm zeigen. Eine Säulenfüllung mit Ultramoll III (15% auf Kieselgur) ist dafür geeignet. Dabei wird die GC-Analyse der Monocarbonsäuremethylester durch die in Frage kommenden Di- und Tricarbonsäuremethylester nicht gestört. Abb. 36 zeigt die gaschromatographische isotherme Trennung der Monocarbonsäuremethylester von Laurinsäure

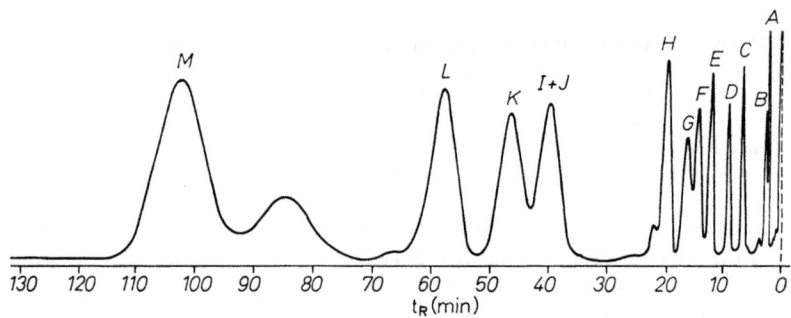

Abb. 36. GC-Trennung von Mono-, Di- und Tricarbonsäuremethylestern

A Adipinsäuremethylester   F Sebacinsäuremethylester   J Ölsäuremethylester
B Laurinsäuremethylester   G Palmitinsäuremethylester   K Linolsäuremethylester
C Myristinsäuremethylester   H Citronensäuremethylester   L Linolensäuremethylester
D Azelainsäuremethylester   I Stearinsäuremethylester   M Rizinolsäuremethylester
E Phthalsäuremethylester

Arbeitsbedingungen:
1 m Glassäule, innerer Durchmesser: 4 mm; 15% Ultramoll III auf Kieselgur; 160°C; 244 ml He/min.

an aufwärts, sowie der Di- und Tricarbonsäuremethylester bei 160°C in einer 1 m langen Säule. Die niederen Monocarbonsäuremethylester (C_2–C_{10}) werden zweckmäßig bei tieferen Temperaturen eluiert (siehe Abschnitt D, II, a, α).

Die Ultramoll III-Säule (15% auf Kieselgur) trennt sehr gut. Lediglich Stearinsäure- und Ölsäuremethylester haben gleiche Retentionsvolumina; sie lassen sich aber, wie beschrieben, gaschromatographisch in einer Äthylenglykolsuccinatsäule unterscheiden (siehe Abschnitt D, II, a, α).

Während die isotherme Auftrennung der beschriebenen Carbonsäuremethylester etwa 2 Stunden benötigt, ist die temperaturprogrammierte Analyse derselben Carbonsäuremethylester bei gleicher Trennleistung und gleicher Säulenfüllung innerhalb von 35 Minuten durchführbar, siehe Abb. 37.

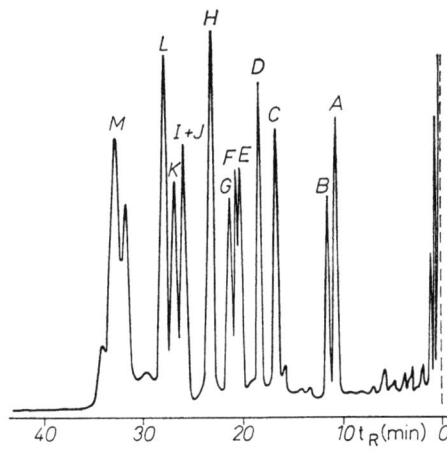

Abb. 37. Temperaturprogrammierte GC-Trennung von Mono-, Di- und Tricarbonsäuremethylestern

A Adipinsäuremethylester
B Laurinsäuremethylester
C Myristinsäuremethylester
D Azelainsäuremethylester
E Phthalsäuremethylester
F Sebacinsäuremethylester
G Palmitinsäuremethylester
H Citronensäuremethylester
I Stearinsäuremethylester und
J Ölsäuremethylester
K Linolsäuremethylester
L Linolensäuremethylester
M Rizinolsäuremethylester

Arbeitsbedingungen:

1 m Glassäule, innerer Durchmesser: 4 mm; 15% Ultramoll III auf Kieselgur; Temperaturprogramm: 100–200°C; Anstiegsrate: 4°C/min.; Strömung: 115 ml He/min.

b) Monofunktionelle Alkohole

Bei der beschriebenen Umesterung eines Esterweichmachers in Methanol mit p-Toluolsulfonsäure als Katalysator werden die Alkoholkomponenten des Weichmachers in Freiheit gesetzt und lassen sich anschließend gaschromatographisch identifizieren. Bei Weichmachern mit bifunktionellen Alkoholkomponenten wurde beobachtet, daß bei der Umesterung eine teilweise Methylätherbildung des Alkohols eintritt. Es ist anzunehmen, daß dies in gewissem Ausmaß auch für einwertige Alkohole zutrifft. Die Hauptreaktion verläuft jedoch mit Sicherheit in Richtung Alkoholbildung, so daß sich die entsprechenden Alkoholkomponenten eines Esterweichmachers nach der Umesterung als solche gut nachweisen lassen. Die Reaktionslösung kann ohne chemische Aufarbeitung unmittelbar in den Gaschromatographen eingespritzt und hinsichtlich der Alkohole untersucht werden.

Eine gute Trennung der Alkohole erreicht man in einer 2 m langen Säule mit Reoplex® 400 (a 17) als Trennflüssigkeit. Zur Erfassung der wichtigsten in Weichmachern vorkommenden einwertigen Alkohole werden zwei verschiedene Säulentemperaturen gewählt. Die niedersiedenden Alkohole wie Methanol, Äthanol, Propanol, n-Butanol, Glykolmonomethyläther, Glykolmonoäthyläther, Glykolmonopropyläther, n-Hexanol, Glykolmonobutyläther, Methylcyclohexanol, Heptanol, 2-Äthylhexanol und i-Nonylalkohol werden bei 90°C durchgesetzt (siehe Abb. 38).

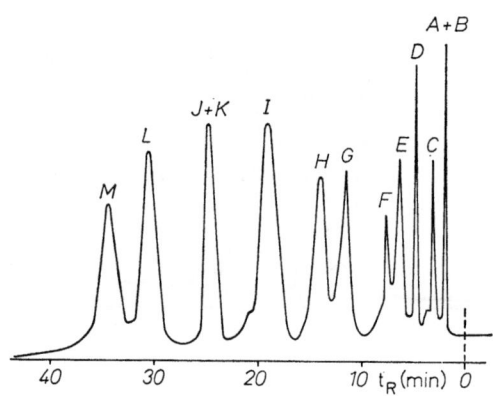

Abb. 38. GC-Trennung von Alkoholen

A Methanol
B Äthanol
C Propanol
D n-Butanol
E Glykolmonomethyläther
F Glykolmonoäthyläther
G Glykolmonopropyläther
H n-Hexanol
I Glykolmonobutyläther
J Methylcyclohexanol und
K n-Heptanol
L 2-Äthylhexanol
M i-Nonylalkohol

Arbeitsbedingungen:
2 m Glassäule, innerer Durchmesser: 4 mm; 10% Reoplex 400 (a 17) auf Kieselgur; 90°C; 40 ml He/ min.

Methanol zeigt unter diesen Bedingungen das gleiche Retentionsvolumen wie Äthanol; Methylcyclohexanol erscheint gemeinsam mit n-Heptanol. Bei tieferen Säulentemperaturen werden auch Methanol und Äthanol getrennt.

Die höher siedenden Alkohole werden bei einer Säulentemperatur von 140°C in der gleichen Säule durchgesetzt (siehe Abb. 39). Gut lassen sich unter diesen Bedingungen trennen: i-Nonylalkohol, n-Oktanol, Glykol, i-Butanol, n-Dekanol und Benzylalkohol; i-Dekanol erscheint in Form von drei Banden.

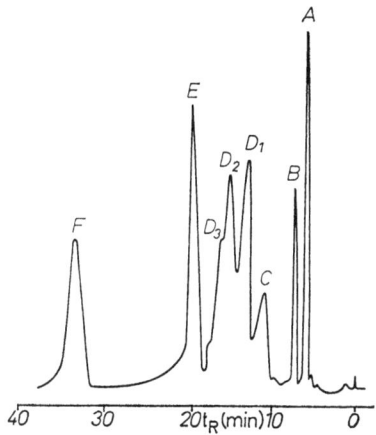

Abb. 39. GC-Trennung von höhersiedenden Alkoholen

A i-Nonylalkohol   C Glykol   E n-Dekanol
B n-Oktanol   D i-Dekanol   F Benzylalkohol

Arbeitsbedingungen:
2 m Glassäule, innerer Durchmesser: 4 mm; 10% Reoplex 400 auf Kieselgur; 140°C; 62 ml He/min.

Mit Hilfe der temperaturprogrammierten Arbeitsweise gelingt es, alle Alkohole auf einem Fraktogramm zu erfassen (siehe Abb. 40). Die Analysenzeit wird wesentlich verkürzt. Man kann dabei die gleiche Säule wie bei isothermem Arbeiten verwenden.

Bei der programmierten Arbeitsweise wird im Gegensatz zur isothermen Methanol vom Äthanol getrennt. Doch erscheint hier wie dort Methylcyclohexanol zusammen mit n-Heptanol.

c) Polyfunktionelle Alkohole

Wichtige, als Weichmacherkomponenten vorkommende polyfunktionelle Alkohole, die sich gaschromatographisch noch bestimmen lassen, sind Äthylenglykol, Butandiol-2,3, Butandiol-1,3, Butandiol-1,4, Diäthylenglykol, Glyzerin und Triäthylenglykol. Große Bedeutung kommt diesen Alkoholen vor allem als Bestandteil von Polyester-Weichmachern zu. Zur Durchführung der GC-Analyse müssen sie vorher in Freiheit gesetzt werden. In gewissem Umfang erreicht man dies durch die Umesterung in Methanol mit p-Toluolsulfonsäure als Katalysator bei 130°C.

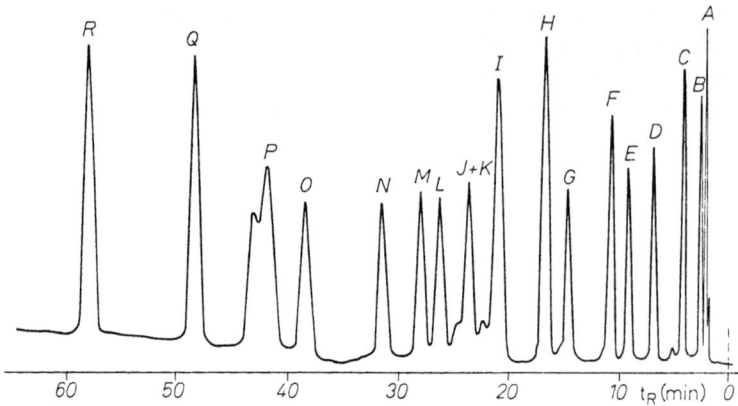

Abb. 40. Temperaturprogrammierte GC-Trennung von Alkoholen

A Methanol	G Glykolmonopropyläther	M i-Nonylalkohol
B Äthanol	H n-Hexanol	N n-Oktanol
C Propanol	I Glykolmonobutyläther	O Glykol
D n-Butanol	J Methylcyclohexanol	P i-Dekanol
E Glykolmonomethyläther	K n-Heptanol	Q n-Dekanol
F Glykolmonoäthyläther	L 2-Äthylhexanol	R Benzylalkohol

Arbeitsbedingungen:
2 m Glassäule, innerer Durchmesser: 4 mm; 10% Reoplex 400 auf Kieselgur; Temperaturprogramm: 80–160 °C, Anstiegsrate: 1,25 °C/min.; Strömung: 42 ml He/min.

Da bei dieser Umsetzung eine teilweise Verätherung der mehrwertigen Alkohole eintritt, wird man vorteilhaft die alkalische Verseifung in 1 n äthanolischer Kalilauge zur Freisetzung der Alkohole vorziehen.

Nach mehrstündigem Kochen in Kalilauge müssen die Alkoholate durch Ansäuern in die entsprechenden Alkohole übergeführt werden. Ein zu starkes Ansäuern ist wegen der Gefahr einer Rückesterung zu vermeiden; außerdem können sich die Hydroxylgruppen der Alkohole nach längerem Stehen mit Salzsäure umsetzen. Deshalb säuert man die Reaktionslösung erst unmittelbar vor dem Einspritzen in den Gaschromatographen an. Die gaschromatographische Analyse dieser polyfunktionellen Alkohole wird in einer 30 cm langen, mit 30% Polyglykol P 2000 (a 17) auf Kieselgur (a 17) gefüllten Säule bei 130 °C durchgeführt (siehe Abb. 41 sowie Tab. 11 und 12). Lediglich Äthylenglykol und Butandiol-2,3 werden nicht getrennt. Technisches Butandiol-2,3 zeigt bei Verwendung einer 1 m langen Ultramoll III-Säule (15% auf Kieselgur) und einer Säulentemperatur von 120 °C zwei Banden, wobei das Retentionsvolumen der später erscheinenden Bande mit demjenigen von Glykol übereinstimmt. Glykol erscheint unter diesen Bedingungen immer nur in Form einer Bande. Dieser Unterschied in den technischen Produkten kann — wenn er auftritt — zur Identifizierung benutzt werden.

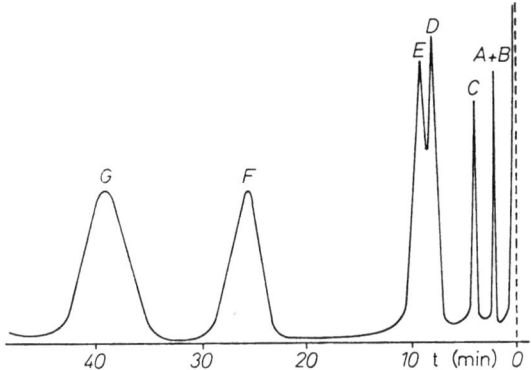

Abb. 41. GC-Trennung von polyfunktionellen Alkoholen

A Äthylenglykol   D Butandiol-1,4   G Triäthylenglykol
B Butandiol-2,3   E Diäthylenglykol
C Butandiol-1,3   F Glyzerin

Arbeitsbedingungen:
30 cm Glassäule, innerer Durchmesser: 4 mm; 30% Polyglykol P 2000 (a 17) auf Kieselgur; 130°C; 60 ml He/min.

Durchführung der alkalischen Verseifung. 100 bis 200 mg Weichmacher werden in einem 50 ml-Kölbchen mit 30 bis 40 ml 1 n äthanolischer Kalilauge 6 Stunden unter Rückfluß gekocht. Nach dem Erkalten versetzt man mit einigen Tropfen Methylrotlösung und titriert mit ca. 2 n äthanolischer Salzsäure bis zum Umschlag. Die Lösung soll einen pH-Wert von 4 bis 6 haben, aber nicht stärker sauer sein. Sie wird unmittelbar in den Gaschromatographen eingespritzt.

d) Phenolverbindungen

Der gaschromatographischen Analyse von phenolischen Verbindungen kommt bei der Untersuchung von Phosphatweichmachern große Bedeutung zu. Eine direkte gaschromatographische Analyse mancher phenolhaltiger Phosphatweichmacher ist wegen ihrer Schwerflüchtigkeit nicht möglich. Es bleibt dann nur der Weg über die Abspaltung der phenolischen Bestandteile und deren gaschromatographische Identifizierung.

Die phenolischen Körper lassen sich sehr einfach durch die bereits beschriebene Umsetzung in Methanol mit p-Toluolsulfonsäure als Katalysator in einem Druckröhrchen in Freiheit setzen (siehe Abschn. D, II, a). Die Reaktionstemperatur muß in diesem Fall sehr hoch gewählt werden (ca. 180°C). Da Phosphorsäureester schwer verseifbar sind, verläuft die Umsetzung nicht quantitativ. Für eine qualitative Identifizierung der Phenolkomponenten ist der Umsetzungsgrad jedoch hinreichend. Anstelle der sauren Umesterung kann auch die alkalische Verseifung in 1 n äthanolischer Kalilauge zur Abspaltung der phenolischen Komponente herangezogen werden (siehe Abschn. D, II, c). Die alkalische Verseifungslösung ist vor dem Einspritzen in den Gaschromatographen zu neutralisieren.

Die wichtigsten phenolischen Bestandteile von Weichmachern sind Phenol, Kresol und Xylenol. Anders substituierte Phenole sind kaum von Bedeutung. Bei der Weichmacheranalyse interessiert meist nicht, ob ein o-, m- oder p-Kresol vorliegt. Entsprechendes gilt für die Xylenole. Die im folgenden beschriebene GC-Analyse der Phenolverbindungen ermöglicht eine Aussage über die Anwesenheit von Phenol, Kresol und Xylenol in Phosphorsäureestern. Abb. 42 zeigt die gaschromatographische Trennung von Phenol, Kresol und Xylenol.

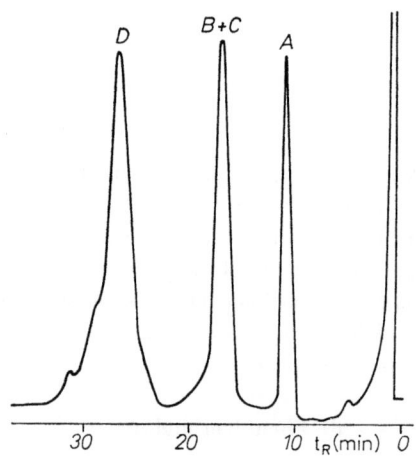

Abb. 42. GC-Trennung von Phenolverbindungen
A Phenol B m-Kresol C p-Kresol D Xylenol

Arbeitsbedingungen:
2 m Glassäule, innerer Durchmesser: 4 mm; 10% Empol 1040 Trimer Acid (a 23) auf Kieselgur (a 17); 160°C; Strömung: 83 ml He/min.

Diese aufgetrennten Phenole erhält man nach der beschriebenen Umsetzung von Triphenylphosphat, Trikresylphosphat und Trixylenylphosphat mit Methanol im Druckröhrchen (siehe Abschn. D, II, a). Als Trennsäule dient eine 2 m lange, mit Empol 1040 Trimer Acid (10%) (a 23) auf Kieselgur gefüllte Glassäule. Die Säulentemperatur liegt bei 160°C, siehe Tab. 11 und 12. Bei der Kresolkomponente handelt es sich um m- oder p-Kresol. Diese beiden Kresole werden unter den beschriebenen gaschromatographischen Arbeitsbedingungen nicht getrennt. o-Kresol ist in dem hier untersuchten Trikresylphosphat nicht anwesend. Es erscheint vor dem m- und p-Kresol (siehe Abb. 43 und Tab. 12). Die in Abb. 42 dargestellte, durch Umesterung bei 180°C aus Trixylenylphosphat erhaltene

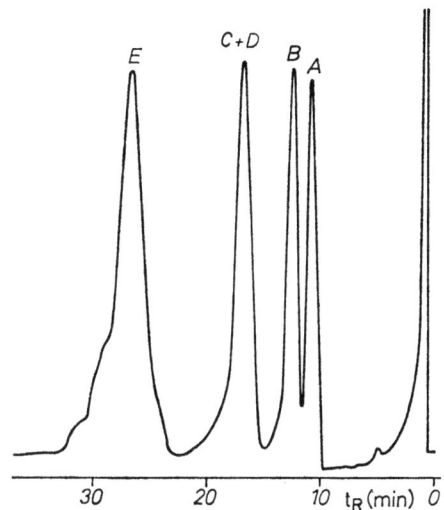

Abb. 43. GC-Trennung von Phenolverbindungen
A Phenol B o-Kresol C m-Kresol D p-Kresol E Xylenol

Arbeitsbedingungen:
2 m Glassäule, innerer Durchmesser: 4 mm; 10% Empol 1040 Trimer Acid auf Kieselgur; 160°C; 82 ml He/min.

Xylenolkomponente ist hinsichtlich ihrer Isomerenstruktur nicht bekannt. Diese interessiert aber, wie bereits erwähnt, bei der Weichmacheridentifizierung im allgemeinen nicht.

Auf dem oben beschriebenen Wege lassen sich auch die Mengen-Verhältnisse verschiedener in einem Weichmacher befindlicher Komponenten bestimmen.

Abb. 44 zeigt ein Fraktogramm, das mit Di-(phenyl)- kresylphosphat erhalten wurde.

In Abb. 45 wird die Analyse des Di-(phenyl)-xylenylphosphats gezeigt.

Die Verhältnisse der Peakflächen der Phenolverbindungen können — da es sich um ähnliche Verbindungen handelt — in diesem Fall etwa den Gewichtsverhältnissen gleichgesetzt werden, so daß man auf sehr rasche Weise das ungefähre Verhältnis von Phenol zu anderen Phenolderivaten erhält. Voraussetzung dafür ist, daß alle phenolischen Komponenten im selben Gewichtsverhältnis aus dem Ester abgespalten werden wie sie in

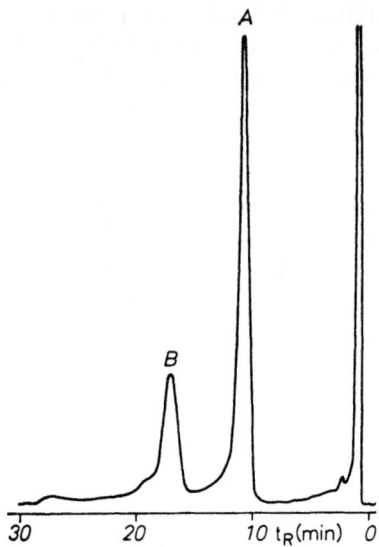

Abb. 44. Fraktogramm von Di-(phenyl)-kresylphosphat nach der Umesterung
A Phenol B m- und p-Kresol

Arbeitsbedingungen:
2 m Glassäule, innerer Durchmesser: 4 mm; 10% Empol 1040 Trimer Acid auf Kieselgur; 160°C; 82 ml He/min.

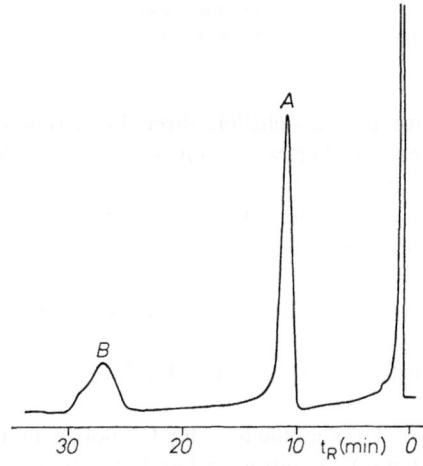

Abb. 45. Fraktogramm von Di-(phenyl)-xylenylphosphat nach der Umesterung
A Phenol B Xylenol

Arbeitsbedingungen:
2 m Glassäule, innerer Durchmesser: 4 mm; 10% Empol 1040 Trimer Acid auf Kieselgur; 160°C; 82 ml He/min.

diesem vorliegen. Für genaue Analysen wird man bei der quantitativen Bestimmung der Phenole mit p-tert. Butylphenol als innerem Standard und Eichkurve arbeiten. Das p-tert. Butylphenol erscheint in der Trimer-Acid-Säule nach dem Xylenol.

e) Komponenten von Polyesterweichmachern

Polyesterweichmachern (b 76) wird von den Polyvinylchlorid-Verarbeitern steigendes Interesse entgegengebracht. In genügend hochmolekularem Zustand sind Polyester praktisch nicht flüchtig, wanderungsbeständig und zeichnen sich durch weitgehende Extraktionsbeständigkeit gegenüber Mineralölen, festen Fetten, gewissen organischen Lösungsmitteln, sowie Waschflotten aus. Mit Äther gelingt eine Abtrennung der Polyesterweichmacher aus den Kunststoffen in den seltensten Fällen. Dagegen lassen sich mit Methanol auch die Polyesterweichmacher für qualitative Reaktionen in hinreichender Menge extrahieren.

Das Molekulargewicht der handelsüblichen Produkte liegt im allgemeinen zwischen 2000 und 8000, so daß eine direkte gaschromatographische Analyse nicht möglich ist. Während die Weichmacherwirkung mit wachsender Kettenlänge abnimmt und die Viskosität ansteigt, gewinnen die Weichmacher an Schwerflüchtigkeit und Extraktionsbeständigkeit. Durch Kombination von Polyestern mit den üblichen Monomerweichmachern kann man sich die günstigen Eigenschaften beider Weichmachergruppen nutzbar machen. Bei der Weichmacheranalyse hat man daher mit der gleichzeitigen Anwesenheit von Monomer- und Polymerweichmachern zu rechnen. Eine grobe Trennung dieser beiden Weichmachergruppen gelingt, indem man zunächst mit Äther die Monomerweichmacher und anschließend mit Methanol oder Methanol/Methylenchlorid die Polymerweichmacher herauslöst. Polyesterweichmacher werden im allgemeinen aus Dicarbonsäuren und polyfunktionellen Alkoholen hergestellt. Häufig verwendete Dicarbonsäuren bzw. Alkohole sind: Adipinsäure, Azelainsäure, Sebacinsäure, Phthalsäure bzw. Äthylenglykol, Butandiol-2,3, Butandiol-1,4, Diäthylenglykol, Triäthylenglykol, Glyzerin usw.

Einen Hinweis auf die Anwesenheit von Polyesterweichmachern erhält man leicht auf dünnschichtchromatographischem Wege. Polymerweichmacher zeigen auf Kieselgel-G-Platten mit Methylenchlorid bzw. einem Gemisch von Diisopropyläther und Petroläther (Kp.: 40—60 °C) als Fließmittel keine Wanderungstendenzen und bleiben am Start zurück. Zum Sichtbarmachen der Substanzen nach dem Entwickeln mischt man dem Kieselgel G den Aufheller Blankophor DCB zu. Die dünnschichtchromatographische Arbeitsweise wurde oben beschrieben (siehe Abschn. C).

Die Identifizierung der im Polymerweichmacher vorliegenden Säurekomponenten erfolgt analog wie bei den Monomerweichmachern auf gaschromatographischem Wege nach der Umesterung über die entsprechenden Carbonsäuremethylester (siehe Abschn. D, II, a). Die Alkohole werden nach der alkalischen Verseifung ebenfalls gaschromatographisch bestimmt (siehe Abschn. D, II, c).

f) Komponenten von Stabilisatoren (Salicylsäurephenylester und Resorcinmonobenzoat)

Salicylsäurephenylester (Salol) (b 78) und Resorcinmonobenzoat (b 77) sind Stabilisatoren und werden z. B. bei Celluloseestern eingesetzt. Da sie — wie bereits erwähnt — bei der Weichmacherextraktion aus dem Kunststoff mit herausgelöst werden, sei auch ihre gaschromatographische Analyse hier beschrieben. Beide Stabilisatoren lassen sich analog den Monomerweichmachern im Druckröhrchen mit Methanol umestern (siehe Abschn. D, II, a). Nach der Umesterung werden deren Spaltprodukte gaschromatographisch nachgewiesen. Aus dem Salol bildet sich bei der Umesterung Methylsalicylat und Phenol, während sich das Resorcinmonobenzoat zu Benzoesäuremethylester und Resorcin umsetzt. Die Reaktionsprodukte des Salols und das Methylbenzoat lassen sich unter gleichen

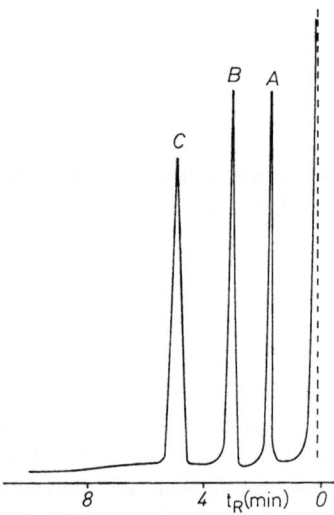

Abb. 46. GC-Analyse von Benzoesäuremethylester, Salicylsäuremethylester und Phenol
A Benzoesäuremethylester   B Salicylsäuremethylester   C Phenol
Arbeitsbedingungen:
1 m Glassäule, innerer Durchmesser: 4 mm; 10% Reoplex 400 (a 17) auf Kieselgur (a 17); 160°C; 40 ml He/min.

gaschromatographischen Arbeitsbedingungen in einer 1 m langen Säule mit Reoplex 400 (10% auf Kieselgur) als stationäre Phase bei 160 °C eluieren. Bei der Identifizierung des Salols ist darauf zu achten, daß Salicylsäuremethylester und Phenol in äquimolaren Mengen vorliegen, was durch etwa gleich große Peakflächen der beiden Komponenten angezeigt wird. Abb. 46 zeigt das Fraktogramm einer umgeesterten Mischung von Salol und Resorcinmonobenzoat.

Salicylsäuremethylester und Phenol erscheinen in den entsprechenden Mengenverhältnissen; Resorcin wird bei dieser Säulentemperatur nicht eluiert. Ist der Peak des Phenols gegenüber dem des Methylsalicylats wesentlich größer, so kann auf das zusätzliche Vorhandensein eines Weichmachers geschlossen werden, bei dessen Umesterung ebenfalls Phenol als Reaktionsprodukt auftritt. So wird z. B. auch bei der Umesterung von Triphenylphosphat Phenol in Freiheit gesetzt. Der Nachweis von Resorcin nach der Umesterung gelingt in der gleichen Säule bei einer Säulentemperatur von 200 °C. Der Peak erscheint bei einer Strömung von 132 ml He/min nach 10 Minuten.

III. Direkte gaschromatographische Analyse

a) Monocarbonsäureester

α) Glycerinmono-, Glycerindi- und Glycerintriacetat

Mono-, Di- und Triessigsäureester des Glycerins lassen sich in einer 2 m langen Säule mit 20% Polyglykol P 2000 auf Kieselgur bei 160 °C

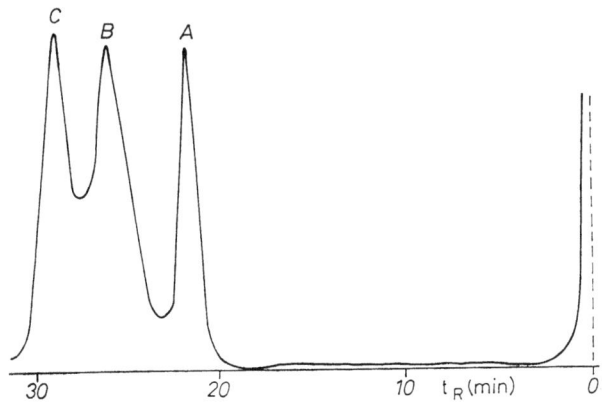

Abb. 47. GC-Trennung von Glycerinmono-, Glycerindi- und Glycerintriacetat
A Glycerintriacetat (b 59)   B Glycerindiacetat (b 58)   C Glycerinmonoacetat (b 57)

Arbeitsbedingungen:
2 m Glassäule, innerer Durchmesser: 4 mm; 20% Polyglykol P 2000 (a 17) auf Kieselgur (a 17); 160 °C; 116 ml He/min.

gaschromatographisch analysieren (siehe Abb. 47 und Tab. 11 und 12). Eine bessere Trennung von Glycerinmono- und Glycerindiacetat erreicht man durch Verwendung von Resoflex LAC-2R-446 (10%) als stationäre Phase (siehe Abb. 48 und Tab. 11 und 12).

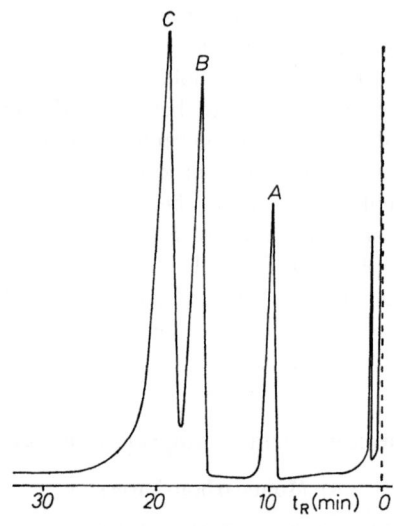

Abb. 48. GC-Trennung von Glycerinmono-, Glycerindi- und Glycerintriacetat
A Glycerintriacetat (b 59)   B Glycerindiacetat (b 58)   C Glycerinmonoacetat (b 57)

Arbeitsbedingungen:

2 m Glassäule, innerer Durchmesser: 4 mm; 10% Resoflex-2R-446 (a 22) auf Kieselgur; 170°C; 90 ml He/min.

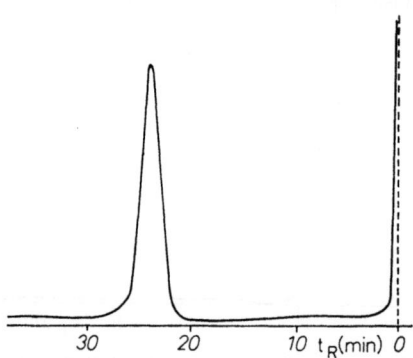

Abb. 49. Fraktogramm von Diäthylenglykoldibenzoat (b 62)

Arbeitsbedingungen:

50 cm Glassäule, innerer Durchmesser: 4 mm; 15% Ultramoll III (a 20) auf Kieselgur; 230°C; 220 ml He/min.

β) **Diäthylenglykoldibenzoat**

Diäthylenglykoldibenzoat (b 62) kann ebenfalls direkt über eine 50 cm lange Säule bei 230 °C bestimmt werden (siehe Abb. 49 und Tab. 12). Als Säulenfüllung wird Ultramoll III (15%) auf Kieselgur verwendet.

γ) **O-(Acetyl)-rizinolsäurebutylester**

Zur direkten gaschromatographischen Analyse von O-(Acetyl)-rizinolsäurebutylester (b 63) verwendet man als Säulenfüllmaterial Ultramoll III (15% auf Kieselgur). Die Säulenlänge beträgt 0,3 m, die Säulentemperatur 200 °C (siehe Abb. 50 und Tab. 12).

Nach der weiter oben beschriebenen Umesterung (siehe Abschn. D, II, a) in Methanol lassen sich Rizinolsäuremethylester (siehe Abschn. D, II, α) und Essigsäuremethylester (siehe Abb. 33) sowie Butanol (siehe Abb. 38 und Abb. 40) nachweisen.

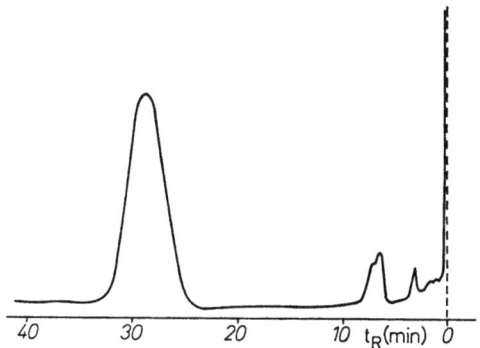

Abb. 50. Fraktogramm von O-(Acetyl)-rizinolsäurebutylester (b 63)

Arbeitsbedingungen:
30 cm Glassäule, innerer Durchmesser: 4 mm; 15% Ultramoll III auf Kieselgur; 200 °C; 100 ml He/min.

δ) **Salicylsäurephenylester und Resorcinmonobenzoat** [35]

Salol (Salicylsäurephenylester) (b 78) wird zweckmäßig in einer 30 cm langen Säule mit einer Füllung von 10% Resoflex LAC-2R-446 auf Kieselgur bei 180 °C analysiert (siehe Abb. 51 und Tab. 12).

Für die GC-Analyse des Resorcinmonobenzoats (b 77) ist bei gleicher Säulenlänge und Säulenfüllung eine höhere Temperatur als für Salol erforderlich, nämlich 236 °C (siehe Abb. 52 und Tab. 11 und 12).

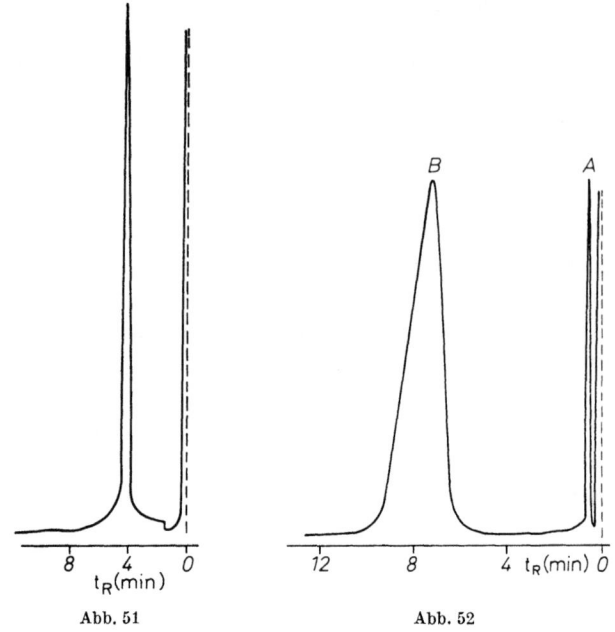

Abb. 51.   Abb. 52

Abb. 51. Fraktogramm von Salizylsäurephenylester (b 78)

Arbeitsbedingungen:
30 cm Glassäule, innerer Durchmesser: 4 mm; 10% Resoflex LAC-2R-446 auf Kieselgur; 180°C; 90 ml He/min.

Abb. 52. GC-Trennung von Salizylsäurephenylester und Resorcinmonobenzoat
A Salizylsäurephenylester (b 78)   B Resorcinmonobenzoat (b 77)

Arbeitsbedingungen:
30 cm Glassäule, innerer Durchmesser: 4 mm; 10% Resoflex LAC-2R-446 auf Kieselgur; 236°C; 90 ml He/min.

b) Dicarbonsäureester

Dicarbonsäureester, insbesondere Phthalsäureester, sind die am häufigsten verwendeten Weichmacher. Hinweise auf die Gruppenzugehörigkeit des Weichmachers erhält man mit Hilfe eines chemischen Nachweises (siehe Abschn. B), der IR-Spektroskopie (siehe Abschn. E), bzw. auf gaschromatographischem Wege über den Dicarbonsäuremethylester (siehe Abschn. D, II). Die eindeutige Identifizierung erfolgt durch direkte gaschromatographische Analyse des Weichmachers selbst oder über den bei der Verseifung oder Umesterung freigewordenen Alkohol. Die gaschromatographische Direktbestimmung wird für einige sehr häufig angewandte Weichmacher im folgenden beschrieben.

α) Adipinsäureester

Die Adipinsäureester des Butyl-, 2-Äthylhexyl-, i-Nonyl- und Nonylalkohols lassen sich mit Ultramoll III als stationäre Phase auf Kieselgur gut analysieren [43] (siehe Abb. 53 und Tab. 11 und 12).

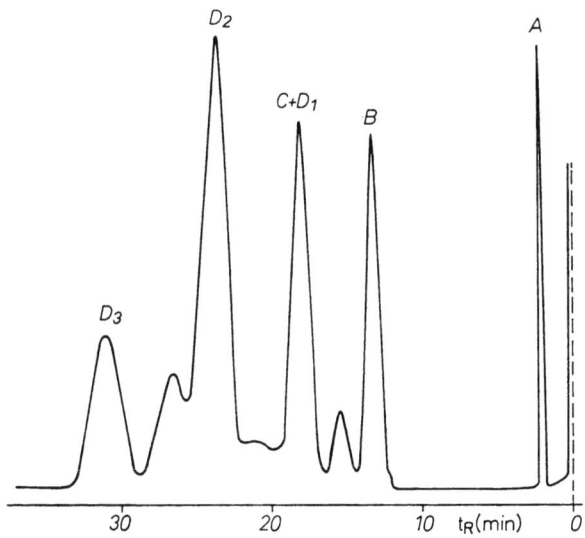

Abb. 53. GC-Trennung von Adipinsäureestern

A Dibutyladipat (b 8)
B Di-(2-äthylhexyl)-adipat (b 10)
C Di-(i-nonyl)-adipat (b 11)
D D_1, D_2, D_3 Dinonyladipat (b 9)

Arbeitsbedingungen:
1 m Glassäule, innerer Durchmesser: 4 mm; 15% Ultramoll III (a 20) auf Kieselgur (a 17); 240°C; 196 ml He/min.

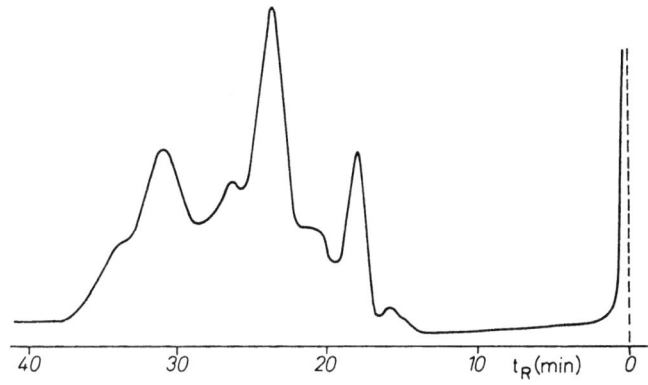

Abb. 54. Fraktogramm von Dinonyladipat (b 9)

Arbeitsbedingungen:
1 m Glassäule, innerer Durchmesser: 4 mm; 15% Ultramoll III auf Kieselgur; 240°C; 196 ml He/min.

Dinonyladipat stellt im allgemeinen keine einheitliche Substanz dar, (siehe Abb. 54). Die Ursache ist auf den bei der Esterherstellung verwendeten Alkohol zurückzuführen.

Wesentlich einheitlicher als das Dinonyladipat ist im allgemeinen Di-(i-nonyl)-adipat (siehe Abb. 55). Die GC-Analyse eignet sich hervorragend zur Reinheitskontrolle derartiger Verbindungen. Der Gehalt an

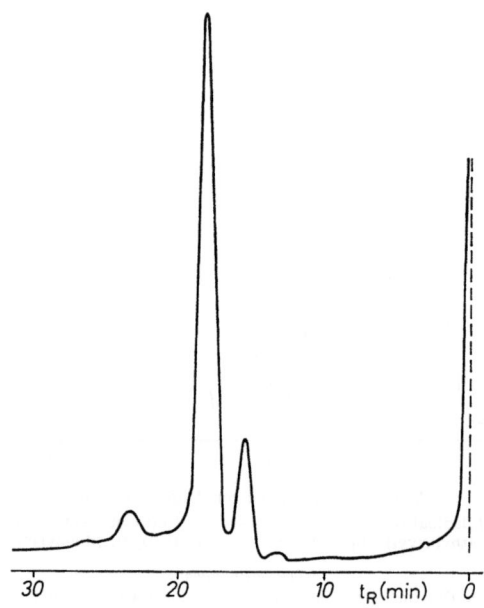

Abb. 55. Fraktogramm von Di-(i-nonyl)-adipat (b 11)

Arbeitsbedingungen:

1 m Glassäule, innerer Durchmesser: 4 mm; 15% Ultramoll III auf Kieselgur; 240°C; 96 ml He/min.

Verunreinigungen kann von Partie zu Partie größeren Schwankungen unterliegen. Bei der gaschromatographischen Analyse eines Weichmachergemisches kommt es vor, daß sich z.B. der Hauptbestandteil des einen Weichmachers mit dem Nebenbestandteil des anderen Weichmachers überlappt (siehe Abb. 53 und Abb. 56). Wie Abb. 56 deutlich erkennen läßt, zeigt Resoflex LAC-2R-446 als stationäre Phase bei der GC-Analyse der Adipinsäureester gegenüber Ultramoll III als Trennflüssigkeit (siehe Abb. 53) bei gleicher Säulenlänge von 1 m weniger gute Trenneigenschaften.

Die beiden Weichmacher Benzylbutyladipat und Benzyl-(2-äthylhexyl)-adipat erscheinen in Form von drei Peaks (siehe Abb. 57 und Abb. 58). Bei der ersten Komponente handelt es sich um das reine Dibutyl-

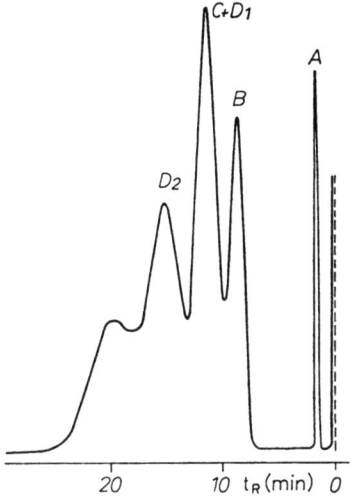

Abb. 56. GC-Trennung von Adipinsäureestern

A Dibutyladipat (b 8)   C Di-(i-nonyl)-adipat (b 11)
B Di-(2-äthylhexyl)-adipat (b 10)   D D_1, D_2, D_3, Dinonyladipat (b 9)

Arbeitsbedingungen:
1 m Glassäule, innerer Durchmesser: 4 mm; 10% Resoflex LAC-2R-446 (a 22) auf Kieselgur; 220 °C; 160 ml He/min.

bzw. Di-(2-äthylhexyl)-adipat, der zweite Peak stellt den Mischester dar und die dritte Bande ist in beiden Proben identisch, nämlich Dibenzyladipat.

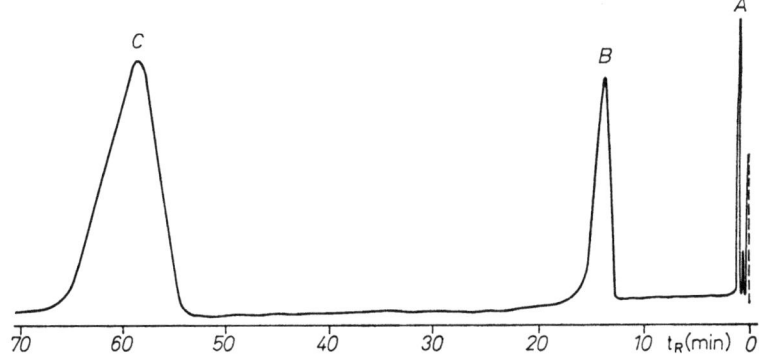

Abb. 57. Fraktogramm von Benzylbutyladipat

A Dibutyladipat (b 8)   B Benzylbutyladipat (b 12)   C Dibenzyladipat (b 65)

Arbeitsbedingungen:
50 cm V2A-Rohr, innerer Durchmesser: 3 mm; 10% Resoflex LAC-2R-446 auf Kieselgur; 230 °C; 48 ml He/min.

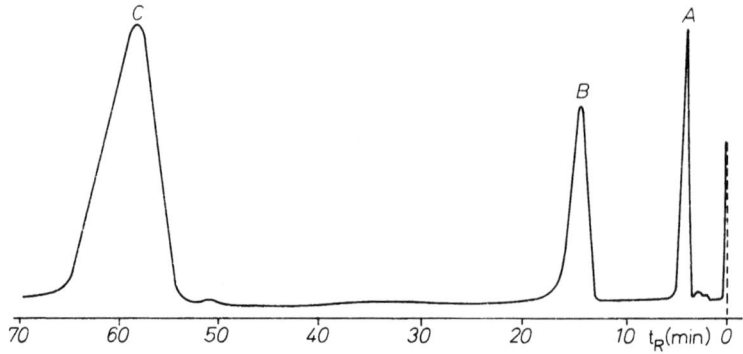

Abb. 58. Fraktogramm von Benzyl-(2-äthylhexyl)-adipat
A Di-(2-äthylhexyl)-adipat (b 10)   C Dibenzyladipat (b 65)
B (2-Äthylhexyl)-benzyl-adipat (b 13)

Arbeitsbedingungen:
50 cm V2A-Rohr, innerer Durchmesser: 3 mm; 10% Resoflex LAC-2R-446 auf Kieselgur; 230°C; 48 ml He/min.

Bemerkenswert ist das gleiche relative Retentionsvolumen von Benzylbutyl- und Benzyl-(2-äthylhexyl)-adipat. Nähere Angaben über gaschromatographische Arbeitsbedingungen sind in Tab. 12 aufgeführt. Die relativen Retentionsvolumina der Adipate, bezogen auf Di-(2-äthylhexyl)-adipat ($V_R$rel $= 1{,}00$), sind in Tab. 11 zusammengestellt.

Die polymeren Adipinsäureester lassen sich wegen ihrer geringen Flüchtigkeit gaschromatographisch nicht direkt bestimmen. Ihr Nachweis gelingt über die Identifizierung des nach der Umesterung erhaltenen Adipinsäuremethylesters und des dabei gebildeten bifunktionellen Alkohols. Zu beachten ist, daß bei der Umesterung in Methanol mit p-Toluolsulfonsäure als Katalysator häufig auch eine teilweise Verätherung der Hydroxylgruppen des freigewordenen zweiwertigen Alkohols eintritt (siehe Abschn. D, II, c). Zum gaschromatographischen Nachweis der Alkohole in Polyadipaten, wie auch in anderen Polyestern wird man daher die alkalische Verseifung des polymeren Weichmachers in Äthanol der Umesterung vorziehen (siehe Abschn. D, II, c).

β) **Azelainsäureester**

Zur GC-Trennung der Azelainsäureester [43] eignen sich die gleichen Trennflüssigkeiten wie bei der GC-Analyse der Adipate, nämlich Ultramoll III (15% auf Kieselgur). Auch die übrigen gaschromatographischen Bedingungen sind gleich. Sehr gut getrennt werden: Dibutylazelat (b 16), Di-(2-äthylbutyl)-azelat (b 18), Dihexylazelat (b 17) und Di-(2-äthylhexyl)-azelat (b 19) (siehe Abb. 59 und Abb. 60 sowie Tab. 11 und 12).

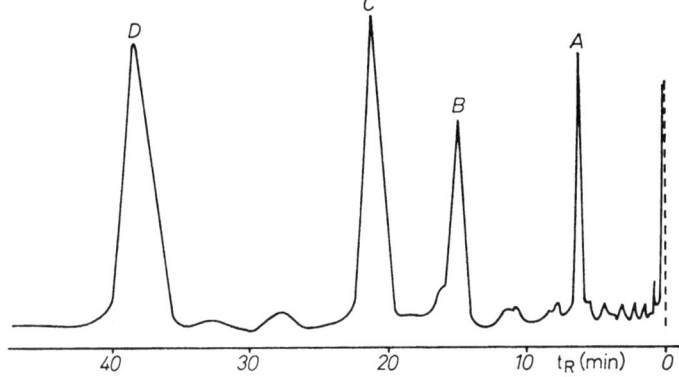

Abb. 59. GC-Trennung von Azelainsäureestern

A Dibutylazelat (b 16) C Dihexylazelat (b 17)
B Di-(2-äthylbutyl)-azelat (b 18) D Di-(2-äthylhexyl)-azelat (b 19)

Arbeitsbedingungen:
1 m Glassäule, innerer Durchmesser: 4 mm; 15% Ultramoll III auf Kieselgur; 240°C; 196 ml He/min.

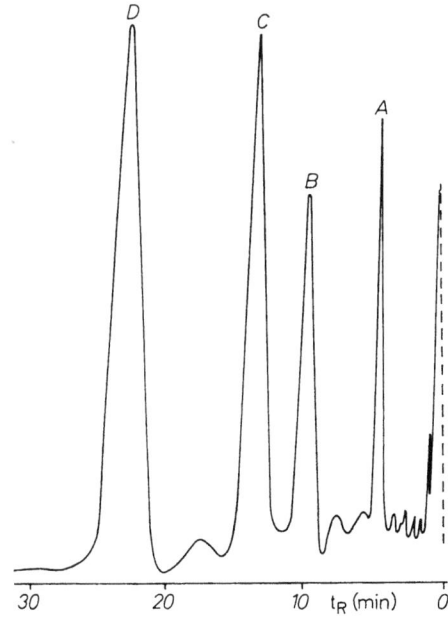

Abb. 60. GC-Trennung von Azelainsäureestern

A Dibutylazelat (b 16) C Dihexylazelat (b 17)
B Di-(2-äthylbutyl)-azelat (b 18) D Di-(2-äthylhexyl)-azelat (b 19)

Arbeitsbedingungen:
1 m Glassäule, innerer Durchmesser: 4 mm; 10% Resoflex LAC-2R-446 auf Kieselgur; 220°C; 160 ml He/min.

γ) **Sebacinsäureester**

Die wichtigsten Sebacinsäureester sind Dimethylsebacat (b 20), Diäthylsebacat (b 21), Dibutylsebacat (b 22), Di-(2-äthylhexyl)-sebacat (b 23), Dibenzylsebacat (b 24) und Polysebacate (b 25). Wie zur gaschromatographischen Analyse der Adipate und Azelate werden auch hier bei der isothermen Arbeitsweise die beiden stationären Phasen Ultramoll III (siehe Abb. 61 und Tab. 12) und Resoflex LAC-2R-446 (siehe Abb. 62 und Tab. 12) auf Kieselgur als Trägersubstanz verwendet [62]. In der 50 cm langen Ultramoll III-Säule lassen sich auch Dimethylsebacat und Diäthylsebacat trennen (siehe Abb. 61), während eine Unterscheidung dieser beiden Verbindungen in der Resoflex LAC-2R-446-Säule nicht möglich ist (siehe Abb. 62).

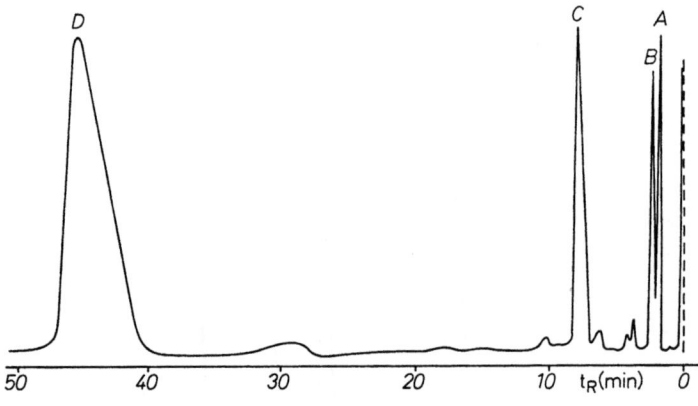

Abb. 61. GC-Trennung von Sebacinsäureestern

A Dimethylsebacat (b 20) C Dibutylsebacat (b 22)
B Diäthylsebacat (b 21) D Di-(2-äthylhexyl)-sebacat (b 23)

Arbeitsbedingungen:
1 m Glassäule, innerer Durchmesser: 4 mm; 15% Ultramoll III auf Kieselgur; 240°C; 208 ml He/min.

Das hochsiedende Dibenzylsebacat wird unter den isothermen Arbeitsbedingungen, die für die übrigen Sebacate günstig sind, nicht eluiert. Diese Verbindung kann über den bei der Umesterung freigewordenen Benzylalkohol identifiziert werden. Dagegen gestattet das programmierte Arbeiten mit Silikongummi GE SE-30 (a 24) als stationäre Phase auch die direkte Analyse von Dibenzylsebacat (siehe Abb. 63). Sämtliche Sebacinsäureester zeigen bei temperaturprogrammierter Arbeitsweise deutlich voneinander verschiedene Retentionsvolumina und symmetrische Peakflächen. Die Säulentemperatur wird von 140 bis 350°C mit einer Anstiegsrate von 15°C/min gesteigert. Wegen der kürzeren Analysendauer und wegen der häufig besseren Trennung ist nach Möglichkeit bei einem Sub-

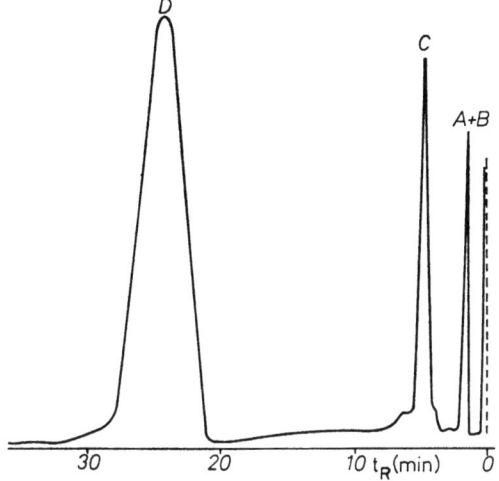

Abb. 62. GC-Trennung von Sebacinsäureestern

A Dimethylsebacat (b 20) C Dibutylsebacat (b 22)
B Diäthylsebacat (b 21) D Di-(2-äthylhexyl)-sebacat (b 23)

Arbeitsbedingungen:

0 cm V2A-Rohr, innerer Durchmesser: 3 mm; 10% Resoflex LAC-2R-446 auf Kieselgur; 230°C; 116 ml He/min.

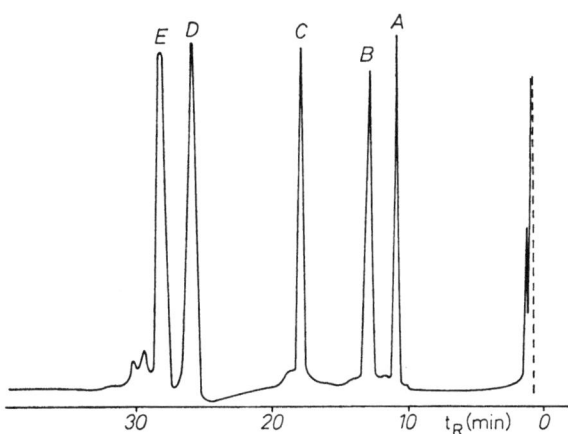

Abb. 63. Temperaturprogrammierte GC-Trennung von Sebacinsäureestern

A Dimethylsebacat (b 20) D Di-(2-äthylhexyl)-sebacat (b 23)
B Diäthylsebacat (b 21) E Dibenzylsebacat (b 24)
C Dibutylsebacat (b 22)

Arbeitsbedingungen:

1,2 m V2A-Rohr, innerer Durchmesser: 4 mm; 5% Silikongummi GE SE-30 (a 24) auf Chromosorb (a 18); Temperaturprogramm: 140–350°C; Anstiegsrate 15°C/min; Strömung: 100 ml He/min.

stanzgemisch mit weiter auseinanderliegenden Siedepunkten die programmierte Arbeitsweise der isothermen vorzuziehen.

δ) Phthalsäureester

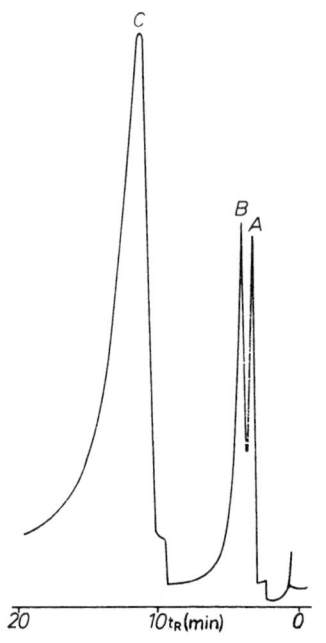

Abb. 64. GC-Trennung von Phthalsäureestern
A Dimethylphthalat (b 34)
B Diäthylphthalat (b 35)
C Dibutylphthalat (b 36)

Arbeitsbedingungen:
50 cm Kupferrohr, innerer Durchmesser: 4 mm; 10% Resoflex LAC-2R-446 auf Kieselgur (80/100 mesh); 190°C; 75 ml He/min.

Phthalsäureester des Butyl- und Benzylalkohols wurden gaschromatographisch von C. D. Cook et al. [13] aufgetrennt. Zur GC-Analyse der Phthalsäureester [13, 63] wird zweckmäßig bei zwei verschiedenen Säulentemperaturen gearbeitet, da das Siedeintervall zwischen niedrigst- und höchstsiedenenden Weichmachern sehr groß ist.

Die niedrigsiedenden Phthalate, nämlich Dimethylphthalat (b 34), Diäthylphthalat (b 35) und Dibutylphthalat (b 36) werden in einer 0,5 m langen Kupfersäule mit Resoflex LAC-2R-446 (10% auf Kieselgur (a 17) bei 190°C voneinander gut getrennt (siehe Abb. 64 und Tab. 11 und 12).

Die höher siedenden Phthalate werden unter sonst gleichen gaschromatographischen Arbeitsbedingungen bei 230°C analysiert. Zu dieser Gruppe zählen Dibutylphthalat, Di-(2-äthylhexyl)-phthalat, Di-(methoxyäthyl)-phthalat, Di-(i-nonyl)-phthalat, Di-(methylcyclohexyl)-phthalat und Dibenzylphthalat (siehe Abb. 65 und Tab. 11 und 12).

Di-(2-äthylhexyl)-phthalat und Di-(methoxyäthyl)-phthalat haben unter diesen gaschromatographischen Bedingungen gleiche Retentionsvolumina. Ebenso werden Di-(methylcyclohexyl)-phthalat und Benzylbutylphthalat nicht getrennt. Eine Unterscheidung dieser Verbindungen ist über ihre Alkoholkomponenten möglich.

Als weitere Trennflüssigkeit zur GC-Analyse der Phthalsäureester eignet sich ebenfalls Ultramoll III. Man erhält eine bessere Trennung und geringere Schwanzbildung. Dimethylphthalat, Diäthylphthalat und Dibutylphthalat werden in einer 1 m langen Säule mit 15% Ultramoll III auf Kieselgur bei 190°C gut getrennt (siehe Abb. 66 und Tab. 11 und 12).

Für die höher siedenden Phthalsäureester verwendet man bei gleicher stationärer Phase eine 0,5 m lange Säule bei 230°C (siehe Abb. 67 und Tab. 11 und 12).

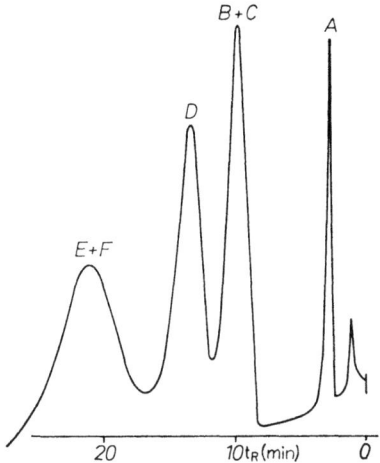

Abb. 65. GC-Trennung von Phthalsäureestern

A Dibutylphthalat (b 36)
B Di-(2-äthylhexyl)-phthalat (b 41)
C Di-(methoxyäthyl)-phthalat (b 33)
D Di-(i-nonyl)-phthalat (b 39)
E Di-(methylcyclohexyl)-phthalat (b 38)
F Benzylbutylphthalat (b 37)

Arbeitsbedingungen:

50 cm Kupferrohr, innerer Durchmesser: 4 mm; 10% Resoflex LAC-2R-446 auf Kieselgur (80/100 mesh); 230°C; 120 ml He/min.

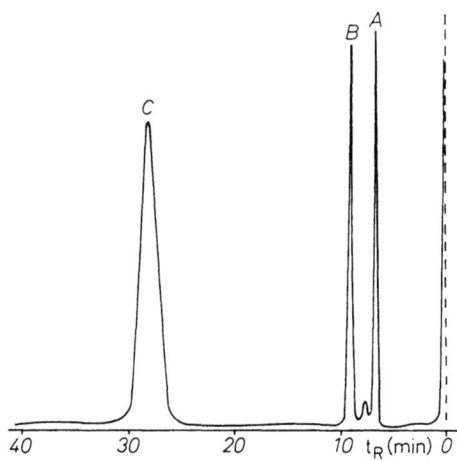

Abb. 66. GC-Trennung von Phthalsäureestern

A Dimethylphthalat (b 34)   B Diäthylphthalat (b 35)   C Dibutylphthalat (b 36)

Arbeitsbedingungen:

1 m Glassäule, innerer Durchmesser: 4 mm; 15% Ultramoll III auf Kieselgur; 190°C; 150 ml He/min.

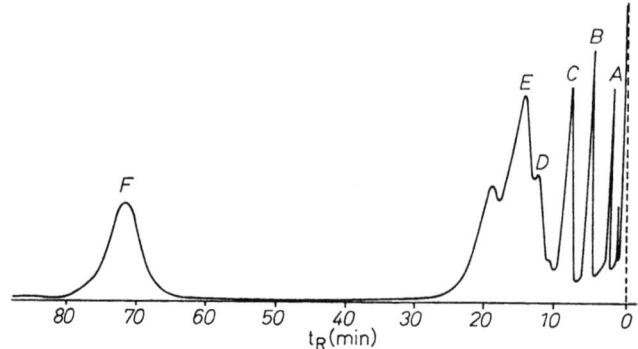

Abb. 67. GC-Trennung von Phthalsäureestern

A Dibutylphthalat (b 36)
B Di-(methoxyäthyl)-phthalat (b 33)
C Di-(2-äthylhexyl)-phthalat (b 41)
D Benzylbutylphthalat (b 37)
E Di-(i-nonyl)-phthalat (b 39)
 und Di-(methylcyclohexyl)-phthalat (b 38)
F Dibenzylphthalat (b 66)

Arbeitsbedingungen:
50 cm Glassäule, innerer Durchmesser: 4 mm; 15% Ultramoll III auf Kieselgur; 230°C; 170 ml He/min.

Di-(2-äthylhexyl)-phthalat und Di-(methoxyäthyl)-phthalat, die in der Resoflex LAC-2R-446-Säule gleiche Retentionszeiten haben, werden in der Ultramoll III-Säule gut getrennt. Das im Handel erhältliche Benzylbutylphthalat besteht, wie auch das entsprechende Adipat, aus 3 Komponenten, nämlich Dibutylphthalat, Butylbenzylphthalat und Dibenzylphthalat.

c) Citronensäureester

Bei den Citratweichmachern unterscheidet man zwischen acetylierten und nicht acetylierten Produkten. Auf direktem gaschromatographischem Wege können folgende Citratweichmacher analysiert werden [62]: Triäthylcitrat (b 27), Tributylcitrat (b 28), O-(Acetyl)-triäthylcitrat (b 29), O-(Acetyl)-tributylcitrat (b 30) und O-(Acetyl)-tri-(2-äthylhexyl)-citrat (b 31). Als Säulenfüllmaterial wird Resoflex LAC-2R-446 auf Kieselgur verwendet. Die Säulenlänge liegt bei 50 cm, die Säulentemperatur bei 230°C. Unter diesen Bedingungen werden Triäthylcitrat und O-(Acetyl)-triäthylcitrat voneinander nicht getrennt (siehe Abb. 68 und Tab. 11). Eine Unterscheidung dieser beiden Verbindungen ist auf Grund des Essigsäuregehaltes der Acetylverbindung möglich. Bei der Umesterung des Weichmachers in Methanol mit p-Toluolsulfonsäure als Katalysator bildet sich aus der O-(Acetyl)-verbindung Essigsäuremethylester, der sich gaschromatographisch leicht nachweisen läßt (siehe Abschn. D, II, a). Als weitere stationäre Phase zur GC-Analyse der Citrate eignet sich

Ultramoll III (siehe Tab. 12). Die Säulenlänge beträgt 1 m und die Säulentemperatur 220°C. O-(Acetyl)-tri-(2-äthylhexyl)-citrat wird dabei sehr langsam eluiert. Die Komponente erscheint nach etwa 106 Min. Sie ist in Abb. 69 nicht abgebildet. Auch hier haben Triäthylcitrat und O-(Acetyl)-triäthylcitrat, sowie die entsprechenden Butylester gleiche Retentionsvolumina (siehe Abb. 69).

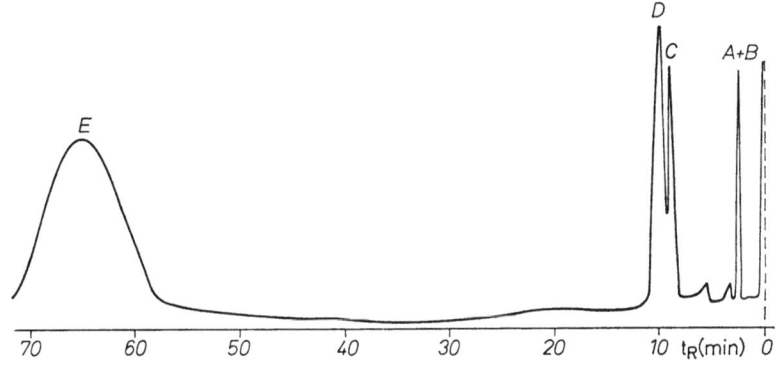

Abb. 68. GC-Trennung von Citronensäureestern

A O-(Acetyl)-triäthylcitrat (b 29)   D Tributylcitrat (b 28)
B Triäthylcitrat (b 27)   E O-(Acetyl)-tri-(2-äthylhexyl)-citrat (b 31)
C O-(Acetyl)-tributylcitrat (b 30)

Arbeitsbedingungen:
50 cm V2A-Rohr; innerer Durchmesser: 3 mm; 10% Resoflex LAC-2R-446 (a 22) auf Kieselgur (a 17); 230°C; 119 ml He/min.

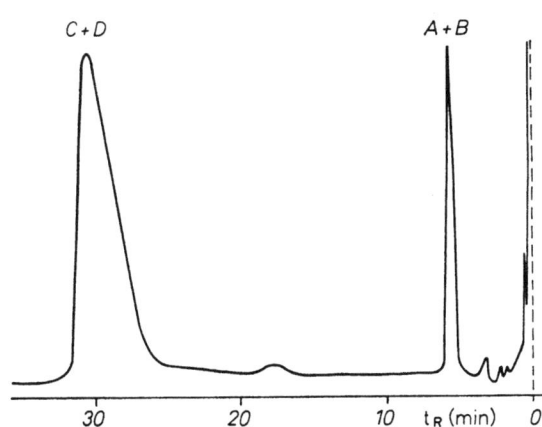

Abb. 69. GC-Trennung von Citronensäureestern

A Triäthylcitrat (b 27)   C Tributylcitrat (b 28)
B O-(Acetyl)-triäthylcitrat (b 29)   D O-(Acetyl)-tributylcitrat (b 30)

Arbeitsbedingungen:
1 m Glassäule, innerer Durchmesser: 4 mm; 15% Ultramoll III (a 20) auf Kieselgur; 220°C; 200 ml He/min.

Eine Identifizierung dieser kritischen Paare ist wie erwähnt über den Essigsäurenachweis möglich (siehe Abschn. D, II, a).

Die temperaturprogrammierte Arbeitsweise ist auch bei der GC-Analyse der Citrate von Vorteil. Abb. 70 zeigt ein entsprechendes Fraktogramm. Voraussetzung für die Durchführung der Analyse ist eine bis 350°C temperaturstabile Trennflüssigkeit, da die optimale Säulenendtemperatur bei 350°C liegt. Silicongummi GE SE-30 (a 24) entspricht den Anforderungen. Bei einer Säulenlänge von 1,2 m wählt man das Temperaturintervall zwischen 140 und 350°C mit einer Anstiegsrate von 15°C/min. Auch die hochsiedenden Citratweichmacher erscheinen hier im Gegensatz zur isothermen Arbeitsweise als schmale Peaks (siehe Abb. 70).

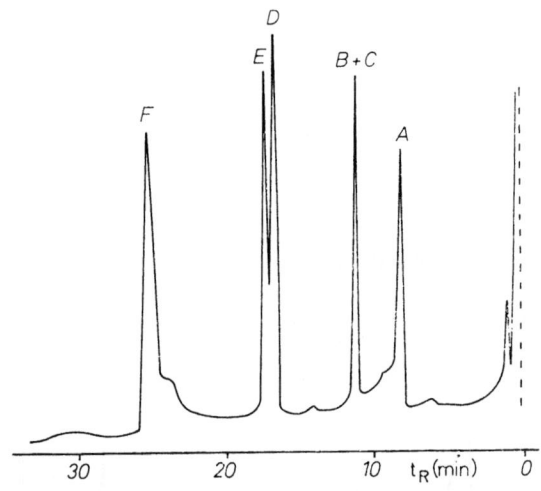

Abb. 70. Temperaturprogrammierte GC-Trennung von Citronensäureestern

A Trimethylcitrat
B Triäthylcitrat (b 27)
C O-(Acetyl)-triäthylcitrat (b 29)
D Tributylcitrat (b 28)
E O-(Acetyl)-tributylcitrat (b 30)
F O-(Acetyl)-tri-(2-äthylhexyl)-citrat (b 31)

Arbeitsbedingungen:

1,2 m V2A-Rohr, innerer Durchmesser: 4 mm; Silikongummi GE SE-30 (a 24) auf Chromosorb (a 18). Temperaturprogramm: 140–350°C; Anstiegsrate: 15°C/min; Strömung: 100 ml He/min.

d) Phosphorsäureester

Die Phosphatweichmacher mit relativ niederem Siedepunkt, wie z. B. Tributylphosphat (b 43), Tri-(chloräthyl)-phosphat (b 42), Tri-(2-äthylhexyl)-phosphat (b 67) und Di-(phenyl)-(2-äthylhexyl)-phosphat (b 45) können in einer 0,5 m langen Säule mit Ultramoll III als stationärer Phase bei einer Säulentemperatur von 230°C analysiert werden [65] (siehe Abb. 71 und Tab. 11 und 12).

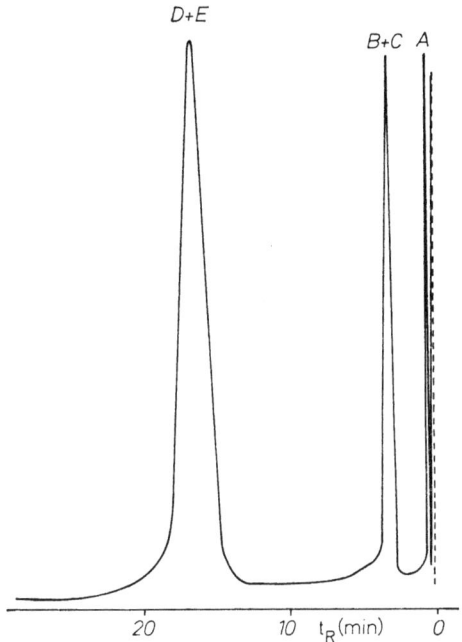

Abb. 71. GC-Trennung von Phosphorsäureestern

A Tributylphosphat (b 43)
B Tri-(2-äthylhexyl)-phosphat (b 67)
C Tri-(chloräthyl)-phosphat (b 42)
D Di-(phenyl)-(2-äthylhexyl)-phosphat (b 45)
E Triphenylphosphat (b 46)

Arbeitsbedingungen:
0,5 m Glassäule, innerer Durchmesser: 4 mm; 15% Ultramoll III (a 20) auf Kieselgur (a 17); 230°C; 190 ml He/min.

Tri-(2-äthylhexyl)-phosphat und Tri-(chloräthyl)-phosphat werden unter diesen Bedingungen nicht getrennt. Ebenso haben Triphenylphosphat und Di-(phenyl)-(2-äthylhexyl)-phosphat gleiche Retentionsvolumina. Eine Trennung von Tri-(chloräthyl)-phosphat und Tri-(2-äthylhexyl)-phosphat gelingt bei Verwendung von Resoflex LAC-2R-446 als stationärer Phase (siehe Abb. 72 und Tab. 11 und 12). Säulenlänge und Säulentemperatur sind die gleichen wie bei der Ultramoll III-Säule. Eine Unterscheidung von Triphenylphosphat und Di-(phenyl)-(2-äthylhexyl)-phosphat ist durch eine GC-Analyse des bei der Verseifung gebildeten Phenols bzw. 2-Äthylhexanols möglich (siehe Abschn. D, II, d).

Abb. 73 zeigt das Fraktogramm von Di-(phenyl)-kresylphosphat (b 47) mit Ultramoll III als stationärer Phase. Man erhält ein komponentenreiches Fraktogramm. Bei der ersten Komponente mit $t_R = 15$ min handelt es sich wahrscheinlich um Triphenylphosphat.

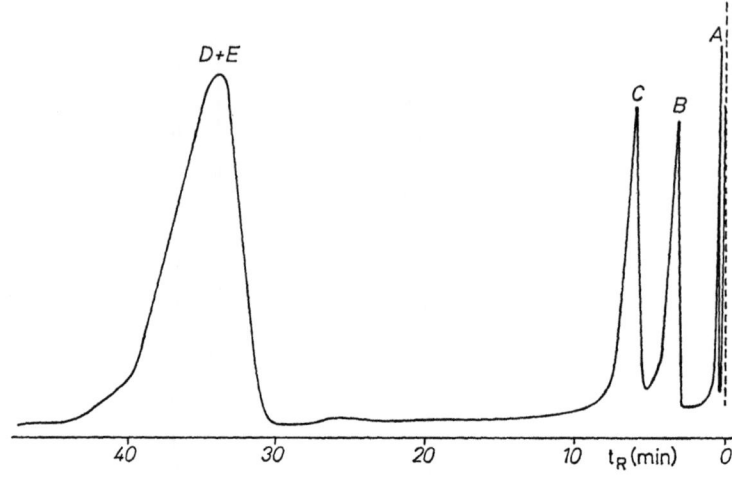

Abb. 72. GC-Trennung von Phosphorsäureestern

A Tributylphosphat (b 43)
B Tri-(2-äthylhexyl)-phosphat (b 67)
C Tri-(chloräthyl)-phosphat (b 42)
D Di-(phenyl)-(2-äthylhexyl)-phosphat (b 45)
E Triphenylphosphat (b 46)

Arbeitsbedingungen:

0,5 m V2A-Rohr, innerer Durchmesser: 3 mm; 10% Resoflex LAC-2R-446 (a 22) auf Kieselgur; 230°C; 52 ml He/min.

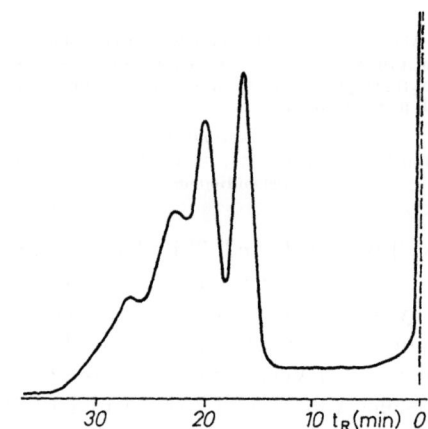

Abb. 73. GC-Analyse von Di-(phenyl)-kresylphosphat (b 47)

Arbeitsbedingungen:

0,5 m Glassäule, innerer Durchmesser: 4 mm; 15% Ultramoll III auf Kieselgur; 230°C; 190 ml He/min.

Die Identifizierung von Di-(phenyl)-kresylphosphat und der übrigen hochsiedenden Phosphorsäureester wird man vorteilhaft über die nach der Verseifung freigewordenen phenolischen Bestandteile vornehmen.

IV. Direkte Weichmacherbestimmung mit Hilfe der Pyrolysekammer

Eine direkte Bestimmung von Weichmachern in Kunststoffen ohne vorherige Isolierung gelingt mit Hilfe einer Pyrolysekammer [76], in der die Kunststoffprobe erhitzt wird. Die Erhitzungstemperatur und -dauer muß so gewählt werden, daß lediglich ein Verdampfen des Weichmachers, jedoch keine Pyrolyse des Kunststoffes stattfindet. Im allgemeinen reicht für die qualitative Identifizierung der Weichmacher ein 5 Minuten langes Erhitzen der Kunststoffprobe auf etwa 260°C aus.

Man wird sich dieser Methode vor allem dann bedienen, wenn nur geringe Probemengen zur Verfügung stehen und wenn Hinweise vorliegen, um welchen Weichmacher es sich in etwa handelt. Die Pyrolysekammer eignet sich weiter z.B. zur Bestimmung von Lösungsmitteln, Wasser und anderen leichtflüchtigen Bestandteilen. Sie kann an jeden beliebigen Gaschromatographen angeschlossen werden.

a) Prinzip des Verfahrens

Die Vorrichtung zur Durchführung der Pyrolyse, bzw. zur Bestimmung flüchtiger Bestandteile in Hochpolymeren, besteht im wesentlichen aus einer geschlossenen, heizbaren Kammer, die von dem Trägergas des Chromatographen durchströmt wird, und in der sich eine Glasampulle mit der Analysensubstanz befindet. Nach einer beliebig wählbaren Erhitzungsdauer wird die Ampulle durch Hineindrücken eines Kolbens zertrümmert, wobei die flüchtigen Bestandteile mit dem Trägergas in den Gaschromatographen gespült und dort getrennt werden. Gleichzeitig mit dem Hineindrücken des Kolbens wird der Gasraum, in dem sich die Analysensubstanz befindet, stark verkleinert, was sich auf die Peakbreite günstig auswirkt. Der dem Quetschkolben gegenüberliegende durchlöcherte Hohldorn ist so ausgebildet, daß durch ihn das Trägergas mit der Analysensubstanz ohne Behinderung durch die entstehenden Glassplitter in die Trennsäule abfließen kann.

b) Beschreibung der Pyrolysekammer *

In Abb. 74 ist die Pyrolysekammer schematisch dargestellt. Die Zeichnung zeigt einen Längsschnitt durch die Kammer.

Die Vorrichtung besteht aus einem von außen beheizbaren Metallrohr (11). Die Heizung erfolgt durch eine Heizwicklung (8) mit einer Leistung von maximal 250 Watt. Die gewünschte Temperatur kann mit Hilfe eines Regeltransformators (in Abb. 74 nicht dargestellt) eingestellt werden. Im Inneren der Kammer ist eine Temperatur von 500°C erreichbar,

---

* DGM angemeldet

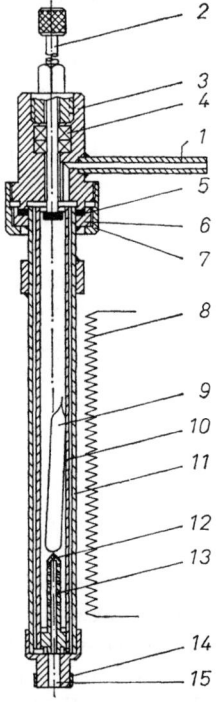

Abb. 74. Schematische Darstellung der Pyrolysekammer

1 Trägergaseingang
2 Beweglicher Stößel zum Zertrümmern der Glasampulle
3 Abschraubbare Verschlußkappe der Pyrolysekammer
4 Weißasbest — Dichtung
5 Klingerit — Dichtung
6 Auflage für die Klingerit-Dichtung
7 Verschlußkappenverschraubung
8 Heizwicklung
9 Glasampulle
10 Herausnehmbare Metallhülse
11 Pyrolysekammer
12 Durchlöcherter Hohldorn zum Zertrümmern der Ampulle
13 Löcher in dem Dorn für den Durchgang des Trägergases
14 Anschlußverschraubung der Pyrolysekammer an den Einspritzblock
15 Trägergasausgang zum Gaschromatographen

bei anderer Heizungsauslegung eine entsprechend höhere Temperatur. Innerhalb des Metallrohres befindet sich eine weitere herausnehmbare Metallhülse (10) mit einem spitzen, herausschraubbaren Hohldorn (12), der mit Löchern versehen ist (13). Die Verbindung zwischen Pyrolysekammer und Einspritzblock des Gaschromatographen ist über eine Verschraubung (14) hergestellt. Die Glasampulle (9) mit der Analysensubstanz kann nach dem Abschrauben der Verschlußkappe (3) in das Innere der Metallhülse (10) gebracht werden. Ein Ende der abgeschmolzenen Glasampulle (9) liegt auf dem spitzen Dorn auf (12). Zentral in der Verschlußkappe (3) ist ein in axialer Richtung beweglicher Stößel (2) angeordnet, der an seinem der Ampulle zugekehrten Ende einen kolbenartigen Stopfen trägt und zum Zertrümmern der Glasampulle (9) dient. Als Dichtungsmaterial zwischen Kolben und Verschlußkappe (3) wird Weißasbest (4) verwendet. Ein Klingeritring (5) dient als Dichtung zwischen Verschlußkappe (3) und Pyrolysekammer (11). In der Verschlußkappe (3) befindet sich weiter die Zuführung des Trägergases (1), das die Pyrolysekammer durch den Stutzen (15) verläßt und gleichzeitig in den Gaschromatographen (siehe Abb. 75) eintritt.

c) Durchführung einer Analyse mit Hilfe der Pyrolysekammer

Die Durchführung einer Analyse mit Hilfe der Pyrolysekammer wird an Hand der Abb. 75 näher erläutert.

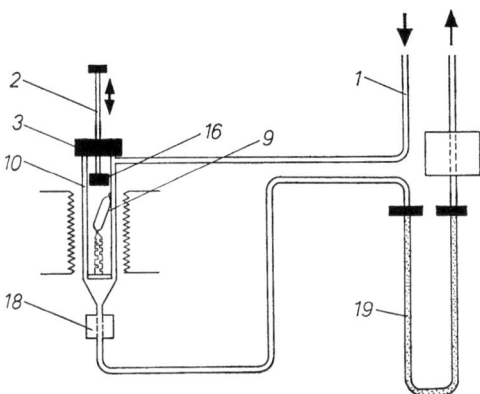

Abb. 75. Schematische Darstellung der Pyrolysekammer im Trägergasstrom eines Gaschromatographen

1 Trägergaszuleitung
2 Beweglicher Stößel zum Zertrümmern der Glasampulle
3 Abschraubbare Verschlußkappe der Pyrolysekammer
9 Glasampulle
10 Herausnehmbare Metallhülse
16 Kolben
18 Einspritzblock
19 Gaschromatographische Trennsäule

Zur Probeneingabe wird die Verschlußkappe (3) der Pyrolysekammer abgeschraubt. Die sich in einer zugeschmolzenen Glasampulle (9) befindliche Analysensubstanz wird in das Innere der Pyrolysekammer gebracht und die Pyrolysekammer wieder verschlossen. Das Trägergas strömt von der Trägergaszuleitung (1) in das Innere der Kammer und verdrängt die darin befindliche Luft; gleichzeitig wird aufgeheizt. Nach Ablauf der Heizzeit wird die Glasampulle durch Eindrücken des Stößels (2) mit dem Kolben (16) zertrümmert. Dabei werden die flüchtigen Bestandteile über den Einspritzblock (18) in die gaschromatographische Trennsäule (19) gespült.

Nach der gaschromatographischen Auftrennung der einzelnen Weichmacher in der Trennsäule wird die Pyrolysekammer geöffnet, um die Glassplitter der Ampulle und die Pyrolyserückstände durch Herausnehmen der Metallhülse (10) zu entfernen. Unmittelbar danach kann eine neue Analysensubstanz eingesetzt werden.

d) Analysenbeispiel (Dibutyladipat und Di-(2-äthylhexyl)-adipat

Abb. 76 zeigt die Bestimmung von Dibutyladipat (b 8) und Di-(2-äthylhexyl)-adipat (b 10) in Celluloseestern.

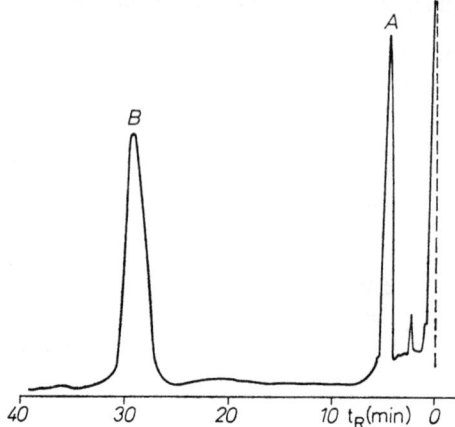

Abb. 76. Gaschromatographische Bestimmung von (A) Dibutyladipat (b 8) und (B) Di-(2-äthylhexyl)-adipat (b 10) in Celluloseestern mit Hilfe der Pyrolysekammer

Arbeitsbedingungen:
1 m Glassäule, innerer Durchmesser: 4 mm; 15% Ultramoll III (a 20) auf Kieselgur (a 17); 210°C; 160 ml He/min.

V. Quantitative Bestimmung monomerer Esterweichmacher in Lebensmitteln

Die zunehmende Verwendung von Kunststoffen für die Lebensmittelverpackung wirft eine Anzahl von Problemen auf. Insbesondere interessiert, ob Kunststoffbestandteile aus dem Verpackungsmaterial in die Lebensmittel gelangen und beim Verbraucher in toxikologischer oder organoleptischer Hinsicht irgendwelche ungünstige Wirkungen haben können. Als Kunststoffbestandteile, die in die Lebensmittel diffundieren können, kommen vor allem Weichmacher, Stabilisatoren, Gleitmittel, Antioxydantien, Reste von Monomeren usw. in Frage. Da Weichmacher von den oben genannten Hilfsstoffen in den Kunststoffen mengenmäßig am stärksten vertreten sind, kommt ihnen besondere Bedeutung zu.

Der Weichmacher in einem Lebensmittel kann als solcher direkt oder über ein Spaltprodukt gaschromatographisch bestimmt werden. Unter der direkten gaschromatographischen Analyse eines Weichmachers verstehen wir ein Verfahren, bei dem der eingeengte, weichmacherhaltige Lebensmittelextrakt ohne vorherige chemische Umwandlung direkt in den Gaschromatographen eingespritzt werden kann, wobei der Weichmacher als solcher aus der gaschromatographischen Trennsäule eluiert und in Form eines Peaks aufgezeichnet wird. Es werden dadurch Substanzverluste, die bei chemischen Reaktionen und bei Extraktionen eines Umsetzungsproduktes auftreten können, vermieden, was die Nachweisgrenze der Weichmacher in Lebensmitteln erhöht. Auch hinsichtlich des Arbeitsaufwandes besitzt die Direktmethode gegenüber der Analyse von Spaltprodukten eines Weichmachers Vorteile.

Die Direktmethode kann vor allem zur Bestimmung relativ niedersiedender Weichmacher, wie z. B. von Dimethylphthalat (b 34), Diäthylphthalat (b 35), Dibutyladipat (b 8) in fast allen Lebensmitteln eingesetzt werden. Für höher siedende Weichmacher, wie z. B. Di-(2-äthylhexyl)-phthalat (b 41) und O-(Acetyl)-citronensäurebutylester (b 30), ist sie nur bei solchen Lebensmitteln anwendbar, die selbst einen geringen Extraktionsanteil aufweisen. Stark fetthaltige Lebensmittel, wie z. B. Wurst, Käse usw. scheiden demnach für die Direktmethode aus. Man wird sich in diesen Fällen der indirekten Methode bedienen. Bei jeder quantitativen Weichmacherbestimmung in Lebensmitteln wird man durch einen Blindversuch feststellen, ob der Peak des Weichmachers bzw. eines Weichmacher-Spaltproduktes durch eine Komponente aus dem Lebensmittel gestört wird.

a) Direkte gaschromatographische Bestimmung von Diäthylphthalat

α) Prinzip und Anwendungsbereich der Methode

Bevor mit der Untersuchung der Lebensmittel begonnen wird, ist die Verpackungsfolie qualitativ auf ihren Weichmachergehalt zu prüfen, um Fehlschlüsse bei der quantitativen Untersuchung zu vermeiden. Hierzu stehen verschiedene Methoden wie z. B. IR-Spektroskopie, Gaschromatographie, Dünnschichtchromatographie und UV-Spektroskopie zur Verfügung. Anschließend wird man den oben erwähnten Blindversuch mit dem jeweiligen Lebensmittel durchführen, um festzustellen, ob eine extrahierbare Komponente aus dem Lebensmittel stört.

Der Weichmacher wird aus dem Lebensmittel mit Methylenchlorid extrahiert. DIEMAIR und PFEILSTICKER [32] bevorzugten als Extraktionsmittel für Weichmacher mit polaren Gruppen Nitromethan. Aus dem Extrakt wird das Lösungsmittel soweit abdestilliert, daß die Lösung in den Gaschromatographen eingespritzt werden kann.

Um Verschmutzung des Einspritzblocks durch mitextrahierte Lebensmittelbestandteile zu vermeiden, wird man vorteilhaft mit einer sogenannten „Vorsäule" arbeiten, die im Handel (a 16) erhältlich ist. In dieser Vorsäule bleiben alle Anteile des Extraktes hängen, die sonst den Einspritzblock verunreinigen oder zusetzen würden.

Nachstehend wird die direkte gaschromatographische Bestimmung von Diäthylphthalat in Lebensmitteln beschrieben [77]. Bei anderen Weichmachern kann analog gearbeitet werden. Diese Methode ist vor allem bei relativ niedersiedenden Weichmachern wie z. B. Dimethylphthalat, Diäthylphthalat, Dibutylphthalat, Dibutyladipat usw. anwendbar, wenn die Lebensmittel gleichzeitig einen nur geringen Extraktionsanteil aufweisen. Voraussetzung ist, daß der Weichmacherpeak durch mitextrahierte Lebensmittelbestandteile nicht gestört wird. Eine Störung tritt im allgemeinen um so weniger auf, je niedriger die Säulentemperatur und je geringer der Extraktionsanteil des Lebensmittels ist.

β) **Isolierung des Weichmachers aus den Lebensmitteln**

Reagentien:
1. *Methylenchlorid*
2. *geglühter Sand*

Arbeitsweise: 50 g Lebensmittel werden in einem Soxhlet-Extraktionsgefäß 8 Stunden mit Methylenchlorid extrahiert. Pulverförmige Lebensmittel, z. B. Mehl, vermischt man vor der Extraktion mit Sand, um ein Zusammenbacken zu vermeiden und eine quantitative Weichmacherextraktion zu erreichen. Der Lebensmittelextrakt wird durch ein Faltenfilter filtriert und mit etwas Methylenchlorid nachgewaschen. Das Methylenchlorid wird in einem möglichst kleinen Kolben bei Wasserstrahlvakuum abdestilliert. Es ist günstig, beim Abdestillieren einen relativ kleinen Kolben (25 ml oder 50 ml) zu verwenden und den Extrakt mittels Tropftrichter in den Destillationskolben zutropfen zu lassen.

γ) **Gaschromatographische Bestimmung von Diäthylphthalat** (b 35)

Geräte und Arbeitsbedingungen:
Gaschromatograph mit Flammenionisationsdetektor
Säulenlänge: 0,5 m; innerer Durchmesser 4 mm. Säulenfüllung: 10% Reoplex (a 17) auf Kieselgur (a 17). Säulentemperatur: 190 °C. Trägergas: Helium. Trägergasströmung: 75 ml He/min. Retentionszeiten: Dibutyladipat 3,4 min.; Diäthylphthalat 4,4 min.

Reagentien:
1. *Methylenchlorid*
2. *Dibutyladipat* (b 8)

Arbeitsweise: Der eingeengte Lebensmittelextrakt (D, V, a, β) wird gegebenenfalls mit Methylenchlorid soweit verdünnt, daß sich die Lösung bequem einspritzen läßt. Die quantitative Auswertung erfolgt mit Dibutyladipat als innerem Standard. Unter den angeführten gaschromatographischen Arbeitsbedingungen erscheint auf dem Fraktogramm das Dibutyladipat vor dem Diäthylphthalat. 10 µl der zu untersuchenden Lösung werden in den Gaschromatographen eingespritzt, um den ungefähren

Gehalt an Diäthylphthalat festzustellen. Einen Richtwert erhält man durch Vergleich mit Diäthylphthalat-Lösungen bekannter Konzentration.

Anschließend wird eine entsprechende Menge an Dibutyladipat, gelöst in Methylenchlorid, als innerer Standard zugewogen. Die Peakflächen von Diäthylphthalat und Dibutyladipat sollen größenordnungsmäßig gleich sein. 5 bis 30 µl der mit innerem Standard versetzten Probelösung werden zur Analyse eingespritzt.

Auswertung: $X = \dfrac{F_x}{F_s} \cdot S \cdot fxs$

X = mg Diäthylphthalat (insgesamt im Extrakt)
S = mg Dibutyladipat (zugewogene Menge innerer Standard)
F_x und F_s = Peakflächen
fxs = gaschromatographischer Faktor (Richtwert 1,0; ist jeweils vor der Durchführung der Analyse mit Hilfe des zu bestimmenden Weichmachers und des inneren Standards zu ermitteln)

Wurden zur Extraktion 50 g Lebensmittel eingesetzt, dann ist der Weichmachergehalt W [ppm = parts per million] im Lebensmittel
$$W = 20 \cdot X \text{ [ppm]}$$

b) Gaschromatographische Bestimmung monomerer Esterweichmacher mit Alkoholkomponenten von C_3–C_8 über die entsprechenden Alkohole

Die direkte Bestimmung von Weichmachern in Lebensmitteln ist nicht immer anwendbar, insbesondere wenn es sich um hochsiedende Weichmacher handelt. In diesen Fällen führt meist die Bestimmung über ein Spaltprodukt zum Ziel. So läßt sich zum Beispiel Di-(2-äthylhexyl)-phthalat nach saurer Verseifung in Methanol über das 2-Äthylhexanol bestimmen; ebenso der O-(Acetyl)-citronensäurebutylester über das Butanol [*78*].

W. PFAB bestimmt die Weichmacher ebenfalls über ihre Alkoholkomponenten nach der alkalischen Verseifung in äthylenglykolischer Kalilauge [*79*]. Der Extraktionsrückstand wird in 2,5 n äthylenglykolischer Kalilauge unter Rückfluß gekocht und anschließend mit Wasser verdünnt. Die Alkoholkomponenten der Weichmacher wie z. B. 2-Äthylhexanol und Butanol werden mit Äther extrahiert und nach dem Abdestillieren des Äthers über eine Kolonne gaschromatographisch bestimmt.

Ein weiteres Verfahren zur Bestimmung monomerer Weichmacher mit Alkoholkomponenten von C_3–C_8 in Lebensmittelextrakten stammt von KELKER und WINTERSCHEIDT [*80*]. Diese universell anwendbare Methode wird im folgenden eingehend beschrieben.

α) Prinzip der Methode

Der quantitativen Bestimmung der Weichmacher in Lebensmitteln geht eine qualitative Prüfung des Weichmachers in der Verpackungsfolie voraus (siehe Abschn. D,V,a,α).

Der Weichmacher wird aus dem Lebensmittel mit Methylenchlorid extrahiert und anschließend das Methylenchlorid aus dem Extrakt abdestilliert. Der Lebensmittelextrakt wird verseift, die Alkoholkomponente des Weichmachers aus der Verseifungslösung durch Wasserdampfdestillation abgetrennt und mittels einer Pentan-Äther-Ausschüttelung aus dem Destillat isoliert. In dem eingeengten Pentan-Äthergemisch bestimmt man den Alkohol gaschromatographisch.

β) Verseifung und Abtrennung der Alkohole

Geräte:

1. *Schliffapparatur* (NS 14,5) mit zwei 250 ml Rundkolben; Claisenaufsatz, 50 ml Tropftrichter, Vorstoß und Kühler
2. *30 cm-Füllkörperkolonne* mit Fraktionieraufsatz und Kühler, Durchmesser der Kolonne ca. 30 mm
3. *Schütteltrichter* (250 ml)
4. *Füllkörper:* V 2A-Netzringe; Durchmesser: ca. 5 mm

Reagentien:

1. *Äthanol 96%ig*, unvergällt
2. *Natronlauge 50%ig*
3. *Salzsäure konz.*
4. *Phenolphthaleinlösung* 0,1%ig in 60%igem Alkohol
5. *NaCl p.a.*
6. *Pentan p.a.*
7. *Diäthyläther p.a.*

Arbeitsweise: Der Extraktionsrückstand von 25 g Lebensmittel (siehe D,V,α,β) wird mit 30 ml unvergälltem Äthanol (96—100%ig), 5 ml Wasser und 7 ml 50%iger wäßriger Natronlauge versetzt und eine Stunde unter leichtem Sieden verseift. Dann gibt man durch einen Tropftrichter 100 ml Wasser und 15 ml konz. Salzsäure zu. Anschließend werden 150 ml Flüssigkeit abdestilliert. Während der Destillation läßt man weitere 80—100 ml Wasser langsam zutropfen. Das Destillat wird mit wenigen Tropfen konz. Natronlauge gegen Phenolphthalein alkalisch gestellt. Dann gibt man 25 g Kochsalz zu und schüttelt dreimal mit 20 ml Pentan aus. Die vereinigten Auszüge werden über eine Rücklaufkolonne mit einem Rücklaufverhältnis von 2:1 auf 50 ml konzentriert.

γ) **Gaschromatographische Bestimmung der Alkohole**

Geräte und Arbeitsbedingungen:
Gaschromatograph mit Flammenionisationsdetektor (a 16, a 24)
Säulenlänge: 1,8 m
Säulenfüllung: 20% Polyglykol P 1000 (a 17) auf Embacel 60—100 mesh (a 17)
Temperatur: 130—180 °C
Trägergas: Stickstoff (oder ein anderes übliches Trägergas)
Reagentien:
Alkohole p.a. als Vergleichssubstanzen entsprechend den Alkoholkomponenten der Weichmacher

Die Auswertung erfolgt über die Peakflächen. Zur Eichung dienen Vergleichslösungen der entsprechenden Alkohole bekannter Konzentration. Aus den Chromatogrammen der Vergleichslösungen lassen sich die Retentionszeiten bzw. Retentionsvolumina der jeweiligen Alkohole entnehmen.

c) **Gaschromatographische Bestimmung von Alkylsulfonsäurephenolestern über die entsprechenden Phenole**

Wegen des hohen Siedepunktes der Alkylsulfonsäurephenolester (b 1) ist eine direkte gaschromatographische Bestimmung dieser Weichmacher in Lebensmitteln schlecht möglich. Sie werden daher über die nach der alkalischen Verseifung freigewordenen Phenolverbindungen (z. B. Phenol und Kresol) gaschromatographisch bestimmt [*81*].

α) **Prinzip der Methode**

Nach der qualitativen Identifizierung wird der Weichmacher aus dem Lebensmittel mit Methylenchlorid extrahiert und letzteres aus dem Extrakt abdestilliert. Der Extraktionsrückstand wird mit äthylenglykolischer KOH verseift und die Verseifungslösung mit HCl angesäuert. Dabei fallen die aus fetthaltigen Lebensmitteln stammenden Fettsäuren aus und können abgetrennt werden. Die in der angesäuerten Lösung gegebenenfalls noch vorhandenen restlichen Fettsäuren werden mit Natriumcarbonat in die entsprechenden Salze übergeführt. Phenole bilden mit Natriumcarbonat keine Salze und können daher mit Äther extrahiert und gaschromatographisch bestimmt werden.

Stark fetthaltige Lebensmittel wie z. B. Margarine und Schokolade werden nicht extrahiert, sondern zusammen mit den enthaltenen Weichmachern mit äthylenglykolischer KOH verseift.

β) **Verseifung und Abtrennung der Phenole**

Geräte:
1. *500 ml Rundkolben mit Rückflußkühler*
2. *Soxhlet-Extraktionsapparat*
3. *Claisenaufsatz*
4. *15 ml Tropftrichter*
5. *Vorstoß und Kühler*
6. *Schütteltrichter, 1 l*
7. *30 cm Füllkörperkolonne* mit Fraktionieraufsatz und Kühler, Durchmesser der Kolonne ca. 30 mm
8. *Füllkörper:* V2A-Netzringe, Durchmesser ca. 5 mm
9. *Zentrifuge*

Reagentien:
1. *5 n äthylenglykolische KOH*
2. *p-tert.- Butylphenol*
3. *5 n HCl*
4. *Natriumcarbonat*
5. *Äther, peroxidfrei*
6. *Natriumsulfat*, wasserfrei

Arbeitsweise: Der Extraktionsrückstand (siehe D,V,a,β) von 50 g Lebensmitteln wird in einem 500 ml Rundkolben mit aufgesetztem Rückflußkühler mit 120 ml einer 5 n äthylenglykolischen KOH 6 Stunden auf 150°C gehalten. Man fügt 200 ml Wasser hinzu und säuert die Lösung durch Zugabe von 5 n HCl unter Eiskühlung an. Vorhandene Fettsäuren fallen dabei aus und werden nach 6-stündigem Stehenlassen abzentrifugiert. Die nun klare Lösung wird mit etwa 25 g Natriumcarbonat vorsichtig unter Rühren und Eiskühlung alkalisch gestellt. Eine Erwärmung der Lösung beim Neutralisieren ist wegen der Wasserdampfflüchtigkeit der Phenole auf jeden Fall zu vermeiden. Bei einer Abscheidung von Naturstoffen wird das Ganze nochmals zentrifugiert und die Lösung 5 mal mit je 50 ml peroxidfreiem Äther ausgeschüttelt. Die vereinigten Ätherextrakte werden mit Natriumsulfat getrocknet, von diesem abgetrennt und in einer Kolonne mit einem Rücklaufverhältnis von 5:1 auf 2 bis 5 ml eingeengt. Etwa 10 bis 20 µl dieser Lösung werden in den Gaschromatographen eingespritzt.

Es ist darauf zu achten, daß vor der Zugabe des inneren Standards (siehe weiter unten) möglichst wenig von der Analysenlösung verbraucht wird, da jeder Verlust bei der späteren quantitativen Bestimmung mit innerem Standard als Fehler eingeht.

Um die ungefähre Menge des in der Verseifungslösung vorhandenen Phenols bzw. Phenolderivats zu ermitteln, stellt man ätherische Lösungen bekannter Konzentration von Phenol her und chromatographiert sie unter denselben Bedingungen wie die Analysenlösung. Nun gibt man der Analysenlösung eine genau gewogene Menge p-tert.-Butylphenol als inneren Standard zu. Die Menge innerer Standard sollte in der gleichen Größenordnung liegen wie die Menge Phenol bzw. Phenolderivat.

Die Eichung auf den inneren Standard erfolgt durch Ermittlung des gaschromatographischen und chemischen Faktors f (siehe folgenden Abschn. γ).

γ) **Gaschromatographische Bestimmung der Phenole**

Geräte und Arbeitsbedingungen:
Gaschromatograph (a 16)
Säule: 2 m Glassäule mit einem inneren Durchmesser von 4 mm
Säulenfüllung: 10% einer Mischung von Resoflex LAC-2R-446 (a 22) und Trimer Acid (a 23) (Verhältnis 4:1) auf Kieselgur (a 17) (0,1—0,3 mm)
Säulentemperatur: 160 °C
Trägergas: Helium
Strömung: 32 ml He/min
Detektor: Flammenionisationsdetektor
Einspritzmenge: 5—30 µl

Retentionszeiten: Phenol 6 min
Kresol 8 min
p-tert.-Butylphenol 16 min

Auswertung: $X = \dfrac{F_x}{F_s} \cdot S \cdot f$

X = mg Alkylsulfonsäurephenylester
S = mg p-tert.-Butylphenol (Menge innerer Standard)
F_x und F_s = Peakflächen
f = gaschromatographischer und chemischer Faktor; ist vor der Durchführung der Analyse für die einzelnen Lebensmittel jeweils zu bestimmen.

Wurden zur Extraktion wie oben 50 g Lebensmittel eingesetzt, dann ist der Weichmachergehalt W [ppm] im Lebensmittel:

$$W = 20 \cdot X$$

Bestimmung des Faktors f: Zu 50 g des betreffenden weichmacherfreien Lebensmittels werden ca. 5 bis 10 mg Weichmacher genau zugewogen. Diese Mischung wird, wie in obiger Analysenvorschrift angegeben extrahiert, verseift (bzw. ohne Extraktion direkt verseift) und aufgearbeitet. Die Ermittlung des ungefähren Weichmachergehalts in der aufgearbeiteten Verseifungslösung entfällt hier selbstverständlich, da der Weichmachergehalt durch Einwaage genau bekannt ist. Zu dem auf 2 bis

5 ml eingeengten Weichmacherextrakt wiegt man ca. 5 bis 10 mg p-tert.-Butylphenol als inneren Standard genau zu. 10 bis 30 µl dieser Lösung werden in den Gaschromatographen eingespritzt. Durch einfaches Umformen obiger Gleichung erhält man für den Faktor f

$$f = \frac{X}{S} \cdot \frac{F_s}{F_x}$$

wobei jetzt alle Größen außer f bekannt sind.

Der Faktor f ist nicht ganz unabhängig von der Weichmacherkonzentration im Lebensmittel. Die bei der Bestimmung des Faktors verwendete Weichmachermenge sollte daher nicht allzuviel von der in der Analysenprobe vorhandenen Weichmachermenge abweichen. Gegebenenfalls sollte die Faktorbestimmung mit einer entsprechend geänderten Weichmachermenge nach der eigentlichen Analyse wiederholt werden.

VI. Tabellen zur Gaschromatographie

Tabelle 11. *Relative Retentionsvolumina* ($V_{R\ rel.}$) *unter verschiedenen gaschromatographischen Arbeitsbedingungen* (*Bedg.*)

Die mit * bezeichneten Retentionsvolumina wurden willkürlich gleich 1,00 gesetzt.

	$V_{R\ rel.}$ bei Bedg. 1	$V_{R\ rel.}$ bei Bedg. 2
Methanol	1,00	4,79
Essigsäuremethylester	1,00*	1,00*
Propionsäuremethylester	2,00	1,50
Buttersäuremethylester	3,78	2,31
2-Äthylbuttersäuremethylester	7,98	3,84

	$V_{R\ rel.}$ bei Bedg. 3
2-Äthylhexansäuremethylester	0,46
Caprylsäuremethylester	1,00*
Pelargonsäuremethylester	1,92
Benzoesäuremethylester	2,46
Caprinsäuremethylester	3,68
Laurinsäuremethylester	13,70

	$V_{R\ rel.}$ bei Bedg. 4	$V_{R\ rel.}$ bei Bedg. 8
Adipinsäuredimethylester	0,86	0,91
Laurinsäuremethylester	1,00*	1,00*
Myristinsäuremethylester	2,43	1,43
Azelainsäuredimethylester	3,29	1,57

Tabelle 11 (Fortsetzung)

	$V_{R\ rel.}$ bei Bedg. 4	$V_{R\ rel.}$ bei Bedg. 8
Phthalsäuredimethylester	4,36	1,74
Sebacinsäuredimethylester	5,13	1,78
Palmitinsäuremethylester	5,78	1,83
Citronensäuretrimethylester	7,06	1,97
Stearinsäuremethylester	14,13	2,24
Ölsäuremethylester	14,13	2,24
Linolsäuremethylester	16,42	2,31
Linolensäuremethylester	20,63	2,40
Ricinolsäuremethylester	36,55	2,81

	$V_{R\ rel.}$ bei Bedg. 28	$V_{R\ rel.}$ bei Bedg. 29	$V_{R\ rel.}$ bei Bedg. 26	$V_{R\ rel.}$ bei Bedg. 27
Dimethylphthalat	0,73		0,80	
Diäthylphthalat	1,00*		1,00*	
Dibutylphthalat	3,11	0,40	2,95	1,00*
Di-(methoxyäthyl)-phthalat		1,00*		3,50
Di-(2-äthylhexyl)-phthalat		1,60		3,50
Benzylbutylphthalat		2,52		–,–
Di-(i-nonyl)-phthalat		2,96		4,78
Di-(methylcyclohexyl)-phthalat		2,96		7,50
Dibenzylphthalat		14,40		

	$V_{R\ rel.}$ bei Bedg. 12
Äthylenglykol	1,00*
Butandiol-2,3	1,00*
Butandiol-1,3	1,91
Butandiol-1,4	3,72
Diäthylenglykol	4,18
Glyzerin	11,63
Triäthylenglykol	17,80

	$V_{R\ rel.}$ bei Bedg. 15	$V_{R\ rel.}$ bei Bedg. 14
Glycerintriacetat	1,00*	1,00*
Glycerindiacetat	1,65	1,21
Glycerinmonoacetat	1,96	1,43

	$V_{R\ rel.}$ bei Bedg. 31	$V_{R\ rel.}$ bei Bedg. 32
Tributylphosphat	0.13	0,12
Tri-(2-äthylhexyl)-phosphat	1,00*	1,00*
Tri-(chloräthyl)-phosphat	1,00	1,82
Di-(phenyl)-2-äthylhexyl)-phosphat	5,46	10,00
Triphenylphosphat	5,46	10,00
Di-(phenyl)-kresyl-phosphat	mehrere Peaks	

Tabelle 11 (Fortsetzung)

	V_R rel. bei Bedg. 13
Phenol	1,00*
o-Kresol	1,15
m- und p-Kresol	1,54
Xylenol	2,52

	V_R rel. bei Bedg. 20	V_R rel. bei Bedg. 21
Dibutyladipat	0,16	0,19
Di-(2-äthylhexyl)-adipat	1,00*	1,00*
Di-(i-nonyl)-adipat	1,15, *1,35*, 1,72	1,31
Dinonyladipat	1,35, *1,78*, 2,31	1,31, *1,76*, 2,33
Dibutylazelat	0,41	0,47
Di-(2-äthylbutyl)-azelat	1,00*	1,00*
Dihexylazelat	1,43	1,39
Di-(2-äthylhexyl)-azelat	2,56	2,34

	V_R rel. bei Bedg. 22
Benzylbutyladipat	0,07, 1,00* 4,13
Benzyl-(2-äthylhexyl)-adipat	0,29, 1,00 4,13

	V_R rel. bei Bedg. 24	V_R rel. bei Bedg. 30	V_R rel. bei Bedg. 25	V_R rel. bei Bedg. 23
O-(Acetyl)-citronensäuretriäthylester	1,00	1,00	1,00	
Citronensäuretriäthylester	1,00*	1,00*	1,00*	
O-(Acetyl)-citronensäuretributylester	3,29	5,28	1,49	
Citronensäuretributylester	3,57	5,28	1,56	
O-(Acetyl)-citronensäuretri-(2-äthylhexyl)-ester	23,80		2,29	
Dimethylsebacat	1,00		0,84	0,75
Diäthylsebacat	1,00*		1,00*	1,00*
Dibutylsebacat	3,29		1,39	3,33
Di-(2-äthylhexyl)-sebacat	17,28		2,06	18,83
Dibenzylsebacat			2,30	

Tabelle 11 (Fortsetzung)

	V_R rel. bei Bedg. 6	V_R rel. bei Bedg. 7
Dimethyladipat	0,35	0,33
Dimethylazelat	1,00*	1,00*
Dimethylsebacat	1,42	2,04
Dimethylphthalat	1,70	1,73
Trimethylcitrat	2,95	2,82

	V_R rel. bei Bedg. 18
Salizylsäurephenylester	1,00*
Resorcinmonobenzoat	12,00

	V_R rel. bei Bedg. 19
Benzoesäuremethylester	0,59
Salizylsäuremethylester	1,00*
Phenol	1,59

	V_R rel. bei Bedg. 33
Dibutyladipat	1,00*
Di-(2-äthylhexyl)-adipat	6,35

	V_R rel. bei Bedg. 9	V_R rel. bei Bedg. 10	V_R rel. bei Bedg. 11
Methanol	1,00		0,79
Äthanol	1,00*		1,00*
Propanol	2,25		1,57
n-Butanol	2,75		2,50
Glykolmonomethyläther	3,75		3,29
Glykolmonoäthyläther	4,63		3,86
Glykolmonopropyläther	7,00		5,28
n-Hexanol	8,50		6,00
Glykolmonobutyläther	11,62		7,50
Methylcyclohexanol	15,23		7,78
n-Heptanol	15,23		7,78
2-Äthylhexanol	18,75		9,43
i-Nonylalkohol	21,15	0,81	10,00
n-Oktanol		1,00*	11,22
Glykol		1,50	13,62
i-Dekanol		1,72 2,05	14,95
n-Dekanol		2,66	17,29
Benzylalkohol		4,67	20,70

Gaschromatographische Analyse

Tabelle 12. *Gaschromatographische Arbeitsbedingungen* (*Bedg.*)

Erklärung der in Tabelle 12 benutzten Abkürzungen

Spalte	Abkürzungen	Bedeutung
a	F 6	Fraktometer F **6** der Firma Perkin Elmer, Bodenseewerk, Überlingen (a 16)
	F 116 E	Fraktometer **116 E** der Firma Perkin Elmer, Bodenseewerk, Überlingen (a 16)
	F & M	**F & M** Research Chromatograph Modell 810 (a 24)
b	15% U III auf KG	*15%* **Ultramoll III** (a 20) auf **Kieselgur** (a 17) (0,2 – 0,3 mm)
	P 200	Polyglykol **P 200** (a 20)
	P 2000	Polyglykol **P 2000** (a 17)
	LAC	Resoflex **LAC**-2R-446 (a 22)
	R 400	**R**eoplex **400** (a 17)
	E 1040	**E**mpol **1040** Trimer Acid (a 23)
	GE SE 30	Silikongummi **GE SE 30** (a 24)
	Chr	**Chr**omosorb (a 18)
c	1, G	**1** m, **G**lasrohr
	V2A	**V2A**-Stahlrohr
	Cu	**Ku**pferrohr
e	140–350(15)	Säulentemperaturintervall **140-350**°C; Anstiegsrate der Temperatur: **15**°**C**/min
f	He	**He**lium

	a	b	c	d	e	f	g
	Gerät	Säulenfüllung	Säulenlänge Säulenmaterial	Säulendurch- messer (innen)	Säulen- temperatur	Trägergas	Trägergas- strömung
Dimension			m	mm	°C, (°C/min)		ml/min
Bedg. 1	F 116 E	15% U III auf KG	3, G	4	70	He	40
Bedg. 2	F 116 E	30% P 200 auf KG	3, G	4	70	He	54
Bedg. 3	F 116 E	15% U III auf KG	1, G	4	80	He	176
Bedg. 4	F 116 E	15% U III auf KG	1, G	4	160	He	244
Bedg. 5	F & M	15% U III auf KG	1, V2A	4	170	He	115
Bedg. 6	F 116 E	10% LAC auf KG	1, G	4	160	He	160

Tabelle 12 (Fortsetzung)

	a	b	c	d	e	f	g
	Gerät	Säulenfüllung	Säulenlänge Säulenmaterial	Säulendurchmesser (innen)	Säulentemperatur	Trägergas	Trägergasströmung
Dimension			m	mm	°C, (°C/min)		ml/min
Bedg. 7	F 116 E	15% U III auf KG	1, G	4	160	He	200
Bedg. 8	F & M	15% U III auf KG	1, V2A	4	100–200,(4)	He	115
Bedg. 9	F 116 E	10% R 400 auf KG	2, G	4	90	He	40
Bedg. 10	F 116 E	10% R 400 auf KG	2, G	4	140	He	62
Bedg. 11	F 6	10% R 400 auf KG	2, G	4	80–160,(1,25)	He	42
Bedg. 12	F 6	10% P 2000 auf KG	0,3, G	4	130	He	60
Bedg. 13	F 116 E	10% E 1040 auf KG	2, G	4	160	He	82
Bedg. 14	F 116 E	20% P 2000 auf KG	2, G	4	160	He	116
Bedg. 15	F 116 E	10% LAC auf KG	2, G	4	170	He	90
Bedg. 16	F 116 E	15% U III auf KG	0,5, G	4	230	He	220
Bedg. 17	F 116 E	10% LAC auf KG	0,3 Cu	4	180	He	90
Bedg. 18	F 116 E	10% LAC auf KG	0,3 Cu	4	236	He	90
Bedg. 19	F 116 E	10% R 400 auf KG	1, G	4	160	He	40
Bedg. 20	F 116 E	15% U III auf KG	1, G	4	240	He	196
Bedg. 21	F 116 E	10% LAC auf KG	1, G	4	220	He	160
Bedg. 22	F 116 E	10% LAC auf KG	0,5, V2A	3	230	He	48
Bedg. 23	F 116 E	15% U III auf KG	1, G	4	240	He	208
Bedg. 24	F 116 E	10% LAC auf KG	0,5, G	4	230	He	116
Bedg. 25	F & M	5% GE SE30 auf KG	1,2, V2A	4	140–350,(15)	He	100
Bedg. 26	F 116 E	10% LAC auf KG	0,5, Cu	4	190	He	75

9*

Tabelle 12 (Fortsetzung)

Dimension	a Gerät	b Säulenfüllung	c Säulenlänge Säulenmaterial m	d Säulendurch- messer (innen) mm	e Säulen- temperatur °C,(°C/min)	f Trägergas	g Trägergas- strömung ml/min
Bedg. 27	F 116 E	10% LAC auf KG	0,5, Cu	4	230	He	120
Bedg. 28	F 116 E	15% U III auf KG	1, G	4	190	He	150
Bedg. 29	F 116 E	15% U III auf KG	1, G	4	230	He	170
Bedg. 30	F 116 E	15% U III auf KG	1, G	4	220	He	208
Bedg. 31	F 116 E	15% U III auf KG	0,5, G	4	230	He	190
Bedg. 32	F 116 E	10% LAC auf KG	0,5, V2A	3	230	He	52
Bedg. 33	F 116 E	15% U III auf KG	1, G	4	210	He	160
Bedg. 34	F 6	15% U III auf KG	0,3, G	4	200	He	100

E. Infrarotspektroskopische Analyse

I. Apparatives

Die Infrarotspektroskopie (kurz IR-Spektroskopie) hat sich bei der Weichmacheranalyse als schnelles und informationsreiches Hilfsmittel bewährt [*18, 21, 82, 83, 84*]. Ein gewisser Nachteil sind die relativ hohen Gerätekosten. Die Zahl der auf dem Markte befindlichen IR-Spektrometertypen ist recht groß (a 16, a 25, a 26). Der grundsätzliche Aufbau ist bei allen Geräten ähnlich. Abb. 77 zeigt den prinzipiellen Aufbau eines Zweistrahlgerätes.

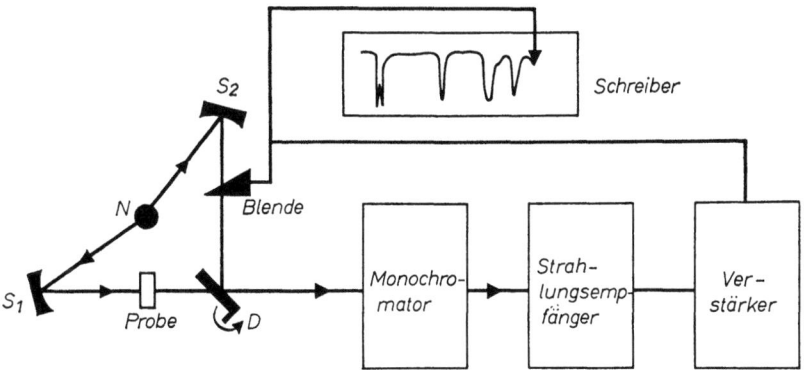

Abb. 77. Schema eines Zweistrahl-Infrarot-Spektrometers

Von der Strahlungsquelle N werden mit Hilfe der Spiegel S_1 und S_2 zwei gleichwertige Strahlenbündel abgezweigt, die beide in den Eintrittsspalt des Monochromators geleitet werden. Das Meßstrahlenbündel wird durch die zu untersuchende Probe geschickt und erfährt dabei eine wellenlängenabhängige Schwächung, die durch das Absorptionsverhalten der Probe verursacht wird. Das Vergleichsstrahlenbündel passiert eine regelbare Blende. Durch den rotierenden Halbspiegel D werden die beiden Strahlenbündel abwechselnd in den Monochromator geleitet, in dem mit einem NaCl-Prisma oder einem Beugungsgitter die spektrale Zerlegung der Strahlenbündel vollzogen wird. Ein hinter dem Austrittsspalt des Monochromators befindlicher Strahlungsempfänger vergleicht nacheinander in allen zugänglichen Wellenlängenbereichen die Intensität des geschwächten Meßstrahls mit der des Vergleichsstrahls. Durch die verstärkten zugehörigen elektrischen Signale wird die regelbare Blende so weit geschlossen, bis Intensitätsgleichheit zwischen Meß- und Vergleichsstrahl besteht. Die Blende ist mechanisch derart mit dem Schreiber gekoppelt, daß dieser die prozentuale Absorption (oder Durchlässigkeit = 100%—Absorption) der Probe in Abhängigkeit von der Wellenlänge aufzeichnet. Die im so registrierten IR-Spektrum auftretenden mehr oder weniger breiten Absorptionsbereiche nennt man Banden. Ihre Lage wird durch die zum Maximum gehörige Wellenlänge λ in μ oder durch die Wellenzahl ν in cm^{-1} angegeben. $1\,\mu = 10^{-4}$ cm. Der Zusammenhang zwischen ν und λ wird durch die Beziehung

$$\nu\,[cm^{-1}] = \frac{1}{\lambda\,[cm]} = \frac{10000}{\lambda\,[\mu]}$$

gegeben.

IR-Spektrometer mit einem NaCl-Prisma als Monochromator erfassen den Bereich von 2—15 μ. Bei 15 μ beginnt die Eigenabsorption des NaCl. Die Großgeräte mit NaCl-Prisma der verschiedenen Herstellerfirmen schöpfen die Möglichkeiten der IR-Spektroskopie bei der Weichmacheranalyse und ähnlichen Routineuntersuchungen voll aus. In neuerer Zeit werden immer häufiger Gitter als Monochromatoren verwendet. Gitterspektrometer haben zwar ein höheres Auflösungsvermögen und einen größeren zugänglichen Wellenbereich, sind aber beträchtlich teurer als Prismengeräte und geben bei der Weichmacheranalyse kaum zusätzliche Informationen.

Eine noch eingehendere Beschreibung der Grundlagen und praktischen Methoden würde über den Rahmen dieses Buches hinausgehen. Dem interessierten Leser stehen eine Reihe geeigneter Lehrbücher zur Verfügung [85—87].

II. Probenvorbereitung

Die Aufnahmetechnik ist besonders bei Flüssigkeiten sehr einfach. Man bringt einen Tropfen der Substanz auf eine NaCl-Scheibe. Darauf preßt man mit leichtem Druck eine zweite Scheibe, so daß sich der Tropfen als kapillarer Film von ca. 0,01 mm Dicke zwischen den Scheiben ausbreitet. Zweckmäßig bringt man beide Scheiben in eine verschraubbare Halterung, in der man durch mehr oder weniger starkes Anziehen der Schrauben den Druck zweier Gummiringe auf die Scheiben und damit die Schichtdicke der Substanz verändern kann. Eine geeignete Schichtdicke ist erreicht, wenn die stärksten Banden im Spektrum 80—90% Absorption (bzw. 20—10% Durchlässigkeit) zeigen. Bei Festsubstanzen werden ca. 2 mg Substanz mit 1 g KBr im Mörser innig verrieben und in einer hydraulischen Handpresse zu einer durchsichtigen Platte gepreßt, die spektroskopiert wird. KBr ist bis zu einer Wellenlänge von ca. 30 µ durchlässig.

Man kann Festkörper auch in Lösung aufnehmen. Sofern die Eigenabsorptionen des Lösungsmittels schwach sind, kann man sie durch Einbringen des reinen Lösungsmittels in gleicher Schichtdicke in den Vergleichsstrahlengang kompensieren. Zur exakten Kompensation ist allerdings eine teure Küvette mit veränderlicher Schichtdicke erforderlich. Für starke Banden des Lösungsmittels ist die Kompensation nutzlos, das IR-Gerät ist an diesen Stellen „tot".

Bei Substanzgemischen kann man die IR-Spektroskopie auch zur quantitativen Analyse benutzen, da der Absorptionswert einer Bande bei gegebener Schichtdicke von der Konzentration der zugehörigen Substanz abhängig ist. Die zur quantitativen Analyse herangezogenen Banden einer Substanz sollen möglichst wenig von Absorptionen der übrigen Komponenten des Gemisches beeinflußt werden.

III. IR-Spektrum und Konstitution

Das Aussehen eines IR-Spektrums — Lage, Form und Intensität der Banden — ist abhängig von der Konstitution der absorbierenden Substanz. Jedes Molekül stellt ein schwingungsfähiges Gebilde dar, das eine bestimmte Anzahl von Eigenschwingungen hat, deren Frequenzen von den Atommassen, den Bindungsstärken und dem räumlichen Aufbau des Moleküls bestimmt werden. Die Moleküle können die zur Anregung dieser Schwingungen nötige Energie durch Absorption von Licht gleicher Frequenz aufnehmen. Aufgrund dieser Vorstellungen kann man prinzipiell die Lage der IR-Banden einer Substanz berechnen. Der mathematische Aufwand ist allerdings sehr groß. Der praktisch arbeitende IR-Spektroskopiker zieht daher meist die Spektren bekannter Verbindungen zum Vergleich heran und stützt sich auf Erfahrungen, die über die Absorptionslagen bestimmter funktioneller Gruppen gewonnen wurden.

Es gibt kaum zwei chemisch verschiedene Substanzen, die ein völlig gleiches IR-Spektrum liefern. Somit ist das IR-Spektrum einer Substanz gewissermaßen ihr „Fingerabdruck" und kann zu ihrer Identifizierung benutzt werden. Diese Identifizierung hat in den meisten Fällen einen hohen Grad an Sicherheit. Es gibt allerdings eine Reihe von Verbindungen, die wegen ihrer chemischen Verwandtschaft oder seltener auch zufällig sehr ähnliche IR-Spektren haben. Solange diese Substanzen rein vorliegen, kann man meist durch Beachtung auch der kleineren Unterschiede in den Spektren eine eindeutige Entscheidung treffen. Sind solche

Substanzen aber verunreinigt oder liegen sie gar in Gemischen vor, so sind die feineren Unterschiede im Spektrum häufig nicht mehr erkennbar. In solchen Fällen müssen andere Analysenmethoden zur Ergänzung herangezogen werden.

Auch bei den Weichmachern, die zum großen Teil Carbonsäureester sind, gibt es eine Reihe von Typen, die im IR-Spektrum sehr ähnlich sind. Ihre Identifizierung kann daher nicht anders vorgenommen werden, als durch gründlichen Vergleich des Spektrums des unbekannten Weichmachers mit der möglichst vollständigen Sammlung bekannter Weichmacherspektren. Ein System läßt sich für diese Analysenmethode kaum angeben. Zweckmäßig ordnet man die Vergleichsspektren zunächst in die größeren Gruppen: aromatische Carbonsäureester, aliphatische Monocarbonsäureester, aliphatische Di- und Polycarbonsäureester, übrige Ester und andere Weichmachertypen ein. Innerhalb dieser Gruppen faßt man dann wieder die zu einer Säure gehörigen Weichmacher etwa nach steigender C-Zahl des Alkohols zusammen.

Es lassen sich nur wenige allgemeine Merkmale angeben, die darauf hinweisen, in welcher Gruppe ein unbekannter Weichmacher zu suchen ist. Carbonsäureester unterscheiden sich von allen anderen Weichmachertypen durch eine starke Bande um 5,8 μ, die auf die Schwingung der Carbonylgruppe zurückzuführen ist. In den Spektren aliphatischer Weichmacher ist der Bereich von 6 bis 6,7 μ frei von Absorptionsbanden. Weichmacher mit aromatischen Gruppen zeigen hier spitze Banden, die von den $C = C$-Bindungen im Ring verursacht werden. Aromatische Gruppen rufen auch stärkere Absorptionen im Bereich von 12 bis 15 μ hervor, während aliphatische Substanzen hier im allgemeinen nur schwache Banden zeigen.

Den Anteil aliphatischer Gruppen am Molekül kann man an der Intensität einer Bande bei 3,4 μ abschätzen. Diese Bande wird durch Schwingungen der CH-Bindungen in den Alkylgruppen verursacht. Da die Intensität einer Absorptionsbande aber auch von der Schichtdicke der Substanz abhängt, die bei den üblichen qualitativen IR-Aufnahmen mit kapillarem Film für verschiedene Spektren sehr unterschiedlich sein kann, zieht man eine geeignete Bezugsbande zum Vergleich heran. Will man z. B. die Intensitäten der CH-Banden bei 3,4 μ in den Spektren der Carbonsäureester vergleichen, so kann man sie auf die Intensität der Carbonylbande bei 5,8 μ beziehen. Die relative Intensität der CH-Bande kann bei der Weichmacheranalyse den Kreis der in Frage kommenden Typen einengen. Wenn in dem IR-Spektrum eines unbekannten Weichmachers die CH-Bande bei 3,4 μ verglichen mit der Carbonylbande bei 5,8 μ nur schwach ist, so kann nicht der Ester einer langkettigen Fettsäure vorliegen.

Beim Vergleich von Spektren mit unterschiedlicher Schichtdicke ist allerdings zu beachten, daß die prozentuale Durchlässigkeit D nicht proportional mit zunehmender Schichtdicke abnimmt. Vielmehr gilt nach Lambert-Beer:

$$\log \frac{100}{D} = E = \varepsilon \cdot c \cdot d$$

Danach ist die Extinktion E eine lineare Funktion der Schichtdicke d. Der molare Extinktionskoeffizient ε ist eine Stoffkonstante. c ist die Konzentration in Mol/l. Weiter gilt für die Beziehung zwischen prozentualer Durchlässigkeit D und prozentualer Absorption A: D = 100—A. Das folgende Diagramm veranschaulicht den Zusammenhang zwischen der Absorption und der Extinktion.

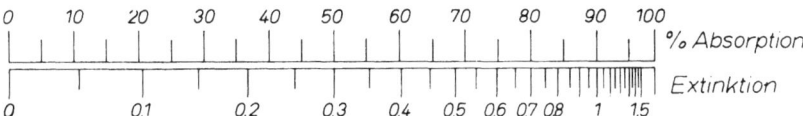

Hat z. B. eine Bande in einem Spektrum eine Absorption von 50%, so ist die Extinktion 0,3. Verdopplung der Schichtdicke verdoppelt nach obiger Formel die Extinktion auf 0,6. Hierzu gehört nach dem Diagramm eine Absorption von 75%. Eine Bande mit der Absorption 90% (Extinktion 1) steigt bei Verdopplung der Schichtdicke (Extinktion 2) nicht mehr so stark an. Sie erhöht ihre Absorption auf 99%.

IV. Die IR-Spektren der Weichmacher

Im folgenden sind die IR-Spektren mehrerer Weichmacher wiedergegeben. Die Ordinate gibt die prozentuale Durchlässigkeit an. Eine eingehende Beschreibung jedes einzelnen Spektrums erübrigt sich, da der Leser bei der Identifizierung eines unbekannten Weichmachers nicht den beschreibenden Text, sondern die Vergleichsspektren zur Hand nehmen wird. Es wird daher nur an geeigneter Stelle auf einige allgemeine Be sonderheiten hingewiesen, die dem Anfänger auf diesem Gebiet die Identifizierung erleichtern.

a) Phthalsäureester
(siehe Abb. 78 bis Abb. 90 auf S. 142 bis 146)

Die IR-Spektren der Phthalsäureester sind so charakteristisch, daß sie leicht von denen anderer Weichmacher zu unterscheiden sind. Dem geübten Betrachter fallen sofort die typischen Banden bei 7,8 µ, 8,9 µ und 13,4 µ, sowie die Doppelspitze bei 6,3 µ auf. Mit zunehmender C-Zahl der aliphatischen Alkoholkomponente steigt die relative Intensität der CH-Bande bei 3,4 µ an. Man bezieht die Intensität dieser Bande zweckmäßig auf eine der oben aufgezählten charakteristischen Banden des Phthalsäuregerüsts. Dimethylphthalat erkennt man außer an der geringen CH-Absorption vor allen Dingen an der typischen Bande bei 6,95 µ. Für Diäthylphthalat sind u. a. die beiden Banden bei 7,2 µ und 7,3 µ charakteristisch. Daß man neben der Lage auch sorgfältig die Form und Intensitätsverhältnisse der Banden berücksichtigen muß, beweist ein Blick auf das Spektrum des Diisononylphthalats. Auch hier sind zwei Banden bei 7,2 µ und 7,3 µ. Die Form und das Intensitätsverhältnis gestatten aber eine Unterscheidung vom Diäthylphthalat. Selbst wenn schon einige wenige Banden einen Weichmacher zu identifizieren scheinen, sollte man es nicht unterlassen, das gesamte Spektrum auf Übereinstimmung mit dem Vergleichsspektrum zu prüfen.

Dibutyl- und Diisobutylphthalat zeigen charakteristische Absorptionsbanden zwischen 10 µ und 11 µ. Benzylbutylphthalat hat bei 14,35 µ eine Bande, die etwa intensitätsgleich mit der Bande bei 13,5 µ ist.

Bei den Estern mit höheren Alkoholen werden die Unterschiede in den IR-Spektren immer geringer. Das gilt nicht nur für Phthalate, sondern auch für andere Ester. Di-(2-äthylhexyl)-phthalat zeigt noch typische Bandenformen bei 3,4 µ und zwischen 10 µ und 11 µ. Auch Dinonyl- und Diisononylphthalat haben an den Bandenformen um 7,3 µ noch deutlich erkennbare Unterschiede untereinander und gegenüber anderen Phthalaten. Diisodecyl- und Diisotridecylphthalat dagegen sind im IR-Spektrum identisch. Lediglich im Intensitätsverhältnis der CH-Bande auf 3,4 µ und der C = O-Bande auf 5,8 µ ist ein kleiner Unterschied feststellbar. Es ist aber riskant, allein hierauf eine Identifizierung zu gründen.

Im Anschluß an die Phthalsäureester ist ein Spektrum des Diäthylenglykoldibenzoats wiedergegeben. Bei nur flüchtiger Betrachtung könnte man das Spektrum einem Phthalat zuschreiben. Genauere Betrachtung zeigt aber z. B. das Fehlen der charakteristischen Bande bei 13,4 µ, sowie die Verschiebung der bei Phthalaten auf 8,9 µ befindlichen Bande nach 9 µ.

b) Aliphatische Monocarbonsäureester

(siehe Abb. 91 bis Abb. 94 auf S. 146 und 147)

Weichmacher aus der Reihe der aliphatischen Monocarbonsäurerester zeichnen sich sich durch große Ähnlichkeit im IR-Spektrum aus. Häufig ist eine Unterscheidung nicht möglich, so daß man nur die allgemeine Aussage „Ester einer höheren Fettsäure" machen kann. Das Spektrum des

Octylstearats ist als Vertreter dieser Gruppe aufgeführt. Erst die Einführung charakteristischer Gruppen verändert die Spektren so, daß erkennbare Unterschiede auftreten. Im Spektrum des epoxidierten Ricinusöls tritt eine neue Bande um 12 µ auf, die man auch in anderen epoxidierten Ölen findet. O-(Acetyl)-ricinolsäurebutylester zeigt durch die Acetylgruppe zwei auffallende Banden bei 8,0 µ und 9,8 µ. Triäthylenglykoldicaprylat hat eine starke Bande auf 9 µ, die durch die Äthergruppen des Triäthylenglykols verursacht wird.

Einfache Fettsäureester haben im IR-Spektrum auch Ähnlichkeit mit den aliphatischen Dicarbonsäureestern. Doch fehlt letzteren meist die schwache bis mittlere Bande auf 9,0 µ.

c) Adipinsäureester
(siehe Abb. 95 bis Abb. 101 auf S. 147 bis 149)

Adipinsäureester sind erkennbar an der Form der breiten Bande zwischen 7,5 µ und 9 µ. Typisch sind besonders die kleinen Spitzen bzw. Schultern bei 7,6 µ, 7,8 µ und 8,7 µ. Ferner haben alle Adipate eine mittlere Bande bei 9,3 µ.

Die Betrachtung der Spektren zeigt, daß die verschiedenen Adipate deutlich erkennbare Unterschiede aufweisen, die eine sichere Identifizierung erlauben. Im Benzylbutyladipat und Benzyloctyladipat zeigt sich die aromatische Komponente durch ihre spitze Bande bei 6,7 µ und die starken Banden im Bereich von 13 µ bis 14,5 µ.

Die Dicarbonsäuren können mit Polyalkoholen Polyester bilden. So aufgebaute Weichmacher sind meistens an einer schwachen Absorption bei 2,9 µ zu erkennen, die durch die nicht veresterten endständigen OH-Gruppen hervorgerufen wird. Als Beispiel ist ein Polykondensat aus 1,3-Butandiol und Adipinsäure aufgeführt.

d) Azelain- und Sebacinsäureester
(siehe Abb. 102 bis Abb. 106 auf S. 150 und 151)

Im Vergleich zu den Adipaten haben die Azelate und Sebacate eine schmalere Bande zwischen 8 µ und 9 µ. Das schlankere Aussehen dieses Absorptionsbereichs rührt daher, daß die flankierenden Banden auf 8 µ und 8,8 µ, bezogen auf die Bande bei 8,5 µ, eine wesentlich geringere Intensität besitzen als bei den Adipaten. Die als Weichmacher gebräuchlichen verschiedenen Ester entweder der Azelain- oder der Sebacinsäure sind untereinander im Spektrum gut zu unterscheiden. Sehr ähnlich sind dagegen die Ester der beiden Säuren mit jeweils dem gleichen Alkohol. So weisen z. B. Di-(2-äthylhexyl)-azelat und Di-(2-äthylhexyl)-sebacat nur geringfügige Unterschiede bei 8,8 µ und zwischen 9,5 µ und 10 µ auf.

e) Citronensäureester
(siehe Abb. 107 bis Abb. 111 auf S. 151 bis 153)

Citrate erkennt man an der OH-Absorption bei 2,9 µ und an der breiten Basis der Bande bei 8,4 µ.

O-(Acetyl)-citraten fehlt die Bande auf 2,9 µ. Charakteristisch ist die Form der zwischen 7,5 µ und 9 µ sich überlappenden vier Banden.

f) Phosphorsäureester
(siehe Abb. 112 bis Abb. 119 auf S. 153 bis 155)

Phosphate unterscheiden sich von Carbonsäuren durch das Fehlen der Bande auf 5,8 µ. Aromatische Phosphate haben u. a. eine starke Bande bei 10,4 µ, während aliphatische Phosphate eine intensive Bande bei 9,8 µ aufweisen. Wegen der zahlreichen charakteristischen Banden lassen sich die Phosphate leicht identifizieren.

g) Verschiedene Weichmacher
(siehe Abb. 120 und 121 auf S. 156)

h) Weichmachermischungen
(siehe Abb. 122 bis Abb. 124 auf S. 156 und 157)

Die IR-spektroskopische Weichmacheranalyse läßt sich auch bei Weichmachermischungen anwenden. Voraussetzung ist allerdings, daß die im Gemisch vorhandenen Weichmacher hinreichend große Unterschiede in ihren Spektren aufweisen. Im folgenden werden an einigen Beispielen die Möglichkeiten und Grenzen veranschaulicht.

Das IR-Spektrum einer Mischung aus gleichen Volumen-Teilen Dimethylphthalat und Diäthylphthalat ist leicht zu analysieren. Die typischen Phthalatbanden bei 7,8 µ und 8,9 µ fallen sofort auf. Die nur schwache CH-Bande bei 3,4 µ zeigt, daß keine größeren Alkylketten vorhanden sein können. Die Bande bei 6,95 µ weist auf Dimethylphthalat, das Bandenpaar bei 7,2 µ und 7,3 µ auf Diäthylphthalat. Ein genauer Vergleich mit den beiden Originalspektren zeigt, daß alle Banden durch eine Mischung von Dimethyl- und Diäthylphthalat erklärt werden.

Das folgende Spektrum eines Gemisches aus gleichen Teilen Di-(2-äthylhexyl)-phthalat und den Alkylsulfonsäureestern des Phenols und der Kresole ist schon etwas schwieriger zu analysieren. Die Bande auf 11,6 µ erlaubt zwar sofort die Identifizierung der Alkylsulfonsäureester des Phenols und Kresols, Di-(2-äthylhexyl)-phthalat ist aber wegen der teilweisen Überdeckung der charakteristischen Absorptionen zwischen 10 µ und 11 µ, sowie bei 3,4 µ nicht mehr so sicher zu erkennen.

Im Spektrum einer Mischung aus zwei Teilen Di-(2-äthylhexyl)-phthalat und einem Teil Dibutyladipat bleibt das charakteristische Absorptionsbild des Phthalats zwischen 10 µ und 11 µ erhalten, so daß die Identifizierung ohne weiteres möglich ist. An der Bande auf 8,5 µ erkennt man die Anwesenheit eines aliphatischen Carbonsäureesters. Eine genauere Angabe ist jedoch wegen der Überdeckung weiterer charakteristischer Banden durch das Spektrum des Phthalats nicht möglich.

Besonders bei Mischungen von aliphatischen Mono- und Dicarbonsäureestern untereinander und mit anderen Weichmachertypen treten Schwierigkeiten bei der IR-Analyse auf. Die relativ geringen Unterschiede, welche die aliphatischen Ester in ihren Spektren aufweisen, lassen sich meistens in den Spektren von Mischungen nicht mehr sicher erkennen. Hier muß man eine Trennung der Weichmacher versuchen oder zu anderen Identifizierungsmethoden übergehen.

142 Infrarotspektroskopische Analyse

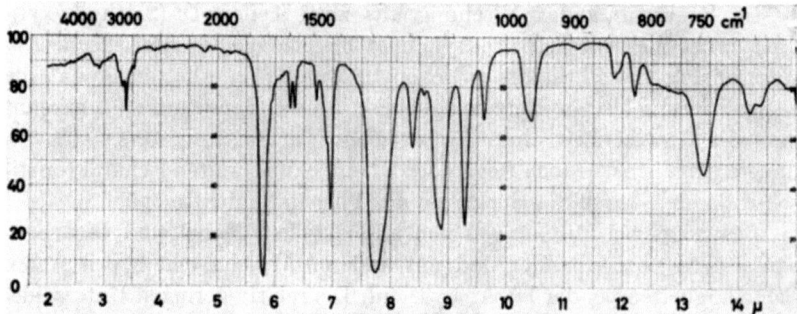

Abb. 78. Dimethylphthalat (b 34)

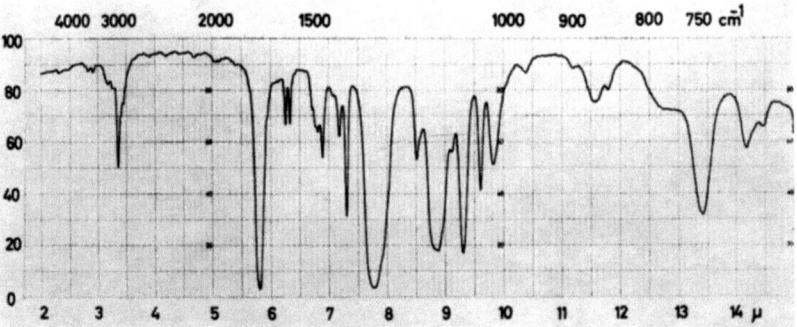

Abb. 79. Diäthylphthalat (b 35)

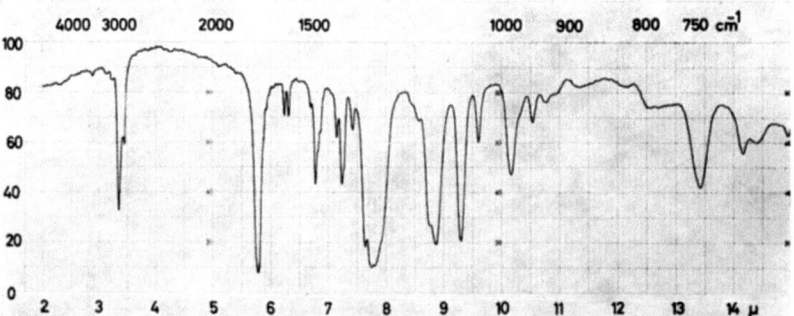

Abb. 80. Di-iso-butylphthalat (b 68)

Die IR-Spektren der Weichmacher 143

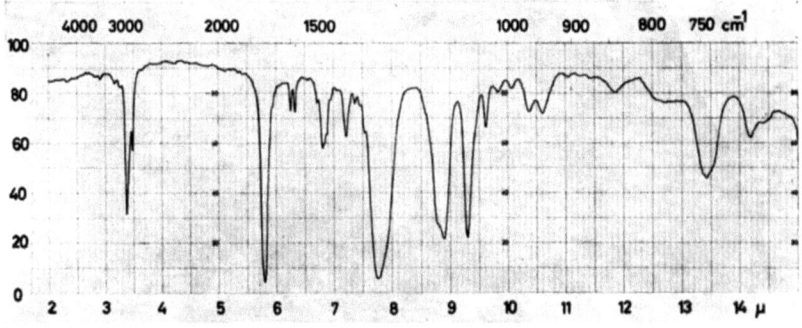

Abb. 81. Dibutylphthalat (b 36)

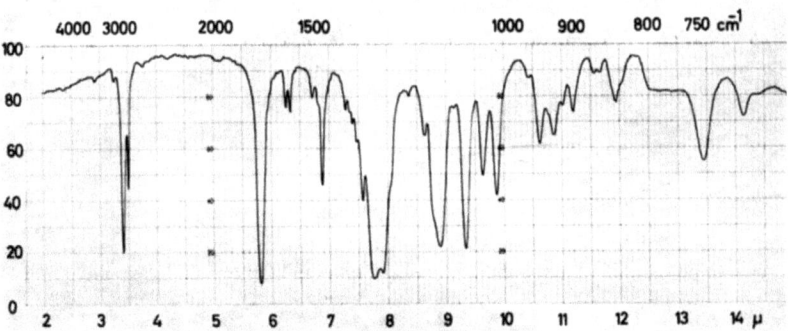

Abb. 82. Dicyclohexylphthalat (b 55)

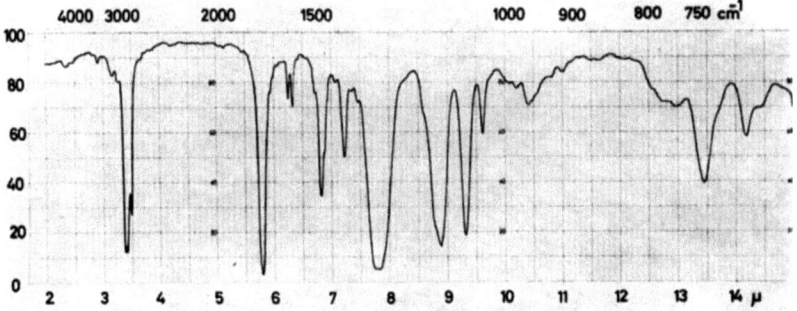

Abb. 83. Di-(2-äthylhexyl)-phthalat (b 41)

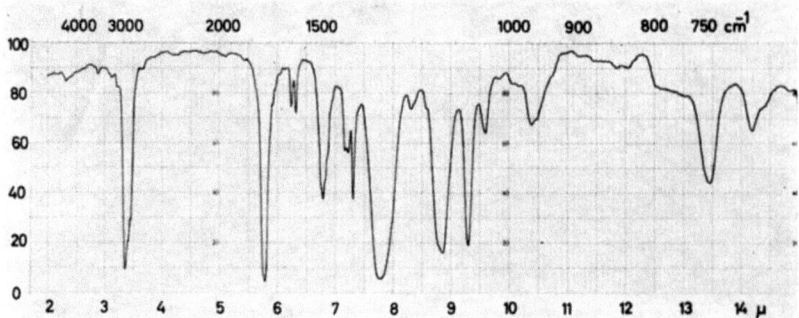

Abb. 84. Di-iso-nonylphthalat (b 39)

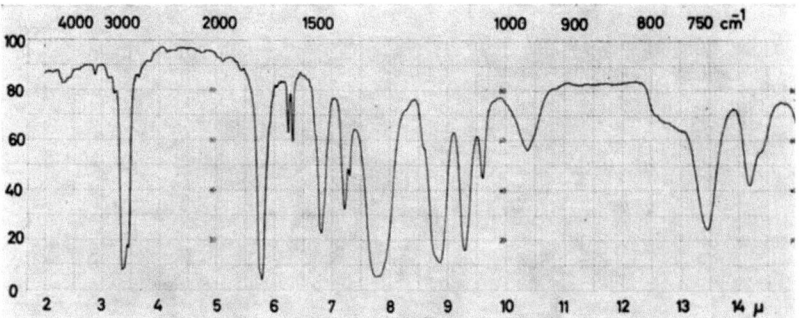

Abb. 85. Dinonylphthalat (b 69)

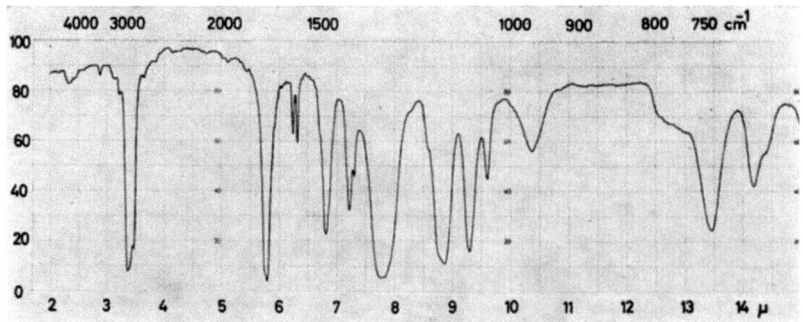

Abb. 86. Diisodecylphthalat (b 40)

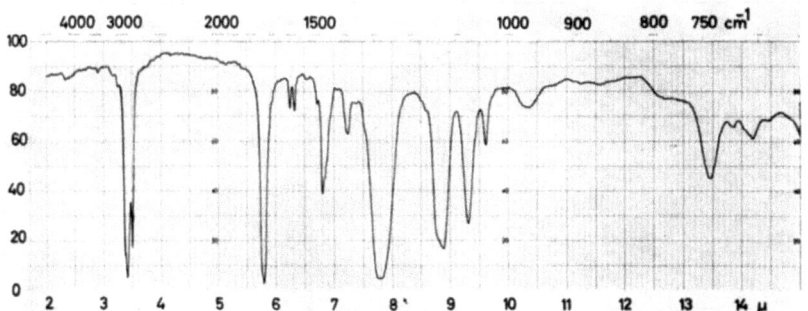

Abb. 87. Didecylphthalat

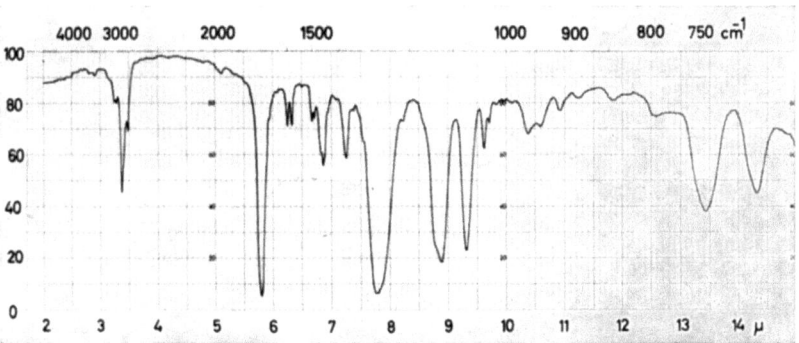

Abb. 88. Benzylbutylphthalat (b 37)

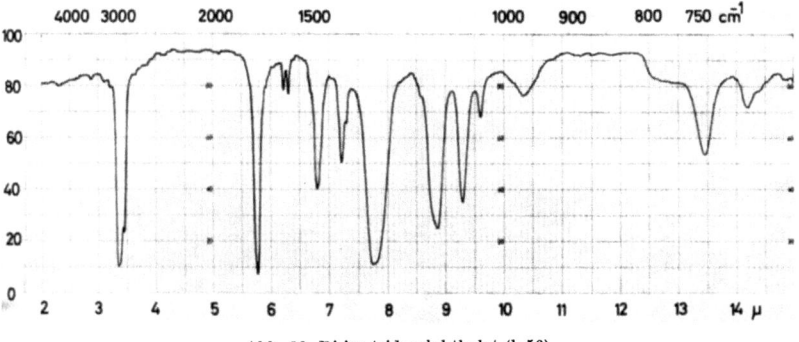

Abb. 89. Di-iso-tridecylphthalat (b 56)

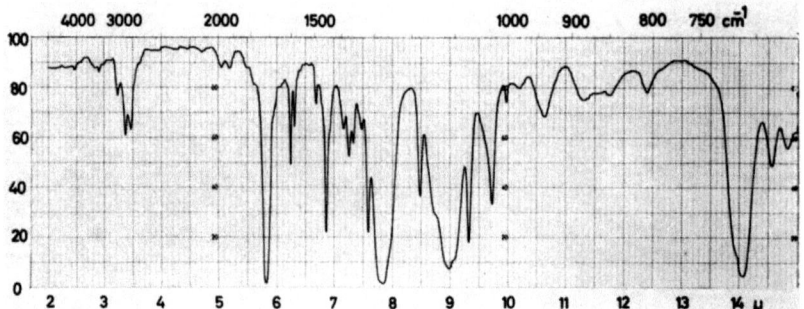
Abb. 90. Diäthylenglykoldibenzoat (b 62)

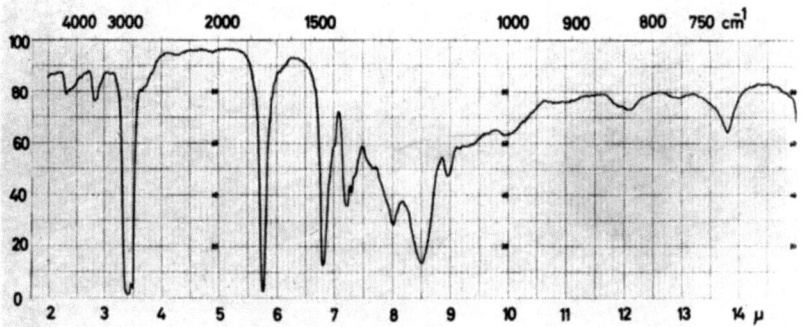
Abb. 91. Octylstearat (b 71)

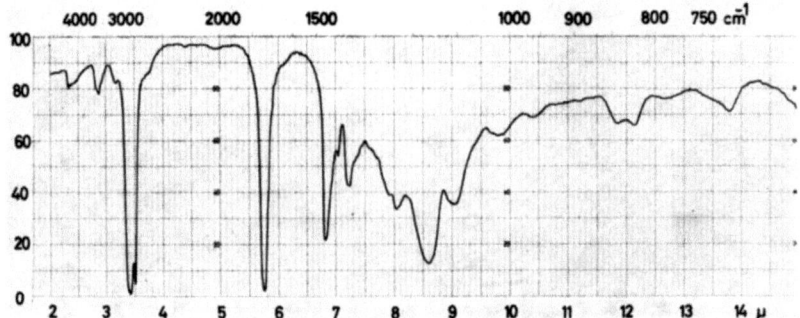
Abb. 92. Epoxidiertes Ricinusöl (b 85)

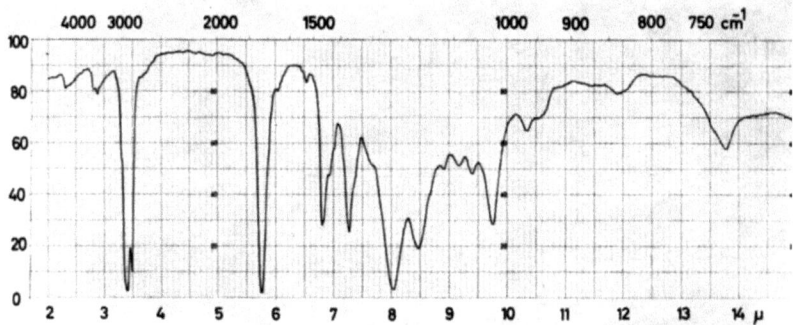

Abb. 93. O-(Acetyl)-ricinolsäurebutylester (b 63)

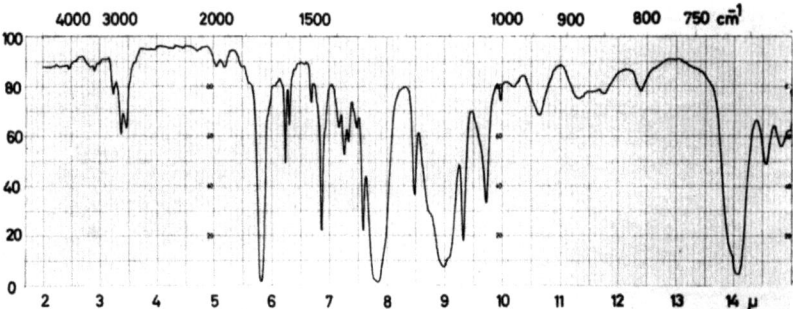

Abb. 94. Triäthylenglykoldicaprylat (b 72)

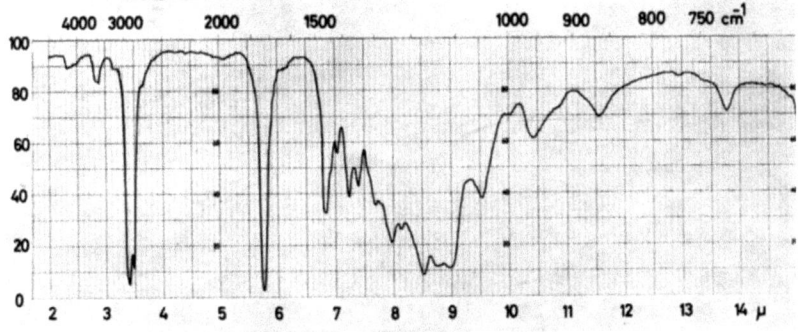

Abb. 95. Dibutyladipat (b 8)

148 Infrarotspektroskopische Analyse

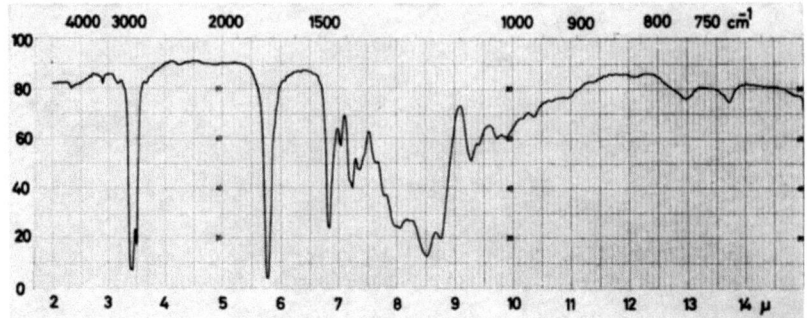

Abb. 96. Di-(2-äthylhexyl)-adipat (b 10)

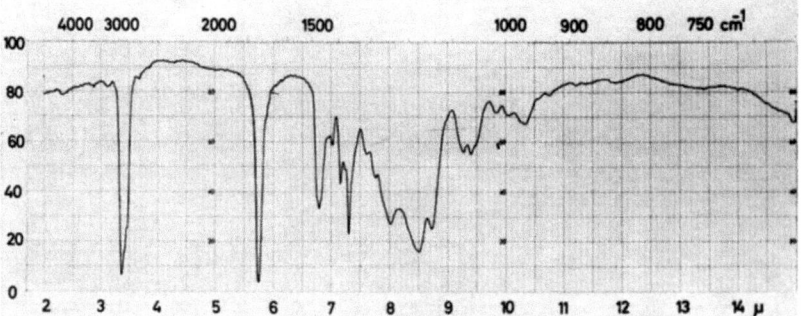

Abb. 97. Dinonyladipat (b 9)

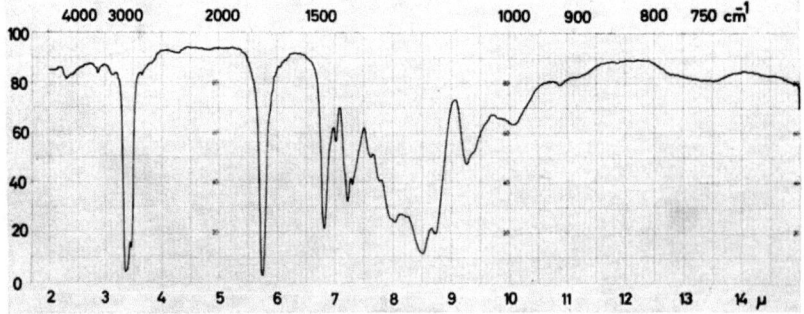

Abb. 98. Didecyladipat (b 83)

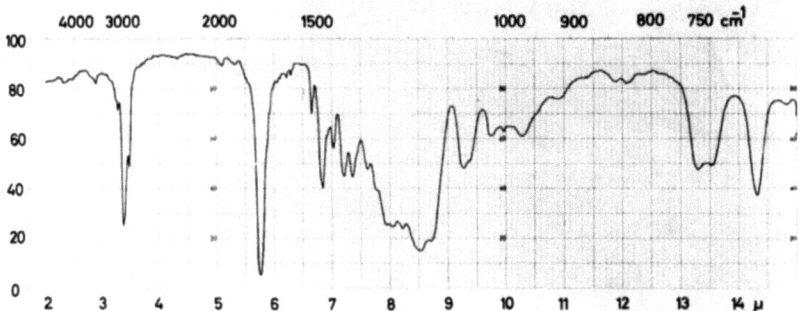
Abb. 99. Benzylbutyladipat (b 12)

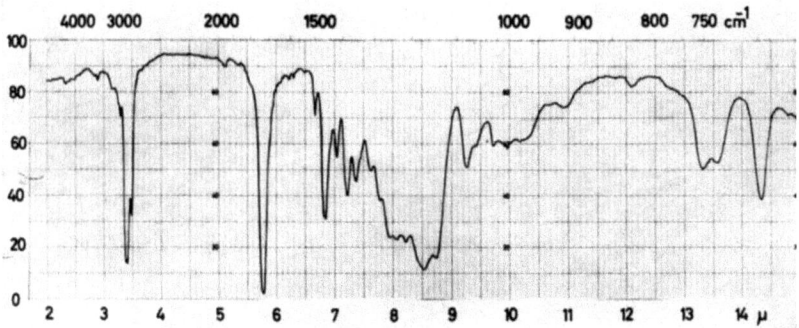
Abb. 100. Benzyl-(2-äthylhexyl)-adipat (b 13)

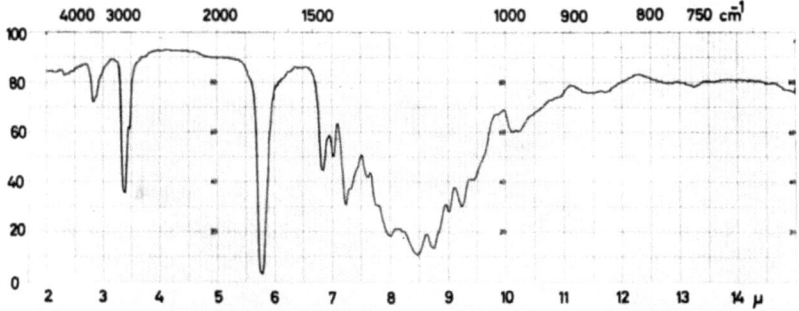
Abb. 101. Polykondensat aus Butandiol-1,3 und Adipinsäure (b 14)

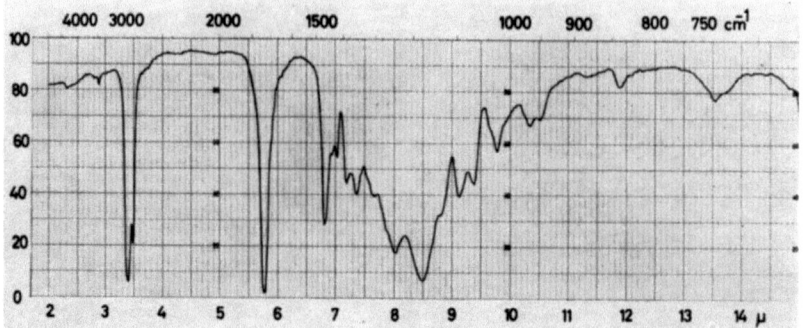
Abb. 102. Dibutylazelat (b 16)

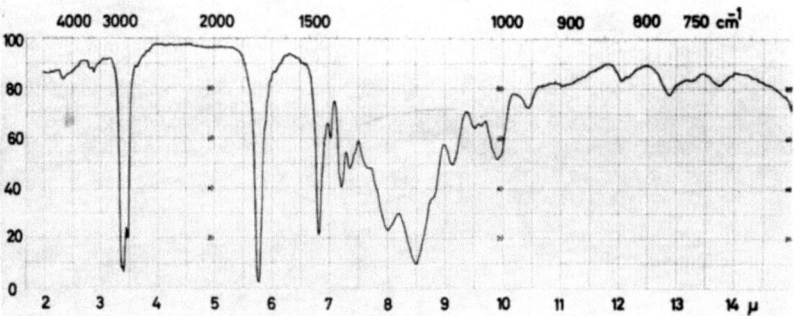
Abb. 103. Di-(2-äthylbutyl)-azelat (b 18)

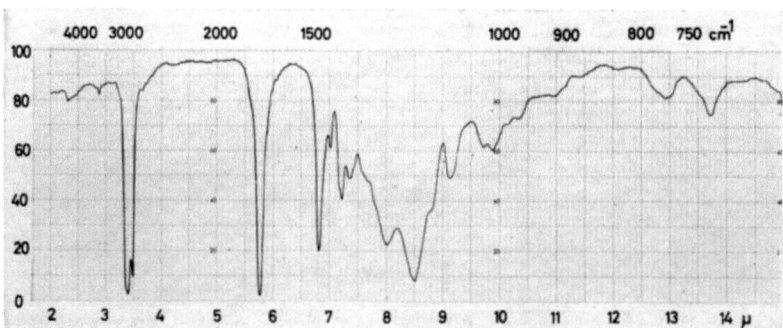
Abb. 104. Di-(2-äthylhexyl)-azelat (b 19)

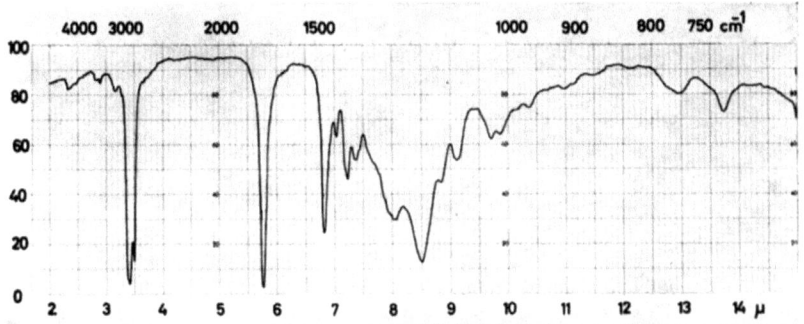
Abb. 105. Di-(2-äthylhexyl)-sebacat (b 23)

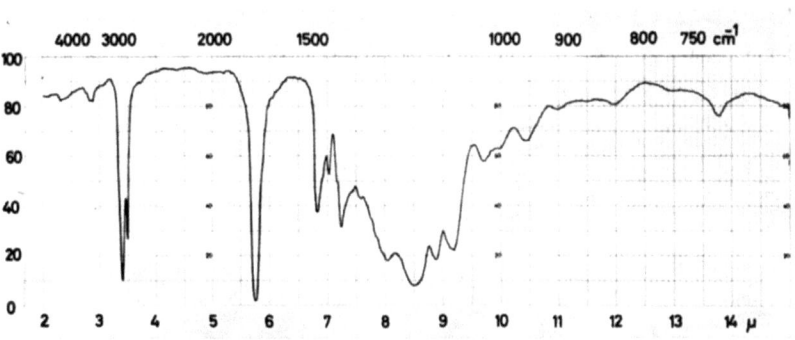
Abb. 106. Sebacinsäurepolyester (b 25)

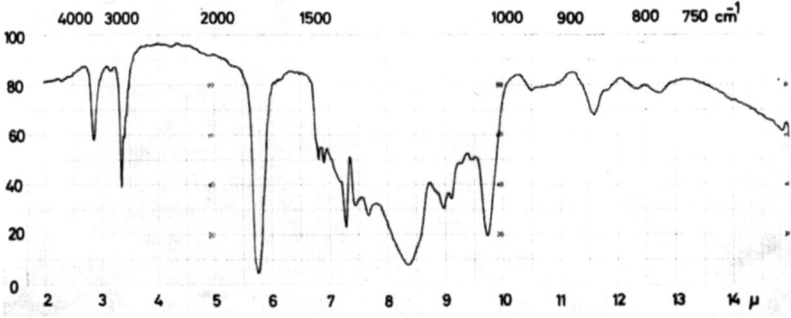
Abb. 107. Triäthylcitrat (b 27)

152 Infrarotspektroskopische Analyse

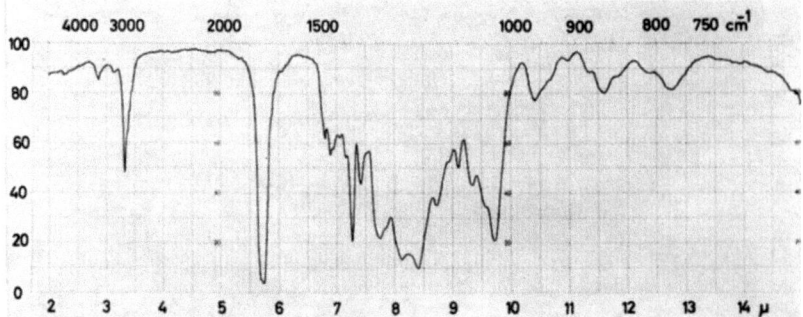

Abb. 108. O-(Acetyl)-triäthylcitrat (b 29)

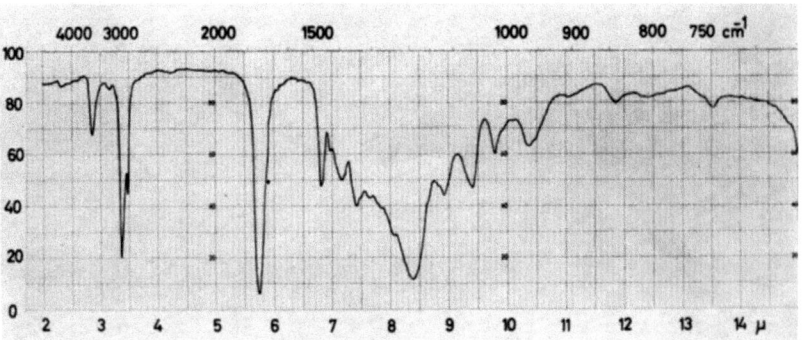

Abb. 109. Tributylcitrat (b 28)

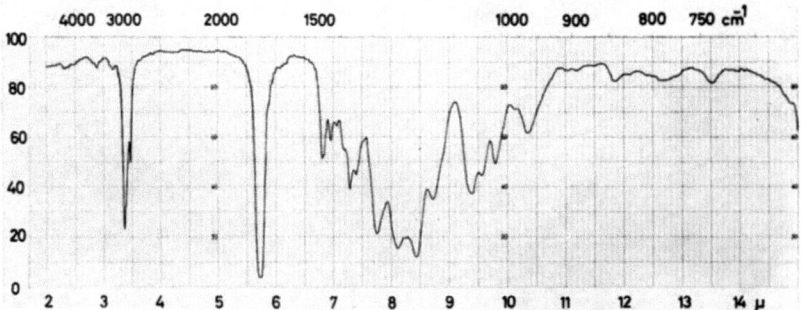

Abb. 110. O-(Acetyl)-tributylcitrat (b 30)

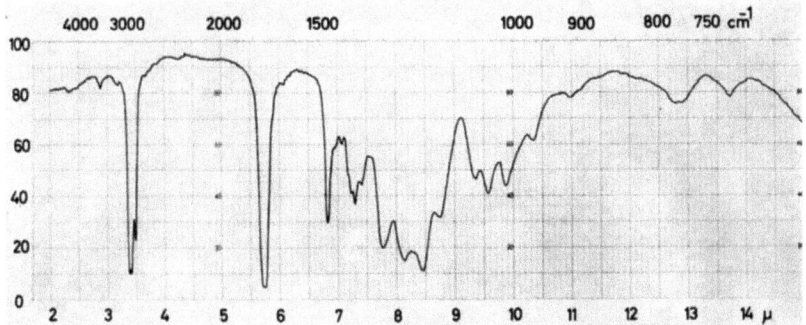

Abb. 111. O-(Acetyl)-(2-äthylhexyl)-citrat (b 31)

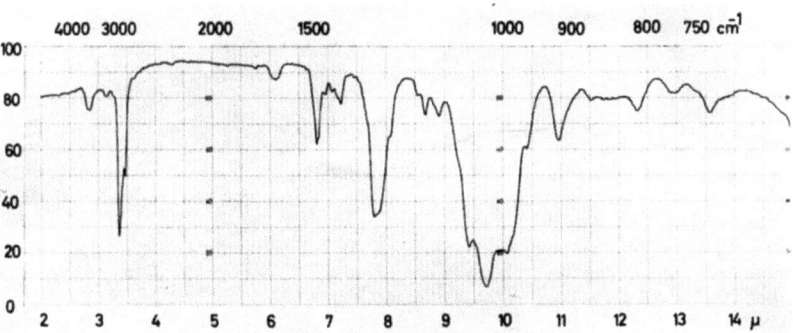

Abb. 112. Tributylphosphat (b 43)

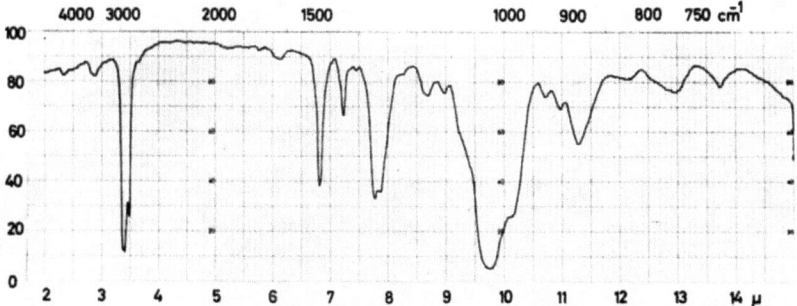

Abb. 113. Tri-(2-äthylhexyl)-phosphat (b 44)

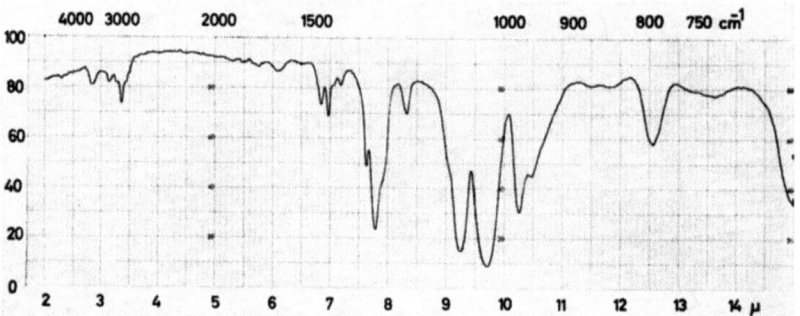

Abb. 114. Tri-(chloräthyl)-phosphat (b 42)

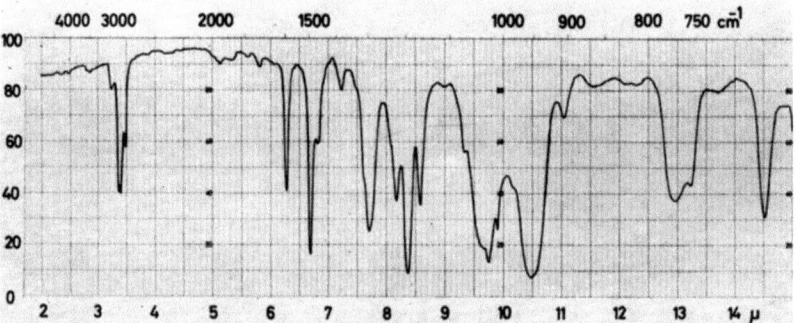

Abb. 115. Di-(phenyl)-(2-äthylhexyl)-phosphat (b 45)

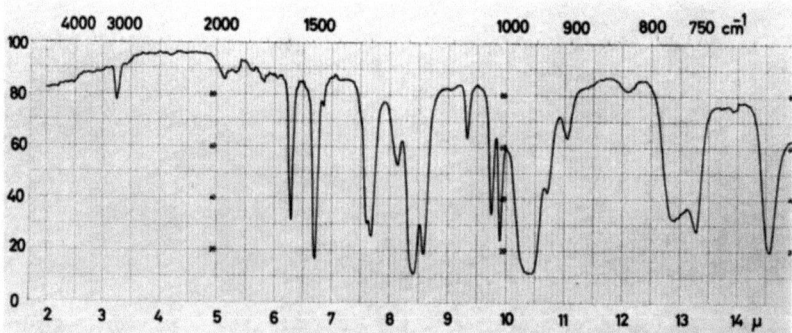

Abb. 116. Triphenylphosphat (b 46)

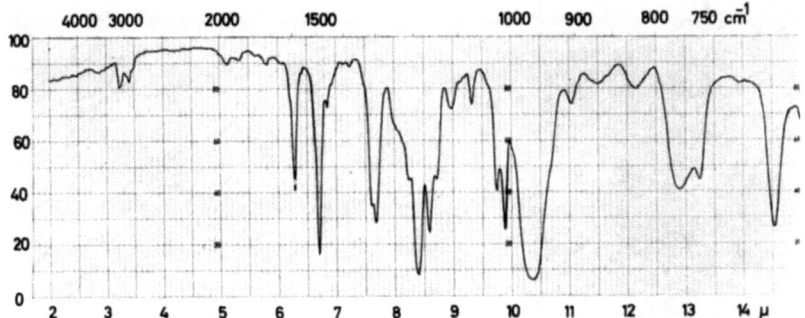

Abb. 117. Di-(phenyl)-kresylphosphat (b 47)

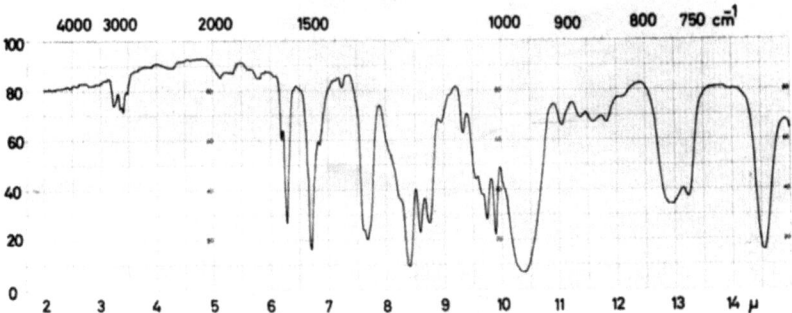

Abb. 118. Di-(phenyl)-xylenylphosphat (b 49)

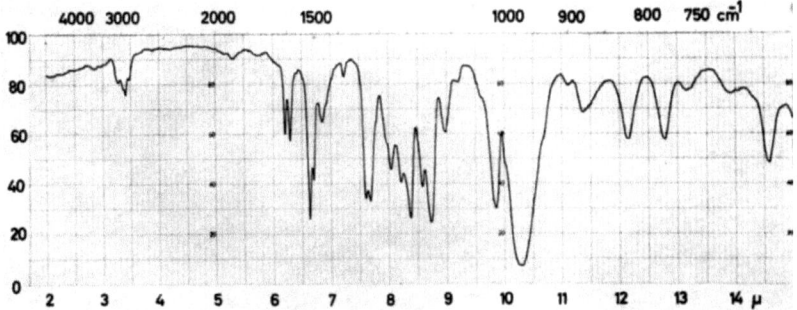

Abb. 119. Trikresylphosphat (b 48)

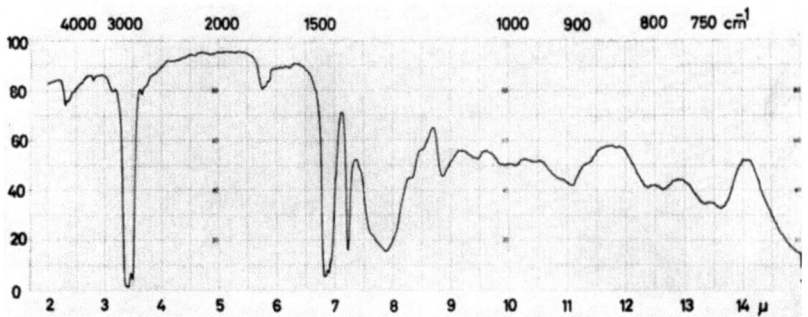

Abb. 120. Chlorparaffin (b 84)

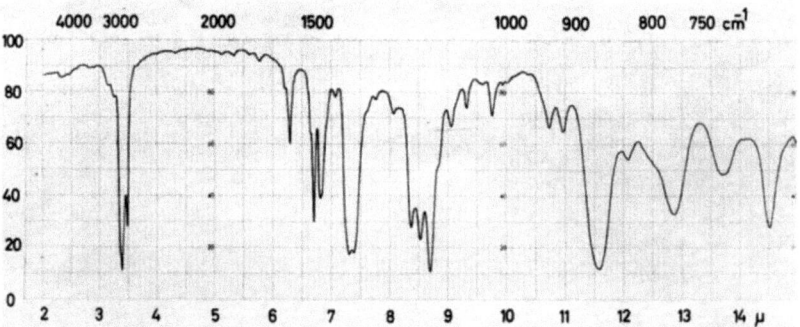

Abb. 121. Alkylsulfonsäureester des Phenols und der Kresole (Gemisch)

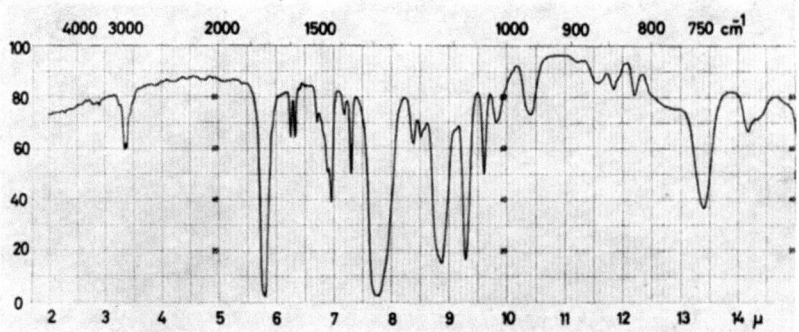

Abb. 122. Dimethylphthalat (b 34) : Diäthylphthalat (b 35) 1 :1

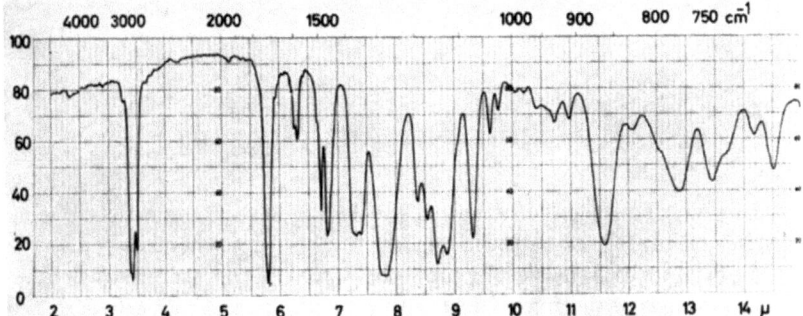

Abb. 123. Di-(2-äthylhexyl)-phthalat (b 41): Alkylsulfonsäureester des Phenols und der Kresole (Gemisch) (b 1) 1 : 1

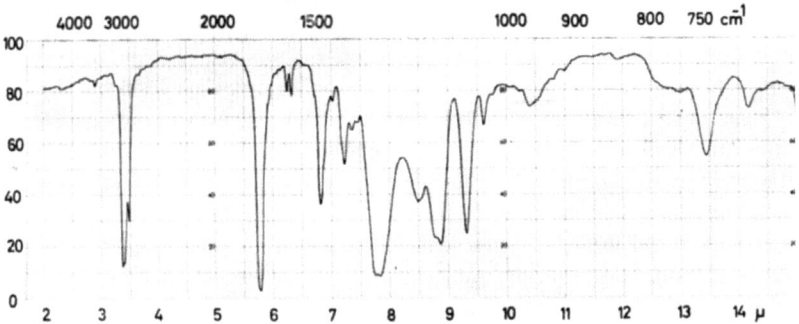

Abb. 124. Di-(2-äthylhexyl)-phthalat (b 41) : Dibutyladipat (b 8) 2 : 1

F. Qualitativer Analysengang

Für eine rasche Identifizierung der häufiger vorkommenden Weichmacher sei im folgenden ein möglicher Analysengang beschrieben.

Wird ein bestimmter Weichmacher bzw. eine bestimmte Weichmacherkombination in einer Kunststoffprobe vermutet, und will man nur diese Vermutung bestätigen bzw. widerlegen, so kann die direkte gaschromatographische Weichmacherbestimmung mit Hilfe der Pyrolysekammer rasch zum Ziel führen (siehe Abschn. D,IV). Voraussetzung dafür ist allerdings, daß sich die betreffenden Weichmacher unter den in der Pyrolysekammer möglichen Bedingungen verflüchtigen und aus der gaschromatographischen Säule eluieren lassen.

Ebenso ist dieses direkte Verfahren möglich, wenn bei einem gegebenen Analysenproblem ein nicht allzu großer Kreis von Weichmachern in Frage kommt und man nur zwischen diesen zu unterscheiden hat.

Bei oben genannten Problemstellungen läßt sich in manchen Fällen auch die direkte Infrarotanalyse anwenden. Bei diesem Verfahren wird der weichmacherhaltige Kunststoff fein zerkleinert, mit Kaliumbromid zusammengerieben und der übliche Preßling hergestellt. Man kann auch den Kunststoff mit Weichmachern lösen, zu einem Film gießen und ein IR-Spektrum dieses Films aufnehmen. Diese Direktbestimmungen im Infrarot gelingen nur, wenn die Banden des Weichmachers nicht durch andere Begleitsubstanzen oder den Kunststoff selbst gestört werden. So ist das Verfahren z.B. bei PVC möglich; bei Celluloseestern meist nicht.

In der Mehrzahl aller anderen Fälle muß der Weichmacher aus dem Polymeren isoliert werden.

Der Weichmacherextrakt wird zunächst chemisch-analytisch auf die Anwesenheit von Heteroelementen wie z.B. von Phosphor (siehe Abschn. B,I,b), Halogen (siehe Abschn. B,I,c), Schwefel (siehe Abschn. B,I,d) und Stickstoff (siehe Abschn. B,I,e) geprüft.

Durch Ermittlung der Verseifungszahl wird festgestellt, ob es sich bei dem Weichmacher um einen Ester handelt (siehe Abschn. B,II,b).

Durch weitere Vorproben versucht man die Gruppenzugehörigkeit des Weichmachers zu bestimmen; z.B. Phthalate (siehe Abschn. B,II,f), Adipate (siehe Abschn. B,II,g), Citrate (siehe Abschn. B,II,h), Phenolverbindungen (siehe Abschn. B,II,i). Außer den hier zitierten Vorproben eignet sich auch das IR-Spektrum als Hinweis auf die Gruppenzugehörigkeit (siehe Abschn. E).

Die Einheitlichkeit der extrahierten Weichmacher kann auf dünnschichtchromatographischem Wege geprüft werden (siehe Abschn. C, II). Auch das IR-Spektrum läßt häufig eine Aussage über Einheitlichkeit zu. Phthalate, Adipate und Phosphate lassen sich spezifisch auf der Dünnschichtplatte anfärben und damit als solche identifizieren. Azelainsäureester werden bei der direkten dünnschichtchromatographischen Analyse durch die halbmondförmige Komponente über dem Hauptfeld erkannt (siehe Abschn. C, II, b).

Die einzelnen Weichmacher der genannten Gruppen lassen sich meist durch ihre R_F-Werte unterscheiden, sofern es sich um Ester mit niederen Alkoholkomponenten handelt (bis ca. C_4). Lediglich die Ester höherer Alkohole zeigen voneinander wenig verschiedene R_F-Werte und werden vorteilhaft gaschromatographisch über die entsprechenden Alkohole charakterisiert (siehe Abschn. D, II, b).

Auch dünnschichtchromatographisch lassen sich niedere Alkohole über ihre 3,5-Dinitrobenzoesäureester analysieren (C, III, c). Die dünnschichtchromatographisch erhaltenen Hinweise werden zweckmäßig durch gaschromatographische ergänzt bzw. bestätigt. Zunächst wird man dabei versuchen, durch direkte gaschromatographische Analyse zum Ziel zu kommen.

Ist eine eindeutige Identifizierung mit den erwähnten Methoden nicht möglich, so wird man den Weichmacherextrakt mit Methanol in Gegenwart von p-Toluolsulfonsäure umestern und zunächst die Carbonsäure über den entsprechenden Methylester (siehe Abschn. D, II, a), sowie die dabei freigewordene Alkohol- bzw. Phenolkomponente (siehe Abschn. D, II, b, c, d) gaschromatographisch nachweisen. Bei einem Weichmachergemisch ist nun allerdings noch nicht geklärt, welcher Alkohol mit welchen Säurekomponenten in den verschiedenen Estern gebunden waren. Bei Kenntnis der aus den Weichmachern stammenden Carbonsäuren führt nun die direkte GC-Analyse im allgemeinen immer zum Ziel. Die bei der direkten GC-Analyse des Weichmachers ermittelten Retentionszeiten bzw. Retentionsvolumina lassen sich bei dem jetzt eingeschränkten Kreis eindeutig bestimmten Weichmachern zuordnen. Bei Weichmachern mit Polyesterstruktur ist zum gaschromatographischen Nachweis der polyfunktionellen Alkohole die alkalisch äthanolische Verseifung der Umesterung mit Methanol vorzuziehen (D, II, e).

Der Analysengang ist schematisch in Abb. 125 zusammengefaßt. Er ist selbstverständlich lediglich als eine mögliche Arbeitsanleitung aufzufassen. Mit ihm ist in den meisten praktischen Fällen eine sichere Identifizierung möglich.

Falls die beschriebenen Methoden nicht zum Ziel führen, muß man die dünnschicht- oder gaschromatographisch getrennten Substanzen in präparativem Maßstab auffangen und die Struktur der einzelnen Komponenten mit Hilfe der Elementaranalyse, IR-Spektroskopie, Kernresonanz, der Bestimmung des Molgewichtes und anderer Hilfsmittel aufklären.

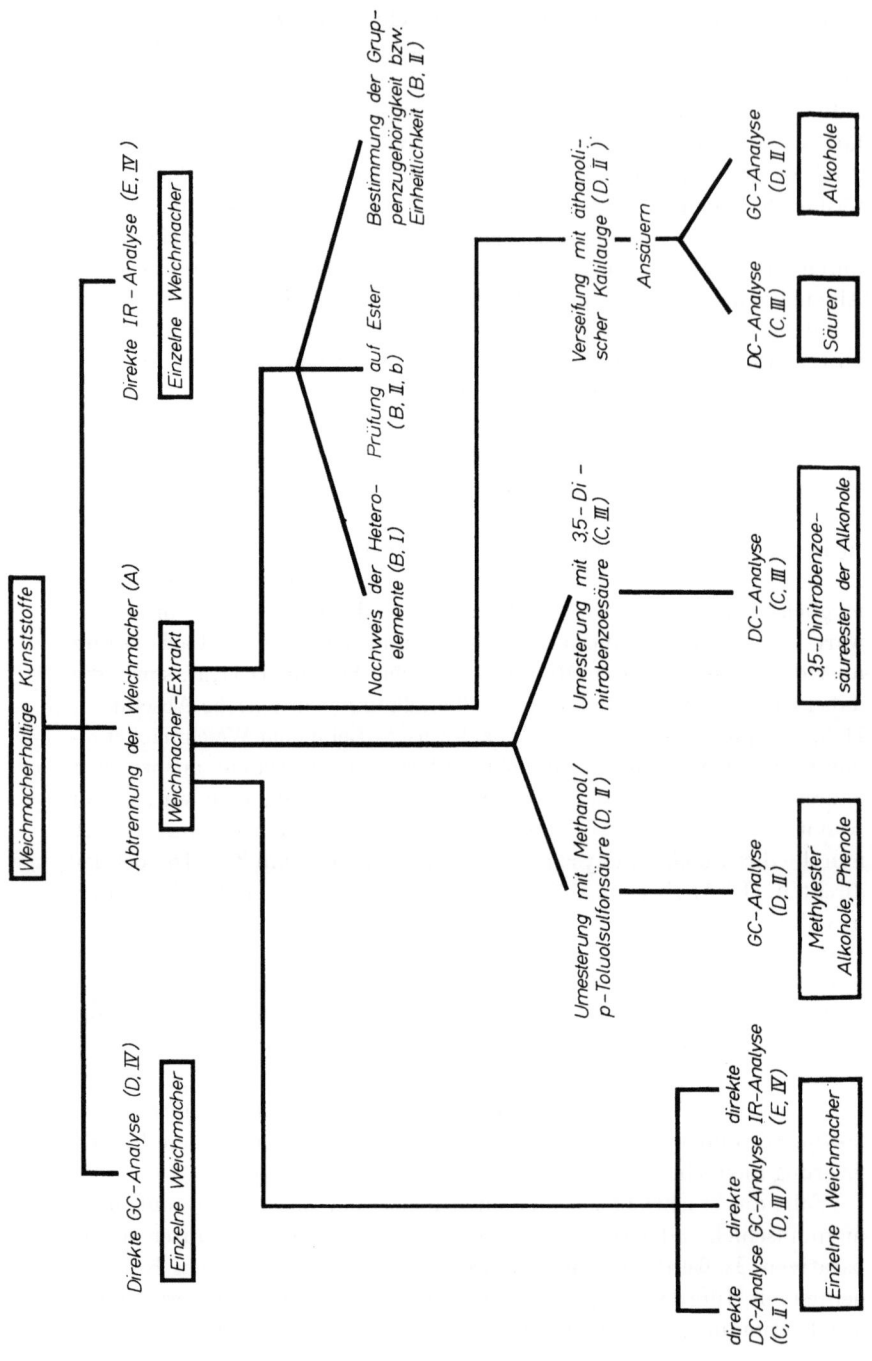

Abb. 125. Schematischer Gang der qualitativen Weichmacheranalyse. DC Dünnschichtchromatographie GC Gaschromatographie IR IR-Spektroskopie
Die in Klammern angeführten Bezifferungen sind Hinweise auf die entsprechenden Abschnitte des Buches

Anhang

Tabelle 13. *Handelsnamen und Bezugsquellen für die angeführten Weichmacher*

Die Handelsnamen und Bezugsquellen der angeführten Weichmacher wurden einer vor kurzem erschienenen Zusammenstellung entnommen [*88*]. Die Liste erhebt keinen Anspruch auf Vollständigkeit.

Die wortgeschützten Handelsnamen sind, soweit bekannt, durch das Symbol ® als Warenzeichen gekennzeichnet. Aus dem Fehlen bei einzelnen Handelsnamen kann jedoch nicht gefolgert werden, daß es sich hierbei um freie, jedermann zugängliche Warennamen handelt.

Nachstehend sind in Spalte 3 die Herstellerfirmen der in Spalte 2 genannten Weichmacher, soweit bekannt, aufgeführt. Dabei wurden die Herstellerfirmen der Einfachheit halber mit Zahlen bezeichnet und in Tabelle 14 zusammengefaßt. In Spalte 4 sind, ebenfalls soweit bekannt, die Handelsnamen für die in Spalte 2 aufgeführten Weichmacher genannt. Hinter den Handelsnamen sind schließlich diejenigen Firmen aufgeführt – ebenfalls mit Zahlen gekennzeichnet – welche die genannten Handelsnamen benützen.

In Spalte 1 wird der im Text verwendete Index wiedergegeben.

Index	Chem. Bezeichnung der Weichmacher	Hersteller (siehe Tab. 14)	Handelsnamen und zugehörige Firmen (siehe Tab. 14)	
b 1	Alkylsulfonsäureester des Phenols und der Kresole	26	Mesamoll ®	26
b 2	Pelargonsäurepolyglykolester	24, 54	Plastolein	54
b 3	Triäthylenglykol-di(2-äthylhexoat)	33, 63	Flexol 3 GO	63
b 4	Methylen-bis-thioglykolsäurebutylester	26	Plastikator 88	26
b 6	Dimethylthianthren (80 Gew. Teile) — Ditolylsulfid (20 Gew. Teile)	26	Sintol ®	26
b 7	Tris-(2,3-dibrompropyl)-phosphat	43	Firemaster T 23 P	43
b 8	Dibutyladipat	26, 31, 33, 51, 65	Adimoll DB ®	26
b 9	Dinonyladipat	3, 8, 28, 50	Harflex 209	32
			Plastomoll NA ®	8
			Reomol DNA	28
			PX 209	50

Tabelle 13 (Fortsetzung)

Index	Chem. Bezeichnung der Weichmacher	Hersteller (siehe Tab. 14)	Handelsnamen und zugehörige Firmen (siehe Tab. 14)	
b 10	Di-(2-äthylhexyl)-adipat	3, 8, 15, 18, 28, 29, 30, 31, 32, 33, 38, 40, 43, 46, 48, 50, 51, 53, 54, 56, 62, 63, 65	Adipol 2 EH	15
			Elastex 60 A ®	3
			Flexol A-26	63
			Goodrite GP-233 ®	29
			Harflex 250	31
			Kolflex DOA	38
			Leflex 6815	40
			Monoplex DOA	53
			Morflex 310	49
			Nopco DOA ®	48
			Permaflex DOA ®	30
			Plastomoll DOA	8
			PX-238	50
			RC DOA	54
			Reomol DOA	28
			Shawinigan ®	56
			Staflex DOA	18
			Truflex DOA	62
			Wilmar	65
b 11	Di-(isononyl)-adipat	14	Dina	14
b 12	Benzylbutyladipat	26	Adimoll BB	26
b 13	Benzyl-(2-äthylhexyl)-adipat	26	Adimoll BO	26
b 14	Adipinsäurepolyester	26, 8, 46, 52, 53	Ultramoll ® I	26
			Ultramoll II	26
			Ultramoll III	26
			Paraplex G-40	53
			Weichmacher ABC	8
			Santicizer 409	46
			Weichmacher P-204	52
			Weichmacher P-204 W	52
b 15	Polypropylenglykoladipat	36	Hexaplast PPA	36
b 16	Dibutylazelat	42	Emery 3661 D	42
b 17	Dihexylazelat	24	Plastolein 9051	24
b 18	Di-(2-äthylbutyl)-azelat	7, 31		
b 19	Di-(2-äthylhexyl)-azelat	18, 23, 24, 28, 30, 31, 33, 40, 49, 50, 51, 56, 62, 63	Flexol 2-88	63
			Leflex DOZ	40
			Morflex 410	49
			Permaflex DOZ	30
			Plastolein 9058	24
			PX 638	50
			Reomol DOZ	28
			Staflex DOZ	18
			Shawinigan	56
			Truflex DOZ	62
b 20	Dimethylsebacat	28, 32, 33,	Harflex 10	32
			Reomol DMS	28

Anhang

Tabelle 13 (Fortsetzung)

Index	Chem. Bezeichnung der Weichmacher	Hersteller (siehe Tab. 14)	Handelsnamen und zugehörige Firmen (siehe Tab. 14)	
b 21	Diäthylsebacat	20, 28, 33, 3, 18, 19, 23, 28, 31, 32, 33, 35, 48, 49, 50, 51, 53, 56, 59	Reomol DFS	28
b 22	Dibutylsebacat		Darex ® DBS	19
			Harflex 40	32
			Howflex DBS	35
			Monoplex DBS	53
			Morflex 240	49
			Nopco DBS	48
			PX-404	50
			Reomol DBS	28
			Staflex DBS	18
b 23	Di-(2-äthylhexyl)-sebacat	14	DOS	14
b 24	Dibenzylsebacat	32	Harflex 90	32
b 25	Sebacinsäurepolyester	52	Weichmacher P 202	52
b 26	Sebacinsäurepolyester	53	Paraplex G-25	53
b 27	Citronensäuretriäthylester	47, 49	Citroflex ® 2	49
b 28	Citronensäuretributylester	20, 44, 49	Citroflex 4	49
b 29	O-(Acetyl)-citronensäuretriäthylester	49,	Citroflex A 2	49
b 30	O-(Acetyl)-citronensäuretributylester	44, 49	Citroflex A 4	49
b 31	O-(Acetyl)-citronensäuretri-(2-äthylhexyl)-ester	49	Citroflex A 8	49
b 32	Phthalsäureäthylenglykolester	26		
b 33	Di-(methoxyäthyl)-phthalat	7, 8, 15, 20, 23, 28, 35	Howflex 2001	35
			Kesscoflex MCP	7
			Methox	15
			Palatinol ® 0	8
			Reomol P	28
b 34	Dimethylphthalat	3, 8, 23, 26, 28, 32, 33, 37, 39, 46, 49, 51, 66, 38	DMP 771	51
			Kolflex DMP	38
			Palatinol M	8
			Reomol DMP	28
			Unimoll ® DM	26
b 35	Diäthylphthalat	3, 8, 20, 23, 26, 28, 33, 37, 38, 46, 47, 49, 65, 51	DEP 770	51
			Kolflex DEP	38
			Palatinol A	8
			Pfizer ® DEP	49
			Reomol DEP	28
			Unimoll DA	26
b 36	Dibutylphthalat	3, 8, 12, 17, 18, 19, 20, 23, 26, 31, 32, 33, 35, 38, 41, 46, 48, 49,	Darex DBP	19
			Felxol DBP	63
			Harflex 140	32
			Howflex DBP	35
			Kolflex	38
			Morflex 140	49

Tabelle 13 (Fortsetzung)

Index	Chem. Bezeichnung der Weichmacher	Hersteller (siehe Tab. 14)	Handelsnamen und zugehörige Firmen (siehe Tab. 14)	
b 36	Dibutylphthalat	50, 51, 54, 56, 57, 62, 63, 66	Nopco DBP	48
			Palatinol C	8
			PX-104	50
			RC DBP	54
			Reomol DBP	28
			Shawinigan DBP	56
			Sherflex CP-907	57
			Staflex DBP	18
			Unimoll DB	26
			Vestinol ® C	12
			Witicizer 300	66
b 37	Benzylbutylphthalat	8, 26, 28, 33, 46	Palatinol BB	8
			Reomol BBP	28
			Santicizer 160	46
			Unimoll BB	26
b 38	Di-(methylcyclohexyl)phthalat	35,	Sextol-phthalate ®	
			Howflex SP	35
b 39	Di-(isononyl)-phthalat	26	Unimoll DN	26
b 40	Di-(isodecyl)-phthalat	8, 15, 18, 23, 25, 28, 29, 30, 32, 33, 34, 35, 38, 48, 49, 50, 51, 54, 56, 62, 63, 64	Flexol 10-10	63
			Goodrite GP-266	29
			Harflex 110	32
			Hercoflex 210	34
			Howflex DIDP	35
			Kolflex	38
			Morflex 130	49
			Palatinol Z	8
			Permaflex DIDP	30
			Plasticizer GC-100	48
			PX-120	50
			RC DIDP	54
			Reomol DIDP	28
			Shawinigan DIDP	56
			Staflex DDP	18
			Truflex DDP	62
b 41	Di-(2-äthylhexyl)-phthalat	3, 8, 12, 15, 18, 23, 25, 28, 29, 30, 32, 33, 34, 35, 38, 46, 48, 49, 50, 51, 54, 56, 63, 66	Elastex 28 P	3
			Flexol DOP	63
			Goodrite GP-264	29
			Harflex 150	32
			Hercoflex 260	34
			Howflex DOP	35
			Kolflex	38
			Morflex 110	49
			Nopco DOP	48
			Permaflex DOP	30
			Palatinol AH	8

Anhang

Tabelle 13 (Fortsetzung)

Index	Chem. Bezeichnung der Weichmacher	Hersteller (siehe Tab. 14)	Handelsnamen und zugehörige Firmen (siehe Tab. 14)	
			PX-138	50
			RC DOP	54
			Reomol DOP	56
			Shawinigan DOP	56
			Staflex DOP	18
			Vestinol AH	12
			Witicizer	66
b 42	Tri-(chloräthyl)-phosphat	16, 26	Celluflex CEF	16
			Disflamoll ® TCA	26
b 43	Tributylphosphat	13, 15, 17, 26, 46, 64	Cellphos 4	16
			Disflamoll TB	23
b 44	Tri-(2-äthylhexyl)-phosphat	26	Disflamoll TOF	26
b 45	Di-(phenyl)-(2-äthylhexyl)-phosphat	26	Disflamoll DPO	26
b 46	Triphenylphosphat	4, 13, 20, 21, 26, 28, 46, 47	Celluflex TPP	13
			Disflamoll TP	26
			TPP	28
b 47	Di-(phenyl)-kresylphosphat	13, 15, 26, 28, 38, 46, 47, 63	Celluflex 112	13
			CDP	63
			Disflamoll DPK	26
			Kronitex MX	15
			Kolflex	38
			Reomol 21 P	28
			Santicizer 140	46
b 48	Trikresylphosphat	4, 13, 15, 20, 26, 28, 38, 41, 46, 47, 50, 63	Celluflex 179-EG, 179-C	13
			Disflamoll TKP	26
			Flexol TCP	41
			Kronitex AA	15
			Lindol ®	13
			PX-917	50
			TTP	28
b 49	Di-(phenyl)-xylenylphosphat	26, 47,	Disflamoll XDP	26
b 51	Methylacetylricinoleat	9,	Flexricin P-4	9
b 53	Dihexylphthalat	18, 25, 32, 33, 50, 51, 54	Harflex 160	32
			PX-106	51
			RC DIHP	54
			Staflex DHP	18
b 54	Di-n-octylsebacat	18, 28, 31, 32, 33, 40, 48, 49, 50, 51, 53, 54, 56, 59	Harflex 50	32
			Leflex DOS	40
			Monoplex DOS	53
			Morflex 210	49
			Nopco DOS	48
			PX-438	50
			RC DOS	54
			Reomol DOS	28

Tabelle 13 (Fortsetzung)

Index	Chem. Bezeichnung der Weichmacher	Hersteller (siehe Tab. 14)	Handelsnamen und zugehörige Firmen (siehe Tab. 14)	
b 55	Di-(cyclohexyl)-phthalat	3, 15, 26, 33, 35, 46, 47, 49, 51	Shawinigan DOS	56
			Staflex DOS	18
			DCHP 730	51
			Elastex DCHP	3
			Howflex CP	35
			KP-201	15
			Pfizer DCHP	49
			Unimoll 66	26
b 56	Di-(iso-tridecyl)-phthalat	32	Harflex 190	32
b 57	Glycerinmonoacetat	26	Monoacetin	26
b 58	Glycerindiacetat	26	Diacetin	26
b 59	Glycerintriacetat	26	Triacetin	26
b 60	Methyloleat	1, 24, 48, 59, 60	Nopco 2060	48
			Emery 2301	24
b 61	Trixylenylphosphat	2		
b 62	Diäthylenglykoldibenzoat	60	Benzoflex 2-45	60
b 63	O-(Acetyl)-ricinolsäurebutylester	9, 18, 51	Flexricin P-6	9
			Staflex BRA	18
b 64	Rizinolsäuremethylester	9, 48	Flexricin P-1	9
			Nopco 1060	48
b 65	Dibenzyladipat		Versuchsprodukt	
b 66	Dibenzylphthalat		Versuchsprodukt	
b 67	Tri-(2-äthylhexyl)-phosphat	26, 63	Disflamoll TOF	26
			Flexol TOF	63
b 68	Di-(isobutyl)-phthalat	8, 23, 28, 32, 33, 63, 65	DIBP	63
			Palatinol 3 C	8
			Reomol DIBP	28
b 69	Dinonylphthalat	8, 12, 18, 26, 28, 33, 51, 10	Palatinol DN	8
			Reomol DNP	28
			Staflex DNP	18
			Unimoll DN	26
			Vestinol N	12
b 70	Di-(isododecyl)-phthalat	3, 18, 29, 32, 33, 49, 50, 51, 62, 63	Elastex 26 P	3
			Flexol 13-13	63
			Goodrite GP-269	29
			Harflex 190	32
			Morflex X-1125	49
			Polycizer 962	32
			PX-126	50
			Staflex DIDP	18
			Truflex DTDP	62
b 71	Octylstearat	59, 65		
b 72	Triäthylenglykolcaprylat	10	Bisoflex 102 ®	10
b 73	Dibenzyläther	1	Plastoflex DBE ®	1
b 74	Butyloleat	1, 7, 15,	Harflex BO	32

Tabelle 13 (Fortsetzung)

Index	Chem. Bezeichnung der Weichmacher	Hersteller (siehe Tab. 14)	Handelsnamen und zugehörige Firmen (siehe Tab. 14)	
b 74	Butyloleat	27, 31, 32, 54, 59, 65, 66	Kesscoflex BO	7
			RC-Butyloleate	54
			Witicizer 100	66
b 75	Tributoxyäthylphosphat	15, 46	KP-140	15
b 76	Polyester	3, 5, 6, 8, 15, 18, 22, 23, 24, 26, 28, 31, 32, 33, 34, 40, 45, 46, 47, 49, 51, 53, 54, 62, 63, 65, 67	Admex ® 515	5
			Admex 770	5
			Admex 760	5
			Admex 761	5
			ABG, Elastex	3
			Admex 562	5
			Admex 433	5
			Admex 518	5
			Admex 522	5
			Admex 523	5
			DP-100	22
			DP-250	22
			Drapex 7.7	6
			Flexol R-2H	63
			Hallco HA-5-A	31
			Hallco HA-57	31
			Hallco HA-7-A	31
			Harflex 330	32
			Harflex 300	32
			Harflex 320	32
			Harflex 321	32
			Harflex 325	32
			Harflex 375	32
			Hatcol 640	33
			Hercoflex 900	34
			Leflex 6100	40
			Mohawk Polymeric EMT	45
			Morflex P-50	49
			Morflex P-50 A	49
			Morflex P-51 A	49
			NP-10	23
			Paraplex G-25	53
			Paraplex G-40	53
			Paraplex G-41	53
			Paraplex G-50	53
			Paraplex G-53	53
			Paraplex G-54	53
			Paraplex G-30	53
			Paraplex G-31	53
			Plastolein 9232	24
			Plastolein 9720	24

Tabelle 13 (Fortsetzung)

Index	Chem. Bezeichnung der Weichmacher	Hersteller (siehe Tab. 14)	Handelsnamen und zugehörige Firmen (siehe Tab. 14)	
			Plastolein 9722	24
			Plastolein 9730	24
			Plastolein 9750	24
			Plastolein 9765	24
			Plastolein 9717	24
			Plastolein 9789	24
			Pluracol TP series	67
			Pz. 864	23
			RC BGA, RC Polymeric PGA	54
			Reoplex 534	28
			Reoplex 430	28
			Reoplex 470	28
			Reoplex 641	28
			Reoplex 100	28
			Reoplex 110	28
			Reoplex 220	28
			Reoplex 300	28
			Reoplex 400	28
			Reoplex 531	28
			RS 500	51
			RS 550	51
			Santicizer 409	46
			Santicizer 411 ®	46
			Santicizer 406	47
			Santicizer 462	46
			Santicizer 480	46
			Santicizer 481	46
			Santicizer 482	46
			Santicizer 483	46
			Santicizer 405	46
			Truflex 420	62
			Truflex 450	62
			Wilmar W 64 A	65
b 77	Resorcinmonobenzoat	69		
b 78	Salicylsäurephenylester	26	Salol ®	26
b 79	Äther-thioäther	26	Plastikator 85	26
b 80	Polyäther	61	TP-90 B ®	61
b 81	Emulsionsweichmacher	55	Struktol ®-Typen	55
b 82	Emulsionsweichmacher	58	Spangol ®-Typen	58
b 83	Didecyladipat	32	Harflex 212	32
b 84	Chlorparaffin	12		
b 85	Epoxidiertes Ricinusöl	68	Abrac-A	68

Tabelle 14. *Herstellerfirmen von Weichmachern* (siehe Tabelle 13)

Nr.
1. Advance Div,. Carlisle Chemical Works, Inc., 500 Jersey Ave., New Brunswick, N. J., USA
2. Albright & Wilson, England
3. Allied Chemical Corp., Plastics Div., P. O. Box 365, Morristown, N. J., USA
4. American Mineral Spirits Co., Mountain Ave., Murray Hill, N. J., USA
5. Archer-Daniels-Midland Co., 733 Marquette Ave., Minneapolis 40, Minn., USA
6. Argus Chemical Corp., 633 Court St., Brooklyn 31, N. Y., USA
7. Armour Industrial Chemical Co., Div. Armour and Co., 110 N. Wacker Dr., Chicago 6, Ill., USA
8. Badische Anilin & Soda-Fabrik A. G., 67 Ludwigshafen am Rhein
9. Baker Castor Oil Co., 40 Ave. A, Bayonne, N. J., USA
10. British Industries Solvents, England
11. Chemische Fabrik Kalk, 5 Köln
12. Chemische Werke Hüls Aktiengesellschaft, 437 Marl, Krs. Recklinghausen
13. Celanese Chemical Co., 522 Fifth Ave., New York 36, N. Y., USA
14. Chemische Fabrik v. Heyden, 8 München
15. Chemicals & Plastics Div. (Ohio-Apex) Food Machinery and Chemical Corp., 161 E. 42nd St., New York 17, N. Y., USA
16. Celanese Corp. of America, Specialty Chem. Div., 522 Fifth Avenue, New York 36, N. Y., USA
17. Commercial Solvents Corp., 260 Madison Ave., New York 16, N. Y., USA
18. Deecy Products Div., Reichhold Chemicals, Inc., 120 Potter St., Cambridge 42, Mass., USA
19. Dewey and Almy Chemicals Co., Div. of W. R. Grace & Co., Cambridge 40, Mass., USA
20. Distillation Products Industries, Eastman Kodak Co., Rochester 4, N. Y., USA
21. Dow Chemical Co., Midland, Mich., USA
22. E. F. Drew and Co., Inc., Boston, N. J., USA
23. Eastman Chemical Products, Inc., Kingsport, Tenn., USA
24. Emery Industries, Inc., Dept. FE, Carew Tower, Cincinnati 2, Ohio, USA
25. Enjay Chemical Co., Div. Humble Oil and Refining Co., 60 W. 49th St., New York 20, N. Y., USA
26. Farbenfabriken Bayer, A. G., 509 Leverkusen
27. FMC Corporation, Organic Chemicals Div., 633 Third Ave., New York 17, N. Y., USA
28. Geigy Co., Ltd., The, Civic Centre Rd., Manchester 22, England
29. Goodrich, B. F., Chemical Co., 3135 Euclid Ave., Cleveland 15, Ohio, USA
30. Gordon-Lacey Chemical Products Co., 57–02 48th St., Maspeth, L. I., USA
31. C. P. Hall Co. of Illinois, 5245 W. 73rd. St., Chicago 38, Ill., USA
32. Harchem Div., Wallace and Tiernan, Inc., 25 Main St., Belleville 9, N. J., USA
33. Hatco Chemicals Div. W. R. Grace & Co., P. O. Box 307, King George Rd., Fords, N. J., USA
34. Hercules Powder Co., Wilmington 99, Del., USA

Tabelle 14 (Fortsetzung)

35	Howards and Sons (Canada) Ltd., P. O. Box 995, Cornwall, Ont., Canada
36	Imperial Chemical Industries Ltd., Millbank, London SW 1, England
37	Kay-Fries Chemicals, Inc., 360 Lexington Ave., New York 17, N. Y., USA
38	Kolker Chemical Corp., 600 Doremus Ave., Newark 5, N. J., USA
39	Kersopp Co., Inc., Tar Products Div., Koppers Bldg., Pittsburgh 19, Pa., USA
40	Lehigh Chemicals Co., Chestertown, Md., USA
41	McKesson and Robbins, Inc., Chemical Dept., 155 E. 44th St., New York 17, N. Y., USA
42	Metallgesellschaft G.m.b.H., 6 Frankfurt
43	Michigan Chemical Corp., St. Louis, Mo., USA
44	Miles Chemicals Company, Div. of Miles Laboratories, Inc., Clifton, N.J., USA
45	Mohaw Industries, Inc., Sparta, N.J., USA
46	Monsanto Co., Organic Chemicals Div., St. Louis 66, Mo., USA
47	Montrose Chemical Div., Baldwin-Montrose Chemical Co., Inc., 100 Lister Ave., Newark 5, N. J., USA
48	Nopco Chemical Co., 60 Park Pl., Newark, N. J., USA
49	Pfizer, Chas. and Co., Inc., Chemical Div., Plastic and Plasticizer Dept., 235 E. 42nd St., New York 17, N. Y., USA
50	Pittsburgh Chemical Co., Grant Bldg., Pittsburgh 19, Pa., USA
51	Reichhold Chemicals, Inc., 525 Broadway, White Plains, N. Y., USA
52	Reichhold Chemie, Schweiz
53	Rohm & Haas Co., 222 W. Washington Sq., Philadelphia 5, Pa., USA
54	Rubber Corp. of America, New South Rd., Hicksville, L. I., N. Y., USA
55	Schill und Seilacher, Chemische Fabrik, 2 Hamburg 74, Postfach 460
56	Shawinigan Chemicals Ltd., 600 Dorchester Blvd., W., Montreal, Que., Canada
57	Sherwin-Williams Co., The, Pigment, Color and Chemical Dept., 101 Prospekt Ave., Cleveland, Ohio, USA
58	Spangenberg Werke, 2 Hamburg-Eidelstedt, Schnackenburgallee 153
59	Swift and Co., Chemicals for Industry Dept., 115 W. Jackson, Blvd. Chicago 4, Ill., USA
60	Tensyn Div., Velsicol Chemical Corp., 4902 Central Ave., Chattanooga, Tenn., USA
61	Thiokol Chemical Corp., 780 N. Clinton Ave., Trenton 7, N. J., USA
62	Thompson Chemical Co., 90 Mendon Ave., Pawtucket, R. I., USA
63	Union Carbide Chemicals Co., Div. of Union Carbide Corp., 270 Park Ave., New York, N. Y., USA
64	Virginia-Carolina Chemical Corp., 401 E. Main St., Richmond 5, Va., USA
65	Wilson-Marin, Div. of Wilson and Co., Inc., Snyder Ave. & Swanson St., Philadelphia 48, Pa., USA
66	Witco Chemical Co., 122 E. 42nd St., New York 17, N. Y., USA
67	Wyandotte Chemicals Corp., Wyandotte, Mich., USA
68	Boake Robets, England
69	Eastman Kodak, Kodak Company, Kingsport, Tenn., USA

Anhang

Tabelle 15. *Bezugsquellen für die angeführten Geräte und Chemikalien*

Bei den angeführten Chemikalien und Geräten handelt es sich lediglich um Beispiele aus unserer Laboratoriumspraxis. Die Liste erhebt keinerlei Anspruch auf Vollständigkeit.

a	1	Carl Schleicher & Schüll, 3354 Dassel/Krs. Einbeck
a	2	Destillationstechnik Stage K. G., 5 Köln-Niehl, Emder Straße 10
a	3	Fa. Thermax, Nerdam, Niederlande
a	4	Fa. Degussa, 645 Hanau
a	5	Fa. Jahnke & Kunkel K.G., 78 Freiburg i. Breisgau
a	6	Parke, Davis & Co., Detroit, Mich., USA; Niederlassung 8 München, Josefspitalstraße 15
a	7	Hillerkus, 415 Krefeld, Ürdingerstraße 463
a	8	
a	9	Netheler & Hinz–Eppendorf Gerätebau GmbH, 2 Hamburg-Wellingsbüttel
a	10	Jenaer Glaswerk Schott & Gen., 65 Mainz
a	11	Ing. Wittmann & Co., 69 Heidelberg, Carl-Bosch-Straße 4
a	12	C. Desaga GmbH, 69 Heidelberg 1, Postfach 407
a	13	Fa. Camag, Muttenz, Schweiz, Homburgerstraße 24
a	14	Shandon Labortechnik GmbH, 5657 Haan/Rheinland, Breidenhoferstraße 16
a	15	Quarzlampengesellschaft, 645 Hanau
a	16	Bodenseewerk Perkin-Elmer, 777 Überlingen
a	17	E. Merck AG, 61 Darmstadt
a	18	Jons-Mansville, 22 East 40 S. T., New York 16, USA. Vertretung: Georg Uhe Export, 2 Hamburg
a	19	W. Büchi, Glasapparatefabrik, Flawil, Schweiz
a	20	Farbenfabriken Bayer AG, Leverkusen
a	21	DOW Chemical Co., Midland, Mich., USA
a	22	Cambridge Ind. Co., Mass., USA
a	23	Ind. Inc., Ohio, USA
a	24	F & M Scientific Corp., Niederlassung: 75 Karlsruhe, Kaiserslauterner Straße 1b
a	25	E. Leitz GmbH, 633 Wetzlar
a	26	Beckman Instruments Inc., 8 München 45
a	27	Aerograph, Wilkens Instruments & Research, Niederlassung: 61 Darmstadt, Bismarckstraße 39
a	28	Mallinckroth Chemical Works, St. Louis, New York, Montreal

Literatur

1. NITSCHE, R., und K. A. WOLF: Kunststoffe. Struktur, physikalisches Verhalten und Prüfung. Berlin–Göttingen–Heidelberg: Springer 1961/62.
2. STUART, H. A.: Die Physik der Hochpolymeren. Band III und IV. Berlin–Göttingen–Heidelberg: Springer 1955/56.
3. RITCHIE, P. D.: Physik der Kunststoffe. Princeton, N. J.: D. van Nostrant Company, Inc. 1965.
4. GNAMM, H., und W. SOMMER: Die Lösungsmittel und Weichmachungsmittel. Stuttgart: Wissenschaftliche Verlagsgesellschaft 1958.
5. THINIUS, K.: Chemie, Physik und Technologie der Weichmacher. Berlin: Verlag Technik 1960.
6. DOOLITTLE, A. K.: The Technology of Solvents and Plasticizers. New York: John Wiley & Sons 1954.
7. MELLAN, J.: Industrial Plasticizer. Oxford, London, New York, Paris: Pergamon Press 1963.
8. BRUINS, P.: Plasticizer Technology 1. New York: Reinhold Publishing Corporation. London: Chapman & Hall, Ltd. 1965.
9. PEEREBOOM, J. W. C.: J. Chromatography **3**, 323 (1960).
10. BRAUN, D.: Gummi, Asbest u. Kunststoffe **18**, 686 (1965).
11. KLEMENT, R., und A. WILD: Z. analyt. Chem. **195**, 180 (1963).
12. LEWIS, J. S., and H. W. PATTON: Gaschromatography, S. 146. New York, London: Academic Press, Inc. 1962.
13. COOK, C. D., E. J. ELGOOD, G. C. SHAW, and D. H. SOLOMON: Analytic. Chem. **34**, 1177 (1962).
14. ESPOSITO, G. G.: Analytic. Chem. **35**, 1430 (1963).
15. ZULAICA, J., and G. GUICHON: Analytic. Chem. **11**, 599 (1964).
16. HARDY, C. J.: J. Chromatography **13**, 372 (1964).
17. RAU, J. H., G. BALBACH und H. HAASE: Melliand Textilber. **5**, 539 (1964).
18. HASLAM, J., W. SOPPET und A. H. WILLIS: J. appl. Chemistry **1**, 112 (1951).
19. RATH, H., H. J. BRIELMAIER, J. Rau und H. FREYER: Melliand Textilber. **42**, 1030 (1961).
20. CACHIA, M., D. W. SOUTHWORTH, and W. H. T. DAVISON: J. appl. Chemistry **8**, 291 (1958).
21. MEISE, W., und H. OSTROMOW: Kunststoffe **54**, 213 (1964).
22. BURNS, W.: J. appl. Chemistry **5**, 599 (1955).
23. WINTERSCHEIDT, H.: Chem. Industrie **26**, 711 (1954).
24. THINIUS, K., und E. SCHRÖDER: Chem. Techn. **6**, 323 (1956).
25. SCHRÖDER, E., und S. MALZ: Plaste und Kautschuk **5**, 416 (1958).
26. FIJOLKA, P., R. KAYLER und I. LENZ: Kunststoffe **49**, 222 (1959).
27. ROBERTSON, M. W., and R. M. ROWLEY: British Plastics **33**, 26 (1960).
28. GUDE, A.: Kunststoffe **52**, 679 (1962).
29. ROBINSON-GÖRNHARDT, L.: Kunststoffe **53**, 517 (1963).
30. ZULAICA, J., et G. GUICHON: Bull. Soc. Chim., France 1242 (1963).
31. KORN, O., und H. WOGGON: Plaste und Kautschuk **11**, 278 (1964).
32. DIEMAIR, W., und K. PFEILSTICKER: Z. analyt. Chem. **212**, 53 (1965).

33. WAKE, W. C.: Die Analyse von Kautschuk und kautschukartigen Polymeren. Stuttgart: Berliner Union-Verlag 1960.
34. THINIUS, K.: Analytische Chemie der Plaste, S. 437. Berlin–Göttingen–Heidelberg: Springer 1952.
35. WANDEL, M., und H. TENGLER: Fette, Seifen, Anstrichmittel **66**, 815 (1964).
36. DIN 51775 und DIN 51787
37. HILL, J. B., and H. B. COATS: Ind. & Engng. Chem. **20**, 641 (1928).
38. KURTZ jr., S.S., and A. L. WARD: J. Franklin Inst. **222**, 563 (1936). s. a. S. S. KURTZ und Mitarbeiter: Analytic. Chem. **28**, 1928 (1956).
39. DIN 53557
40. ASTM D 297 — 60 T März 1960, Part 9, S. 221.
41. JANDER, G., und E. BLASIUS: Lehrbuch der analytischen und präparativen angewandten Chemie. Stuttgart: S. Hirzel 1962.
42. HUMMEL, D.: Gummi-, Lack- und Kunststoffanalyse. Tafelband. München: Carl Hanser 1958.
43. WANDEL, M., und H. TENGLER: Plastverarbeiter **16**, 251 (1965).
44. SCHOENINGER, W.: Microchim. Acta (Wien) **1955**, S. 123.
45. GEDANSKY, S. J., J. E. BOWEN und O. J. MILNER: Z. analyt. Chem. **32**, 1447 (1960).
46. MERZ, W.: Microchim. Acta (Wien) **1959**, S. 456.
47. GIESELMANN, G., und J. HAGEDORN: Microchim. Acta (Wien) **1960**, S. 390.
48. WURZSCHMITT, B., und W. ZIMMERMANN: Fortschr. chem. Forsch. **1**, 485 (1950).
49. PÜSCHEL, R., und H. WITTMANN: Microchim. Acta (Wien) **1960**, S. 670.
50. WAGNER, H.: Microchim. Acta (Wien) **1957**, S. 19.
51. WURZSCHMITT, B.: Chemiker-Ztg. **74**, 356 (1950).
52. — Microchim. Acta (Wien) **36/37**, 769 (1951).
53. WOY, R.: Chemiker-Ztg. **20**, 441 (1897).
54. LUX, H.: Praktikum der quantitativen anorganischen Analyse, S. 99. München: J. F. Bergmann 1963.
55. PREGL – ROTH: Quantitative organische Mikroanalyse, S. 109. Wien: Springer-Verlag 1958.
56. STAHL, E.: Dünnschichtchromatographie. Weinheim: Verlag Chemie 1962.
57. RANDERATH, K.: Dünnschichtchromatographie. Weinheim: Verlag Chemie 1962.
58. TRUTER, E. V.: Thin Film Chromatography. London: Cleaver-Hume Press Ltd. 1963.
59. BOBBIT, J. M.: Thin Layer Chromatography. New York: Reinholt Publishing Corporation 1963.
60. BRAUN, D.: Chimia **19**, 77 (1965).
61. — Kunststoffe **52**, 2 (1962).
62. WANDEL, M., und H. TENGLER: Kunststoff-Rundschau **12**, 559 (1965).
63. — — Kunststoffe **55**, 655 (1965).
64. — — Plastverarbeiter **16**, 711 (1965).
65. — — Plastverarbeiter **16**, 607 (1965).
66. BRAUN, D., and H. GEENEN: J. Chromatography **7**, 56 (1962).
67. KNAPPE, W., und D. PETERI: Z. analyt. Chem. **188**, 184 (1962).
68. BRAUN, D., und G. VORENDOHRE: Z. analyt. Chem. **207**, 26 (1965).
69. PASTUSKA, G.: Z. analyt. Chem. **179**, 355 (1961).
70. —, und J. H. PETROWITZ: Chemiker-Ztg. **86**, 311 (1962).
71. DHONT, J. H., und C. de ROOY: Analyst **86**, 527 (1961).

72. BAYER, E.: Gaschromatographie. Zweite Auflage. Berlin–Göttingen–Heidelberg: Springer 1962.
73. KAISER, R.: Chromatographie in der Gasphase. Bände I, II, III, IV. Hochschultaschenbücher. Mannheim: Bibliographisches Institut 1960—1965.
74. KEULEMANNS, A. J. M., und E. CREMER: Gaschromatographie. Weinheim: Verlag Chemie 1959.
75. WANDEL, M., und H. TENGLER: Gummi, Asbest u. Kunststoffe **19**, 141 (1966).
76. — — GIT **9**, 297 (1965).
77. — — DLR **59**, 326 (1963).
78. — — DLR **60**, 335 (1964).
79. PFAB, W.: Untersuchungslaboratorium der BASF, private Mittlg.
80. KELKER, H.: Analytisches Laboratorium der Farbwerke Hoechst, private Mittlg.
81. WANDEL, M., und H. TENGLER: DLR **62**, 40 (1966).
82. HAGETHORN, N. E. M., und I. P. I. van KERSTEREN: Plastica **9**, 448 (1956)
83. KENDALL, D. N.: J. appl. Spectroscopy **7**, 179 (1953).
84. HUMMEL, D.: Kunststoff-, Lack- und Gummianalyse. Textband. München: Carl Hanser Verlag 1958.
85. BELLAMY, L. J.: Ultrarot-Spektrum und chemische Konstitution. Darmstadt: Dr. Dietrich Steinkopff 1955.
86. BRÜGEL, W.: Einführung in die Ultrarotspektroskopie. Darmstadt: Dr. Dietrich Steinkopff 1962.
87. COLTHUP, N. B., L. H. DALY, and S. E. WIBERLEY: Introduction to Infrared and Raman Spectroscopy. New York, London: Academic Press 1964.
88. Modern Plastics Encyclopedia 356—380 (1965).

Quellennachweis der Abbildungen

Soweit die Abbildungen dieses Buches in Zeitschriften veröffentlicht wurden, sind sie nachstehend mit Quellenangaben aufgeführt.

Autor	Thema	Zeitschrift	Abb.-Nr. in diesem Buch
M. Wandel H. Tengler	Chromatographische Verfahren zur Identifizierung von Weichmachern, Analyse von Citronen- und Sebacinsäureestern	Kunststoff-Rundschau **12**, 559 (1965)	12, 13, 14, 15, 34, 35
M. Wandel H. Tengler	Chromatographische Verfahren zur Identifizierung von Weichmachern, Analyse von Phthalsäureestern	Kunststoffe **55**, 655 (1965)	16, 17, 64, 65, 39
M. Wandel H. Tengler	Methoden zur Identifizierung von Stabilisatoren – Salicylsäurephenylester und Resorcinmonobenzoat	Fette, Seifen, Anstrichmittel **66**, 815 (1964)	22, 23, 51
M. Wandel H. Tengler	Chromatographische Verfahren zur Identifizierung von Weichmachern – Analyse von Adipin- und Azelainsäureestern	Plastverarbeiter **16**, 251 (1965)	10, 11, 53, 54, 55, 56, 57, 58, 59, 60
M. Wandel H. Tengler	Chromatographische Verfahren zur Identifizierung von Weichmachern, Analyse von Phosphorsäureestern	Plastverarbeiter **16**, 607 (1965)	4, 5, 6, 18, 19, 20, 21, 71, 72, 73, 42, 43, 44, 45
M. Wandel H. Tengler	Chromatographische Verfahren zur Identifizierung von Weichmachern, Analyse von Monocarbonsäureestern und Polyesterweichmachern	Plastverarbeiter **16**, 711 (1965)	29, 30, 31, 32, 33, 36, 37, 38, 39, 40, 41, 47, 48, 49, 50
M. Wandel H. Tengler	Pyrolyse und Reaktionskammer für Gaschromatographie	G.I.T. **9**, 297 (1965)	74, 75
D. Braun	Qualitative Analyse von Weichmachern mittels Dünnschichtchromatographie	Chimia **19**, 77 (1965)	24
D. Braun G. Vorendohre	Über den dünnschichtchromatographischen Nachweis von phenolischen Komponenten in Weichmachern, Standard Extraktionsapparatur	Z. analyt. Chem. **207**, 26 (1965) British Standards B.S. 903	25 3

Sachverzeichnis

Im Verzeichnis verwendete Abkürzungen:

DC Dünnschichtchromatographie WM Weichmacher
GC Gaschromatographie PVC Polyvinylchlorid
IR Infrarotspektroskopie

Die in Tabelle 13 (Handelsnamen und Bezugsquellen für die angeführten Weichmacher) verwendeten Indizes (b ...) sind auch im Sachverzeichnis bei den Weichmachern jeweils mit angegeben.

Absorption 134, 137
Absorptionsstellen, siehe Banden
Abtrennung von Weichmachern 5
    durch fest-flüssig-Extraktion 6
    durch flüssig-flüssig-Extraktion 8
    von Resorcinmonobenzoat 8, 64
O-(Acetyl)-citronensäure
    Triäthylester der 55
        DC-Analyse von 55
        GC-Analyse von
            110, 111, 112, 128
    Tri-(2-äthylhexyl)-ester der
        DC-Analyse von 55
        GC-Analyse von
            110, 111, 112, 128
    Tributylester der
        DC-Analyse von 55
        GC-Analyse von
            110, 111, 112, 119, 128
O-(Acetyl)-ricinolsäure
    Butylester der
        GC-Analyse von 99
        IR-Analyse von 139
    Methylester der
        GC-Analyse von 84
Acrylkautschuk 17
Acrylnitril-Butadien-Copolymeres 17
Adimoll BB (b 12),
    siehe Benzylbutyladipat
Adimoll BO (b 13),
    siehe Benzyloctyladipat

Adimoll DB (b 8),
    siehe Dibutyladipat
Adipate, siehe Adipinsäure
Adipinsäure,
    DC-Analyse von 67
    2-Äthylhexylester der 50
        Produktionszahl von 2
        GC-Analyse von 101, 103
    Benzyl-(2-äthylhexyl)-ester der
        50
        DC-Analyse von 50
        GC-Analyse von 104, 128
        nach Umesterung 85
    Benzylbutylester der
        DC-Analyse von 50
        GC-Analyse von 103, 128
        IR-Analyse von 139
    Dibutylester der
        DC-Analyse von 50
        GC-Analyse von 101, 103, 128
        nach Pyrolyse 117
    Di-(i-decyl)-ester der
        Produktionszahl von 2
    Dimethylester der
        GC-Analyse von 85, 126
    Di-(i-nonyl)-ester der
        DC-Analyse von 50
        GC-Analyse von 101, 102,
        128
    Dinonylester der
        DC-Analyse von 50, 67
        GC-Analyse von 101, 128

Sachverzeichnis

Adipinsäure,
   Dioctylester der, siehe Di-
   (2-äthylhexyl)-adipat
   GC-Analyse von 101, 103
   nach Pyrolyse 117
   Ester der
     in Celluloseester 7
     DC-Analyse von 50
     Extraktion von 6
     Farbreaktionen der 51
     GC-Analyse von 101
     IR-Analyse von 139
     Nachweis von 27
     Produktionszahl von 2
     in PVC 6
     in Kautschuk 17
   Octyldecylester der
     Produktionszahl von 2
   Polyester der
     DC-Analyse von 51
     Extraktion von 6
     GC-Analyse von 95
Adipoll 2 EH (b 12),
   siehe Benzylbutyladipat
Admex 433 (b 76), Polyester 167
Admex 515 (b 76), Polyester 166
Admex 518 (b 76), Polyester 167
Admex 522 (b 76), Polyester 167
Admex 523 (b 76), Polyester 167
Admex 760 (b 76), Polyester 167
Admex 761 (b 76), Polyester 167
Admex 770 (b 76), Polyester 167
Adsorbentien 44
Aliphatische WM,
   Produktionszahl 2
Alkohole,
   DC-Analyse 71
   monofunktionelle
     GC-Analyse 87
   polyfunktionelle
     GC-Analyse 89
Alkylsulfonsäure,
   Kresylester der
     GC-Analyse von 123
Alkylsulfonsäure,
   Phenylester der
     GC-Analyse von 123
Amberlite IR 120,
   H-Form 68
Ammoniummolybdat 21, 31
Ammoniumnitrat 21

Analysengang,
   qualitativer 158
Anfärben 48
Ansprühen 48, 49
Antioxydantien 118
Äthanol, GC-Analyse von 88, 90, 129
Äther-Thioäther (b 79) 168
Ätherweichmacher
   in Kautschuk 15
Äthylbuttersäure 81
   Methylester der 126
     GC-Analyse von 82, 83
Äthylenglykol 89
   GC-Analyse von 90, 91, 127
Äthylenglykolsuccinat 84
Äthylen-propylen-Co- und
   Terpolymere (EPM u. EPT) 18
2-Äthylhexanol,
   GC-Analyse von 88, 90, 121, 129
2-Äthylhexansäuremethylester,
   GC-Analyse von 83, 126
2-Äthylhexoesäureester
   des Triäthylenglykols 8
Aufheller 45
   -platten 46
Aufschluß des WM 20
   nach WURZSCHMITT 35
Ausfällen des Polymeren 9
Ausschütteln 8
Azelainsäure 95
   DC-Analyse von 52
   Di-(2-äthylbutyl)-ester der 52
     DC-Analyse von 52
     GC-Analyse von 105, 128
   Di-(2-äthylhexyl)-ester der 52
     DC-Analyse von 52
     GC-Analyse von 105, 128
     IR-Analyse von 139
   Dibutylester der 52
     DC-Analyse von 52
     GC-Analyse von 105, 128
   Dihexylester der 52
     DC-Analyse von 52
     GC-Analyse von 105, 128
   Ester der
     in Celluloseestern 7
     DC-Analyse von 52
     GC-Analyse von 104
     IR-Analyse von 139
     Produktionszahl von 2
Azelate, siehe Azelainsäure

Bande, siehe Peak
  bei der IR-Spektroskopie 134, 136
Bariumperchloratlösung 35
Benzidinlösung, diazotierte 70, 71
Benzoesäure 81
  Methylester der
    GC-Analyse von 96, 126
Benzoflex 2–45 (b 62), siehe
  Diäthylenglykoldibenzoat
Benzylbutyladipat,
  siehe Adipinsäure
Benzylbutylphthalat,
  siehe Phthalsäure
Benzyloctyladipat,
  siehe Adipinsäure
Beschichten 47
Besprühen 44
Beugungsgitter 133
Bisoflex 91 (b 69),
  siehe Phthalsäuredibutylester
Bisoflex 102 (b 72), siehe
  Triäthylenglykoldicaprylat 166
Blankophor DCB 45
BR, siehe Butadien-Kautschuk
Bromid,
  maßanalytische Mikro-
    bestimmung von 34
  Nachweis von 21
Bromkal P 67 (b 7), siehe
  Tris-(2,3-dibromproylphosphat)
  161
Bromkresolgrün 67
Bromkresolpurpur 67
Butadien-Acrylnitril-Kautschuk
  (NBR) 17
Butadien-Kautschuk (BR) 16
Butandiol,
  1,3-,
    GC-Analyse von 91, 127
  1,4-,
    GC-Analyse von 91, 127
  2,3-,
    GC-Analyse von 91, 127
n-Butanol,
  GC-Analyse von 88, 90, 129
Buttersäuremethylester,
  GC-Analyse von 82, 83, 126
Butylkautschuk (IIR) 17
Butylphenol, p-tert.,
  als innerer Standard 95, 125
Butyloleat (b 74) 166

Caprinsäure 81
  Methylester der,
    GC-Analyse von 83, 126
Capronsäure 81
Caprylsäure 81
  Methylester der,
    GC-Analyse von 83, 126
  Triäthylengylkoldiester der,
    IR-Analyse von 139
Carbonsäureester,
  GC-Analyse von 81, 95
  IR-Analyse von 137
Carbonsäuremethylester,
  GC-Analyse von 81
CDP (b 47),
  siehe Di-(phenyl)-kresylphosphat
Celite 84
Celluflex CEF (b 42),
  siehe Trichloräthylphosphat
Celluflex TPP (b 46),
  siehe Triphenylphosphat
Celluflex 112 (b 47),
  siehe Diphenylkresylphosphat
Celluflex 179 EG (b 48),
  siehe Trikresylphosphat
Cellulose,
  -acetat 7
    Lösen von 9
  -acetobutyrat 7
  -acetopropionat 7
  -ester 7, 8
    Lösen von 10
    WM in 7
Celluphos 4 (b 43),
  siehe Tributylphosphat
Cer(III)-Maßlösung 33
Chlorid, Bestimmung von
  maßanalytische Mikromethode 34
  titrimetrisch nach VOLHARD 40
  mittels Wurzschmittbombe 39
Chlorkohlenwasserstoffe in
  Kautschuk 15
Chloropren-Kautschuk (CR) 17
Chlorwasser, Herstellung von 22
Chromosorb 75
Citrate, siehe Citronensäure
Citroflex 2 (b 27), siehe
  Citronensäuretriäthylester
Citroflex 4 (b 28), siehe
  Citronensäuretributylester
Citroflex A 2 (b 29), siehe O-(Acetyl)-
  citronensäuretriäthylester

Sachverzeichnis

Citroflex A 4 (b 30), siehe O-(Acetyl)-
citronensäuretributylester
Citroflex A 8 (b 31), siehe O-(Acetyl)-
citronensäuretri-(2-äthylhexyl)-
ester
Citronensäure 81
  DC-Analyse von 67
  Ester der,
    DC-Analyse von 55
    Extraktion von 6
    GC-Analyse von 85, 110
    IR-Analyse von 140
    in PVC 6
  Triäthylester der
    DC-Analyse von 56
    GC-Analyse von 110, 128
  Tributylester der
    DC-Analyse von 56, 57
    GC-Analyse von 110, 128
  Trimethylester der
    GC-Analyse von 85, 86, 87,
    112, 127
CR, siehe Chloropren-Kautschuk
CSM, siehe sulfochloriertes
Polyäthylen
Cumaronharze 13
Cumaron-Indenharze 13
Cyclische Weichmacher,
Produktionszahl 2
Cyclohexan 70

Darex DBP (b 36),
  siehe Dibutylphthalat
Darex DBS (b 22),
  siehe Dibutylsebacat
DCHP 730 (b 55),
  siehe Di-(cyclohexyl)-phthalat
Decanol,
  i-,
    GC-Analyse von 89, 90, 129
  n-,
    GC-Analyse von 89, 90, 129
DEP 770 (b 35),
  siehe Diäthylphthalat
Detektor 78
Diacetin (b 58),
  siehe Glycerindiacetat
Diäthylenglykol,
  GC-Analyse von 81, 89, 95, 127
  -dibenzoat,
    GC-Analyse von 99
    IR-Analyse von 146

Di-(2-äthylbutyl)-azelat,
  siehe Azelainsäure
Di-(2-äthylhexyl)-adipat,
  siehe Adipinsäure
Di-(2-äthylhexyl)-azelat,
  siehe Azelainsäure
Di-(2-äthylhexyl)-phthalat,
  siehe Phthalsäure
Di-(2-äthylhexyl)-sebacat,
  siehe Sebacinsäure
Diäthylphthalat, siehe Phthalsäure
Diäthylsebacat, siehe Sebacinsäure
Diazoniumlösung 71
Dibenzyläther (b 73) 166
Dibenzylsebacat, siehe Sebacinsäure
2,6-Dibromchinonchlorimid 28
Dibutyladipat, siehe Adipinsäure
Dibutylazelat, siehe Azelainsäure
Dibutylphthalat, siehe Phthalsäure
Dibutylsebacat, siehe Sebacinsäure
Dicarbonsäuremethylester,
  GC-Analyse von 85, 86, 87, 100
Dicyclohexylphthalat (b 55), 165
Di-(i-decyl)-adipat,
  siehe Adipinsäure
Di-(i-decyl)-phthalat,
  siehe Phthalsäure
Di-(i-dodecyl)-phthalat (b 70) 166
Di-(i-tridecyl)-phthalat (b 56) 166
Dihexylazelat, siehe Azelainsäure
Dihexylphthalat (b 53) 165
DIBP (b 68),
  siehe Di-(iso-butyl)-phthalat
Dimethoxyäthylphthalat,
  siehe Phthalsäure
Dimethylazelat 85, 86, 87
Dimethylcyclohexylphthalat,
  siehe Phthalsäure
Dimethyldichlorsilan 75
Dimethylphenol,
  DC-Analyse von 69
Dimethylphthalat,
  siehe Phthalsäure
Dimethylthiantren (b6) 161
Dimethylsebacat,
  siehe Sebacinsäure
Dina (b 11),
  siehe Di-(iso-nonyl)-adipat
3,5-Dinitrobenzoesäure 72
  Äthylester der,
    DC-Analyse von 72

3,5-Dinitrobenzoesäure 72
  2-Äthylhexylester der,
    DC-Analyse von 72
  Benzylester der,
    DC-Analyse von 72
  Butylester der,
    DC-Analyse von 72
  Cyclohexylester der,
    DC-Analyse von 72
  n-Decylester der,
    DC-Analyse von 72
  Ester der,
    DC-Analyse von 66, 72
  Glycerinester der,
    DC-Analyse von 72
  n-Hexylester der,
    DC-Analyse von 72
  Methylester der,
    DC-Analyse von 72
  n-Octylester der,
    DC-Analyse von 72
Dinitrobenzoylchlorid 72
Dinonylphthalat (b69) 166
Dinonyladipat, siehe Adipinsäure
Di-(i-butyl)-phthalat (b68) 166
Di-(i-nonyl)-adipat,
  siehe Adipinsäure
Di-(i-nonyl)-phthalat,
  siehe Phthalsäure
Dioctylphthalat, siehe Phthalsäure
Di-(n-octyl)-sebacat,
  siehe Sebacinsäure
Diphensäure 72
Diphenylcarbazon 34
Diphenylkresylphosphat,
  siehe Phosphorsäure
Diphenyloctylphosphat,
  siehe Phosphorsäure
Diphenylxylenylphosphat,
  siehe Phosphorsäure
Disflamoll (b 67),
  siehe Tri-(2-äthylhexyl)-phosphat
Disflamoll DPK (b 47),
  siehe Diphenylkresylphosphat
Disflamoll DPO (b 45),
  siehe Diphenyloctylphosphat
Disflamoll TB (b 43),
  siehe Tributylphosphat
Disflamoll TCA (b 43),
  siehe Tributylphosphat
Disflamoll TKP (b 48),
  siehe Trikresylphosphat

Disflamoll TOF (b 44),
  siehe Trioctylphosphat
Disflamoll TP (b 46),
  siehe Triphenylphosphat
Disflamoll XDP (b 49),
  siehe Diphenylxylenylphosphat
DMP 771 (b 34),
  siehe Dimethylphthalat
DNA (b 9), siehe Dinonyladipat
DOA (b 10),
  siehe Di-(2-äthylhexyl)-adipat
DOP (b 41),
  siehe Di-(2-äthylhexyl)-phthalat
DOS (b 23),
  siehe Di-(2-äthylhexyl)-sebacat
DOS (b 60), siehe Di-n-octylsebacat
DP-100 (b 76), Polyester 167
Drapex 7,7 (b 76), Polyester 167
Dünnschichtchromatographie 44
  direkte 49
  Geräte für die 45
  der Verseifungsprodukte 66
Dünnschichtchromatogramme,
  Dokumentation der 49
Dünnschichtplatten,
  Herstellung der 46
Durchlässigkeit 134

Elastex 28-P (b 41),
  siehe Di-(2-äthylhexyl)-phthalat
Elastex 60 A (b 10),
  siehe Di-(2-äthylhexyl)-adipat
Elastex DCHP (b 55),
  siehe Di-(cyclohexyl)-phthalat
Elastex 26-P (b 70),
  siehe Di-(iso-tridecyl)-phthalat
Eluierungsdiagramm, Größen im 79
Elutionsmittel 44, 74
Emery 2301 (b 60),
  siehe Methyloleat
Emery 3661 D (b 16),
  siehe Dibutylazelat
Empol 1040 Trimer Acid 92
Emulsionsweichmacher
  in Kautschuk 15
EPM und EPT,
  siehe Äthylen-propylen-Co-
  u. Terpolymere
Epoxidierte Ester,
  Produktionszahl 2

Sachverzeichnis

Eriochromschwarz T 33
Essigsäure
  -glycerinester, siehe Glycerin
  -methylester,
    GC-Analyse von 82, 83, 126
Ester, Prüfung auf 27
Esterweichmacher 118
Extinktion 137
Extinktionskoeffizient, molarer 137
Extraktion,
  fest-flüssig 5, 6
  flüssig-flüssig 5, 8
  mit Aceton 11, 18
  mit Äthanol 6
  mit Äther 6, 7, 19, 95, 121, 122, 124
  mit Dichloräthan 6
  mit Methanol 6, 7, 19, 95
  mit Methylenchlorid 6, 120
  mit Pentan 6
  mit Petroläther 6, 9, 19
  mit i-Propanol 6
  mit Tetrachlorkohlenstoff 6, 7

Faktor,
  gaschromatographischer 125
  chemischer 125
Ferrichlorid 22
Fettsäure, siehe Carbonsäure
Fichtenteer 13
Firemaster T 23 P (b 7),
  siehe Tris-(2,3-dibrompropyl)-phosphat
Flammenionisationsdetektor
Flexol 2-88 (b 19),
  siehe Di-(2-äthylhexyl)-azelat
Flexol DBP (b 36),
  siehe Dibutylphthalat
Flexol A-26 (b 10),
  siehe Di-(2-äthylhexyl)-adipat
Flexol R-2H (b 76), Polyester 167
Flexol 10-10 (b 40),
  siehe Di-(iso-decyl)-phthalat
Flexol 13-13 (b 70),
  siehe Di-(iso-tridecyl)-phthalat
Flexol DOP (b 41),
  siehe Di-(2-äthylhexyl)-phthalat
Flexol 3 GO (b 3),
  siehe Triäthylenglykoldi-(2-äthylhexoat)
Flexol TCP (b 48),
  siehe Trikresylphosphat

Flexricin P-4 (b 51),
  siehe Methyl-(acetyl)-ricinoleat
Flexricin P-1 (b 64),
  siehe Ricinolsäuremetylester
Flexricin P-6 (b 63),
  siehe O-(Acetyl)-ricinolsäure-butylester
Fluoreszenzfarbstoff 48
Formamid 69, 70
Fraktogramm,
  qualitative Auswertung 78
  quantitative Auswertung 80

Gaschromatographie 74
  direkte 97
  Faktoren bei der 125
  Prinzip der 74
  Trennsäulen für die 75
Gas-Flüssigkeitschromatographie 75
Gas-Liquidus-Chromatographie 75
Gelatine-Kapsel 36
Gitterspektrometer 134
Gleitmittel 118
Glycerin 81, 89, 95
  GC-Analyse von 91, 127
  -diacetat 81
    GC-Analyse von 97, 98, 127
  -monoacetat 81
    GC-Analyse von 97, 98, 127
  -triacetat 81
    GC-Analyse von 97, 98, 127
Glykol, GC-Analyse von 89, 127
  -monoäthyläther 82
    GC-Analyse von 88, 90, 129
  -monobutyläther 82
    GC-Analyse von 88, 90, 129
  -monomethyläther,
    GC-Analyse von 88, 90, 129
  -monopropyläther,
    GC-Analyse von 88, 90, 129
Golay-Säule 75
Goodrite GP-233 (b 10),
  siehe Di-(2-äthylhexyl)-adipat
Goodrite GP-264 (b 41),
  siehe Di-(2-äthylhexyl)-phthalat
Goodrite GP-266 (b 40),
  siehe Di-(iso-decyl)-phthalat
Goodrite GP-269 (b 70),
  siehe Di-(iso-dodecyl)-phthalat

Halogen,
  Nachweis von 21, 158
  quantitative Bestimmung von 29

Hallco HA-5-A (b 76) 167
Hallco HA-57 (b 76) 167
Hallco HA-7-A (b 76) 167
Harflex BO (b 74), siehe Butyloleat
Harflex 10 (b 20),
   siehe Dimethylsebacat
Harflex 40 (b 22),
   siehe Dibutylsebacat
Harflex 50 (b 60),
   siehe Di-n-octylsebacat
Harflex 90 (b 24),
   siehe Dibenzylsebacat
Harflex 110 (b 40),
   siehe Di-(iso-decyl)-phthalat
Harflex 140 (b 36),
   siehe Dibutylphthalat
Harflex 150 (b 10),
   siehe Di-(2-äthylhexyl)-adipat
Harflex 150 (b 41),
   siehe Di-(2-äthylhexyl)-phthalat
Harflex 160 (b 59),
   siehe Dihexylphthalat
Harflex 190 (b 70),
   siehe Di-(iso-tridecyl)-phthalat
Harflex 209 (b 9),
   siehe Dinonyladipat
Harflex 300 (b 76) 167
Harflex 320 (b 76) 167
Harflex 321 (b 76) 167
Harflex 325 (b 76) 167
Harflex 330 (b 76) 167
Harflex 375 (b 76) 167
Harnstoffharz 11
n-Heptanol,
   GC-Analyse von 88, 90, 129
Hercoflex 210 (b 40),
   siehe Di-(isodecyl)-phthalat
Hercoflex 260 (b 41),
   siehe Di-(2-äthylhexyl)-phthalat
Hercoflex 900 (b 76) 167
Heteroelemente,
   Nachweis für 20, 158
   quantitative Bestimmung 29
Hexamethylentetramin 32
n-Hexanol,
   GC-Analyse von 88, 90, 129
Hexaplas PPA (b 15),
   siehe Polypropylenglykoladipat 162
Howflex 2001 (b 33),
   siehe Di-(methoxyäthyl)-
      phthalat

Howflex DBS (b 22),
   siehe Dibutylsebacat
Howflex DBP (b 36),
   siehe Dibutylphthalat
Howflex SP (b 38),
   siehe Di-(methylcyclohexyl)-
      phthalat
Howflex DiDP (b 40),
   siehe Di-(iso-decyl)-phthalat
Howflex DOP (b 41),
   siehe Di-(2-äthylhexyl)-phthalat
Howflex CP (b 55),
   siehe Di-(cyclohexyl)-phthalat
Hydrazinsulfatlösung 31
Hydroxylaminhydrochlorid 32

Identifizierung der
   WM 49
   Adipate 50
   Alkohole 71, 72, 73
   Azelate 52
   Citrate 55
   Phenole 69, 70, 71
   Phosphate 60
   Phthalate 57
   Säuren 67, 68, 69
   Sebacate 53
IIR, siehe
   Isobutylen–Isopren-Kautschuk
innerer Standard 121
Infrarotspektrometer 133
Infrarotspektroskopische Analyse 133
   Apparatives 133
   Infrarotspektrum 135
Ionenaustauscher 68
Isobutylen-Isopren-Kautschuk
   (IIR) 17
Isolierung des WM
   aus Lebensmitteln 119
isotherme Arbeitsweise 78

Joddampf 48

Kapillartrennsäulen 75
Kautschuk 12, 13, 14, 15, 16, 17, 18
Kautschuk
   -mischungen,
      Extraktion 18, 19
   -vulkanisate,
      Extraktion 18, 19
Kesscoflex BO (b 75),
   siehe Tri-(butoxyäthyl)-phosphat

Kesscoflex MCP (b 33),
  siehe Di-(methoxyäthyl)-phthalat
Kieselgel G, Platten mit,
  Herstellung von 46
  mit Blankophor 46
  imprägnierten 68, 71
Kieselgel HF 254 60
Kieselgur 75
Kjeldahl-Stickstoffbestimmungsapparatur 42
Klassifizierung nach der VDK 12
Koflex (b 36),
  siehe Dibutylphthalat
Koflex (b 40),
  siehe Di-(iso-decyl)-phthalat
Koflex (b 41),
  siehe Di-(2-äthylhexyl)-phthalat
Koflex (b 47),
  siehe Diphenylkresylphosphat
Koflex (b 48),
  siehe Trikresylphosphat
Koflex DEP (b 35),
  siehe Diäthylphthalat
Koflex DMP (b 34),
  siehe Dimethylphthalat
Koflex DOA (b 10),
  siehe Di-(2-äthylhexyl)-adipat
Kohlenstoffverteilungsanalyse 13
KP 140 (b 75),
  siehe Tri-(butoxyäthyl)-phosphat
KP 201 (b 55),
  siehe Di-(cyclohexyl)-phthalat
Kresol,
  DC-Analyse von 69
  GC-Analyse von 91, 123, 128
Kronitex AA (b 48),
  siehe Trikresylphosphat
Kronitex MX (b 47),
  siehe Diphenylkresylphosphat

Lambert-Beer'sches Gesetz 137
Laufmittel 44
Laurinsäure 81
  Methylester der, GC-Analyse
    von 83, 84, 86, 87, 126
Lebensmittel, -extrakt 118
  WM in 118
    Bestimmung der 120, 121
Leflex 6100 (b 76) 167
Leflex 6815 (b 10),
  siehe Di-(2-äthylhexyl)-adipat

Leflex DOZ (b 19),
  siehe Di-(2-äthylhexyl)-azelat
Lindol (b 48),
  siehe Trikresylphosphat
Linolensäure, Methylester der,
  GC-Analyse von 84, 86, 87, 127
Linolsäure, Methylester der,
  GC-Analyse von 84, 86, 87, 127
Lösen des Kunststoffes 9

Mesamoll (b 1),
  siehe Alkylsulfonsäureester
  Extraktion von 6
  GC-Analyse von 123
  in PVC 6
Methanol,
  GC-Analyse von 83, 88, 90, 129
Methylacetylricinoleat (b 51) 165
Methylcyclohexanol,
  GC-Analyse von 88, 90, 129
Methylen-(bis-thioglykolsäure)
  butylester (b 4) 161
Methyloleat, siehe Ölsäure
Methylsalicylat, siehe Salicylsäure
Mineralölweichmacher 14
Mohawk Polymeric EMT (b 76), 167
Molybdänblau 31
Molybdathydrazinreagens 31
Monoacetin (b 57),
  siehe Glycerinmonoacetat
Monocarbonsäure, Ester der,
  GC-Analyse von 81
  Methylester der,
    GC-Analyse von 81
    höhere,
      GC-Analyse 84, 86, 87
    mittlere,
      GC-Analyse 83, 85, 86
    niedere, GC-Analyse
      82, 83
Monochromator,
  für IR-Spektroskopie 133, 134
Monoplex DOA (b 10),
  siehe Di-(2-äthylhexyl)-adipat
Monoplex DBS (b 22),
  siehe Dibutylsebacat
Monoplex DOS (b 54),
  siehe Di-n-octylsebacat
Morflex 110 (b 41),
  siehe Di-(2-äthylhexyl)-phthalat
Morflex 130 (b 40),
  siehe Di-(iso-decyl)-phthalat

Morflex 140 (b 36),
    siehe Dibutylphthalat
Morflex 210 (b 54),
    siehe Di-n-octyl-sebacat
Morflex 240 (b 22),
    siehe Dibutylsebacat
Morflex 310 (b 10),
    siehe Di-(2-äthylhexyl)-adipat
Morflex 410 (b 19),
    siehe Di-(2-äthylhexyl)-azelat
Morflex P 50 (b 76) 167
Morflex P 50A (b 76) 167
Morflex P 51A (b 76) 167
Morflex X 1125 (b 70),
    siehe Di-iso-decylphthalat
Myristinsäure,
    Methylester der, GC-Analyse
    von 84, 86, 87, 126

NaCl-Prisma 133, 134
Natriumboratpuffer 28
Natriumcapronat 75
Natriumdiäthyldithiocarbamat 68
Naturkautschuk (NR) 16
Neatan neu 49
Nitrocellulose 8, 9, 11
    Extraktion von 9
    Lösen von 11
3-Nitrophthalsäure 72
Nitroprussidnatrium 22
i-Nonylalkohol, GC-Trennung von
    88, 89, 80, 129
Nopco 1060 C (b 64),
    siehe Rizinolsäuremethylester
Nopco 2060 (b 60), siehe Methyloleat
Nopco DBP (b 36),
    siehe Dibutylphthalat
Nopco DBS (b 22),
    siehe Dibutylsebacat
Nopco DOA (b 10),
    siehe Di-(2-äthylhexyl)-adipat
Nopco DOP (b 41),
    siehe Di-(2-äthylhexyl)-phthalat
Nopco DOS (b 54),
    siehe Di-n-octylsebacat
NP 10 (b 76) 167
NR, siehe Naturkautschuk

n-Octanol,
    GC-Analyse von 89, 90, 129
Octyldecyladipat,
    siehe Adipinsäure

Octyldecylphthalat,
    siehe Phthalsäure
Octylphenylphosphat,
    siehe Phosphorsäure
Oleinsäure, Ester der,
    Produktionszahl 2
Ölsäure 82
    Methylester der, GC-Analyse
    von 84, 86, 87, 127
Optischer Aufheller, 45
Orthophosphat,
    siehe auch Phosphorsäure 32
    Titration von 32
Oxycarbonsäure 81
Palatinol A (b 35),
    siehe Diäthylphthalat
Palatinol AH (b 41),
    siehe Di-(2-äthylhexyl)-phthalat
Palatinol BB (b 37),
    siehe Benzylbutylphthalat
Palatinol C (b 36),
    siehe Dibutylphthalat
Palatinol 3C (b 68),
Palatinol DN (b 69),
    siehe Dinonylphthalat
Palatinol M (b 34),
    siehe Dimethylphthalat
Palatinol O (b 33),
    siehe Di-(methoxyäthyl)-phthalat
Palatinol Z (b 40),
    siehe Di(-iso-decyl)-phthalat
Palmitinsäure, Methylester der,
    GC-Analyse von 84, 86, 87, 127
Paraffinöl 8
Paraplex G-25 (b 26),
    siehe Sebacinsäurepolyester
Paraplex G-25 (b 76) 167
Paraplex G-30 (b 76) 167
Paraplex G-31 (b 76) 167
Paraplex G-40 (b 76) 167
Paraplex G-41 (b 76) 167
Paraplex G-50 (b 76) 167
Paraplex G-53 (b 76) 167
Paraplex G-54 (b 76) 167
Peak 74
    maximum 78
Pelargonsäure 81
    Methylester der,
        GC-Analyse von 83, 126
    Polyester der 7
Perforator 5, 8

Permaflex DiDP (b 40),
 siehe Di-(iso-decyl)-phthalat
Permaflex DOA (b 10),
 siehe Di-(2-äthylhexyl)-adipat
Permaflex DOP (b 41),
 siehe Di-(2-äthylhexyl)-phthalat
Permaflex DOZ (b 19),
 siehe Di-(2-äthylhexyl)-azelat
Pfizer DCHP (b 55),
 siehe Di-(cyclohexyl)-phthalat
Pfizer DEP (b 35),
 siehe Diäthylphthalat
Phenol, DC-Analyse von 69, 70, 71
 GC-Analyse von 91, 123, 128
 Verbindungen des,
  DC-Analyse von 69
  GC-Analyse von 91
Phosphate, siehe Phosphorsäure
Phosphatweichmacher,
 GC-Analyse von 112
 Nachweis von 59, 60
Phosphor, Bestimmung von 29
 photometrische 31
 titrimetrische 32
 mit Hilfe der Wurzschmitt-
  bombe 35
 Nachweis von 21
 Fällung nach Woy 37
Phosphorsäure, DC-Analyse von 67
 Di-(phenyl)-(2-äthylhexyl)-
  ester der,
   GC-Analyse von 112, 127
 Diphenylkresylester der,
  DC-Analyse von 61, 62
  GC-Analyse von 114
 Diphenyloctylester der,
  DC-Analyse von 61, 62
 Diphenylxylenylester der,
  DC-Analyse von 61, 62
  GC-Analyse von 91
 Ester der, in Celluloseester 7
  DC-Analyse von 60
  in Kautschuk 14
  Extraktion von 6
  GC-Analyse von 112
  IR-Analyse von 140
  Produktionszahl von 2
  in PVC 6
  Verseifung von 91
 Octylphenylester der,
  DC-Analyse von 69

Phosphorsäure, DC-Analyse von 67
 Tri-(2-äthylhexyl)-ester der,
  GC-Analyse von 112, 127
 Tributylester der,
  DC-Analyse von 61, 62
  GC-Analyse von 112, 127
 Tri-(chloräthyl)-ester der,
  DC-Analyse von 61, 62
  GC-Analyse von 112, 127
 Trikresylester der,
  DC-Analyse von 61, 62, 69
  GC-Analyse von 91
  Produktionszahl 2
 Trioctylester der,
  siehe auch Tri-(2-äthylhexyl)-
   ester 61, 62
  DC-Analyse von 112, 127
 Triphenylester der,
  DC-Analyse von 61, 62
  GC-Analyse von 112, 91, 127
  Umsetzung mit Methanol 91
 Trixylenylester der,
  DC-Analyse von 61, 62
  GC-Analyse von 91
Phosphorstandardlösung 31
Phthalate, siehe Phthalsäure
Phthalsäure, DC-Analyse von 67
 Äthylenglykolester der,
  DC-Analyse von 58
 Benzylbutylester der,
  DC-Analyse von 58
  GC-Analyse von 109, 110, 127
  IR-Analyse von 138
 Diäthylester der,
  DC-Analyse von 58
  GC-Analyse von 108, 109,
   120, 127
  IR-Analyse von 138
  Produktionszahl 2
 Di-(2-äthylhexyl)-ester der,
  DC-Analyse von 58
  GC-Analyse von 109, 110,
   121, 127
 Dibenzylester der,
  GC-Analyse von 110, 127
 Dibutylester der,
  DC-Analyse von 58
  GC-Analyse von 108, 109,
   110, 127
  IR-Analyse von 138
 Didecylester der,
  DC-Analyse von 67

Phthalsäure,
   Di-(i-decyl)-ester der,
      DC-Analyse von 58
      Produktionszahl 2
   Di-(i-nonyl)-ester der,
      DC-Analyse von 58
      GC-Analyse von 108, 127
   Di-(methoxyäthyl)-ester der,
      DC-Analyse von 58
      GC-Analyse von 109, 110, 127
   Dimethylcyclohexylester der,
      DC-Analyse von 58
      GC-Analyse von 109, 110, 127
      IR-Analyse von 138
   Dimethylester der,
      DC-Analyse von 58
      GC-Analyse von 85, 86, 87, 107, 109
   Dioctylester der,
      DC-Analyse von 58
      IR-Analyse von 138
      Produktionszahl 2
   Ester der,
      in Celluloseester 7
      DC-Analyse von 57
      IR-Analyse von 138
      Extraktion 6
      Farbreaktionen der 51
      Nachweis von 27
      Produktionszahl 2
      in PVC 6
      in Kautschuk 14
   Octyldecylester der,
      Produktionszahl 2
Plasticizer GC-100 (b 40),
   siehe Di-(i-decyl)-phthalat
Plastikator 88 (b 4), siehe Methylen-bis-thioglykolsäurebutylester
Plastikator 85 (b 79),
   siehe Äther-thioäther
Plastoflex DBE (b 73),
   siehe Dibenzyläther
Plastolein 9051 (b 17),
   siehe Dihexylazelat
Plastolein 9058 (b 19),
   siehe Di-(2-äthylhexyl)-azelat
Plastolein 9232 (b 76) 167
Plastolein 9717 (b 76) 167
Plastolein 9720 (b 76) 167
Plastolein 9722 (b 76) 167
Plastolein 9730 (b 76) 167
Plastolein 9750 (b 76) 167
Plastolein 9765 (b 76) 167
Plastolein 9789 (b 76) 168
Plastomoll DOA (b 10),
   siehe Di-(2-äthylhexyl)-adipat
Plastomoll NA (b 9),
   siehe Dinonyladipat
Pluracol TP series (b 76) 168
Polyadipate,
   siehe Adipinsäurepolyester
Polyäthylenglykol M 1000 67
Polycizer 962 (b 70),
   siehe Di-(i-tridecyl)-phthalat
Polyester, siehe auch Polymer-,
   Kombination von 95
   Produktionszahl 2
   -WM, 95, 139, 159
Polyfunktionelle Alkohole,
   siehe Alkohole
Polyglykol 76
Polymerweichmacher, siehe auch
   Polyesterweichmacher 166
   Produktionszahl 2
   in Kautschuk 15
Polypropylenglykoladipat (b 15) 162
Polyvinylchlorid 10
   -probe, Extraktion der 6
   Lösen von 10
   Weichmacher für 6
Potentiometrische Titration
   von Chlorid 39
Probenvorbereitung
   zur IR-Spektroskopie 134
Produktionszahlen 2
Propanol,
   GC-Analyse von 88, 90, 129
Propionsäure 81
   Methylester der,
      GC-Analyse von 82, 83, 126
1,2-Propylenglykol 81
PX 104 (b 36),
   siehe Dibutylphthalat
PX 106 (b 53),
   siehe Dihexylphthalat
PX 120 (b 40),
   siehe Di-(i-decyl)-phthalat
PX 126 (b 70),
   siehe Di-(i-tridecyl)-phthalat
PX 138 (b 41),
   siehe Di-(2-äthylhexyl)-phthalat

Sachverzeichnis

PX 238 (b 10),
  siehe Di-(2-äthylhexyl)-adipat
PX 438 (b 54),
  siehe Di-n-octylsebacat
PX 638 (b 19),
  siehe Di-(2-äthylhexyl)-azelat
PX 917 (b 48),
  siehe Trikresylphosphat
Pyrolyse,
  Durchführung der 117
  -kammer 115, 158
  -zeit 115
Pz 864 (b 76), 168

Qualitative Auswertung
  der Fraktogramme 78
Quantitative Auswertung
  der Fraktogramme 80
Quantitative Extraktion 7
Qualitativer Analysengang 158
Quecksilber(II)nitrat 34

RC BGA (b 76) 168
RC Butyloleate (74),
  siehe Butyloleat
RC DBP (b 36),
  siehe Dibutylphthalat
RC DiDP (b 40),
  siehe Di-(i-decyl)-phthalat
RC DiHP (b 53),
  siehe Dihexylphthalat
RC DOA (b 10),
  siehe Di-(2-äthylhexyl)-adipat
RC DOP (b 41),
  siehe Di-(2-äthylhexyl)-phthalat
RC Polymeric PGA (b 76), 168
Reomol BBP (b 37),
  siehe Benzylbutylphthalat
Reomol DBP (b 36),
  siehe Dibutylphthalat
Reomol DBS (b 22),
  siehe Dibutylsebacat
Reomol DEP (b 35),
  siehe Diäthylphthalat
Reomol DES (b 21),
  siehe Diäthylsebacat
Reomol DiBP (b 68),
  siehe Di-i-butylphthalat
Reomol DiDP (b 40),
  siehe Di-(i-decyl)-phthalat
Reomol DNA (b 9),
  siehe Dinonyladipat

Reomol DNP (b 69),
  siehe Dinonylphthalat
Reomol DMP (b 34),
  siehe Dimethylphthalat
Reomol DMS (b 20),
  siehe Dimethylsebacat
Reomol DOA (b 10),
  siehe Di-(2-äthylhexyl)-adipat
Reomol DOP (b 41),
  siehe Di-(2-äthylhexyl)-phthalat
Reomol DOS (b 54),
  siehe Di-n-octylsebacat
Reomol DOZ (b 19),
  siehe Di-(2-äthylhexyl)-azelat
Reomol 21P (b 47),
  siehe Diphenylkresylphosphat
Reomol P (b 33),
  siehe Di-(methoxyäthyl)-phthalat
Reoplex 100 (b 76) 168
Reoplex 110 (b 76) 168
Reoplex 220 (b 76) 168
Reoplex 300 (b 76) 168
Reoplex 400 (b 76) 168
Reoplex 430 (b 76) 168
Reoplex 470 (b 76) 168
Reoplex 531 (b 76) 168
Reoplex 534 (b 76) 168
Reoplex 641 (b 76) 168
RS 500 (b 76) 168
RS 550 (b 76) 168
Resoflex 76, 77
Resorcin,
  GC-Analyse von 97
  Lösung von 51
  Farbreaktionen des 51
  Monobenzoat des 81, 96
    DC-Analyse von 64
    GC-Analyse von 99, 129
Retentions
  -volumen, 78, 79
  -zeit, 78, 79
RF-Wert 45
Rhodamin B 72
Ricinolsäure 81
  Methylester der,
    GC-Analyse von 84, 86, 87, 127

Salicylsäure,
  Methylester der,
    GC-Analyse von 96, 97, 129

Salicylsäure,
    Phenylester der,
        DC-Analyse von 64
        GC-Analyse von 99, 129
Salol, siehe Salicylsäurephenylester
Santicizer 140 (b 47),
    siehe Diphenylkresylphosphat
Santicizer 406 (b 76), 168
Santicizer 409 (b 14),
    siehe Adipinsäurepolyester
Santicizer 405 (b 76) 168
Santicizer 411 (b 76) 168
Santicizer 462 (b 76) 168
Santicizer 480 (b 76) 168
Santicizer 481 (b 76) 168
Santicizer 482 (b 76) 168
Santicizer 483 (b 76) 168
Säulen
    für Chromatographie 75
    -füllmaterial 75, 76
    -temperatur 77, 78
Säuren,
    DC-Analyse von 67
SBR,
    siehe Styrol-Butadien-Kautschuk
SCHÖNINGER,
    Verbrennung nach 29
    Verbrennungskolben nach 29
Schwefel,
    Bestimmung von 34, 41
    Nachweis von 22
Sebacate, siehe Sebacinsäure
Sebacinsäure,
    DC-Analyse von 67
    Diäthylester der,
        DC-Analyse von 54
        GC-Analyse von 106, 107, 128
    Di-(2-äthylhexyl)-ester der,
        DC-Analyse von 54
        GC-Analyse von 106, 107, 128
        IR-Analyse von 139
    Dibenzylester der,
        DC-Analyse von 54
        GC-Analyse von 107, 128
    Dibutylester der,
        DC-Analyse von 54
        GC-Analyse von 106, 107, 128
    Dimethylester der,
        DC-Analyse von 54
        GC-Analyse von 85, 86, 87, 106, 107, 127, 128

Sebacinsäure,
    Dioctylester,
        siehe Di-(2-äthylhexyl)-ester
    Ester der,
        in Celluloseester 7
        DC-Analyse von 53
        Extraktion der 6
        GC-Analyse von 106, 128
        IR-Analyse von 139
        Produktionszahlen 2
        in PVC 6
        in Kautschuk 17
    Polyester der,
        DC-Analyse von 55
        Extraktion von 6
        Verwendung von 95
Selenreaktionsgemisch 42
Sextolphthalate (b 38), siehe
    Di-(methylcyclohexyl)-phthalat
Shawinigan (b 11),
    siehe Di-(i-nonyl)-adipat
Shawinigan (b 19),
    siehe Di-(2-äthylhexyl)-azelat
Shawinigan DBP (b 36),
    siehe Dibutylphthalat
Shawinigan DiDP (b 40),
    siehe Di-(i-decyl)-phthalat
Shawinigan DOP (b 41),
    siehe Di-(2-äthylhexyl)-phthalat
Shawinigan DOS (b 54),
    siehe Di-n-octylsebacat
Sichtbarmachung
    der getrennten Substanzen 48
Silbernitrat 21
Silicongummi 76
Siliconkautschuk 18
Siliconisieren 75
Sintol T (b 6),
    siehe Dimethylthiantren
Soxhletextraktionsgefäß 7
Spangoltypen (b 81),
    siehe Emulsionsweichmacher
Stabilisator 6, 64, 96
Staflex BRA (b 63), siehe
    O-(Acetyl)-ricinolsäurebutylester
Staflex DBS (b 22),
    siehe Dibutylsebacat
Staflex DDP (b 40),
    siehe Di-(i-decyl)-phthalat
Staflex DHP (b 53),
    siehe Dihexylphthalat

Staflex DiDP (b 70),
    siehe Di-(i-tridecyl)-phthalat
Staflex DNP (b 69),
    siehe Dinonylphthalat
Staflex DOA (b 10),
    siehe Di-(2-äthylhexyl)-adipat
Staflex DOP (b 41),
    siehe Di-(2-äthylhexyl)-phthalat
Staflex DOS (b 54),
    siehe Di-n-octylsebacat
Staflex DOZ (b 19),
    siehe Di-(2-äthylhexyl)-azelat
Stearinsäure, 82
    Ester der,
        Produktionszahl 2
    Methylester der,
        GC-Analyse 84, 85, 87, 127
    Octylester der,
        IR-Analyse 146
Stickstoff,
    Bestimmung von 42
    Bestimmungsapparatur für,
        nach KJELDAHL 42
    Nachweis von 22, 158
Strahlungsempfänger 133
Strömung 78
Struktoltypen (b 91)
Styrol-Butadien-Kautschuk (SBR) 16,
Sulfochloriertes Polyäthylen (CSM) 18
Synthesekautschuk 12

Tabellen 126
Tailing 75
Terpenderivate 13
Tetraäthylenglykol 81
Thioäther-ester-Weichmacher,
    in Kautschuk 15
Thorin 35
p-Toluolsulfonsäure 81
TP 90P (b 82),
    siehe Emulsionsweichmacher
Trägergas 78
Trägersubstanz 75
Trennsäule,
    für GC 75
    Füllen der 76
    Füllmaterial für 77
Triacetin (b 59),
    siehe Glycerintriacetat
Triäthylcitrat, siehe Citronensäure

Triäthylenglykol-(2-äthylhexoat) (b 3) 161
Triäthylenglykol 81, 89, 95
    GC-Analyse von 91, 127
Triäthylenglykoldicaprylat (b 72) 166
Tributoxyäthylphosphat (b 75) 166
Tributylphosphat,
    siehe Phosphorsäure
Tricarbonsäuremethylester,
    GC-Analyse von 85, 86, 87
Trichloräthylphosphat,
    siehe Phosphorsäure
Tricotylphosphat,
    siehe Phosphorsäure
Trikresylphosphat,
    siehe Phosphorsäure
Trimethylcitrat,
    siehe Citronensäure
Triphenylphosphat,
    siehe Phosphorsäure
Tris-(2,3-dibrompropyl)-phosphat
    (b 7) 161
Trixylenylphosphat,
    siehe Phosphorsäure
Truflex DDP (b 40),
    siehe Di-(i-decyl)-phthalat
Truflex DOZ (b 19),
    siehe Di-(2-äthylhexyl)-azelat
Truflex DTDP (b 70),
    siehe Di-(i-tridecyl)-phthalat
Truflex 420 (b 76) 168
Truflex 450 (b 76) 168
TTP (b 48), siehe Trikresylphosphat

Ultramoll I (b 14),
    siehe Adipinsäurepolyester
Ultramoll II (b 14),
    siehe Adipinsäurepolyester
Ultramoll III (b 14),
    siehe Adipinsäurepolyester
Säule 77
Umesterung,
    mit 3,5-Dinitrobenzoesäure,
        71, 72, 158
    mit Methanol 81, 89, 158
Unimoll BB (b 37),
    siehe Benzylbutylphthalat
Unimoll DA (b 35),
    siehe Diäthylphthalat
Unimoll DB (b 36),
    siehe Dibutylphthalat

Unimoll DM (b 34),
 siehe Dimethylphthalat
Unimoll DN (b 39),
 siehe Di-(i-nonyl)-phthalat
Unimoll DN (b 69),
 siehe Dinonylphthalat
Unimoll 66 (b 55),
 siehe Di-(cyclohexyl)-phthalat
Universalbombe
 nach WURZSCHMITT 35

VDK 12
Verätherung 81, 90
Verseifung
 der WM 68, 71, 90, 91, 121
Verseifungs
 -produkte,
  DC-Analyse 66
 -zahl 24
Verwendung von WM 1
Vestinol AH (b 41),
 siehe Di-(2-äthylhexyl)-phthalat
Vestinol C (b 36),
 siehe Dibutylphthalat
Vestinol N (b 69),
 siehe Dinonylphthalat
Viskositäts-Dichte-Konstante 12
Vorsäule 5, 119

Wärmeleitfähigkeitszelle 78
Weichmacher-extraktion 6
 -komponenten,
  GC-Analyse 81

Weichmacher ABC (b 14),
 siehe Adipinsäurepolyester
Weichmacher P-202 (b 25),
 siehe Sebacinsäurepolyester
Weichmacher P-204 (b 14),
 siehe Adipinsäurepolyester
Weichmacher P-204W (b 14),
 siehe Adipinsäurepolyester
Wellenlänge 133, 134
Wellenzahl 134
Wilmar (b 10),
 siehe Di-(2-äthylhexyl)-adipat
Witicizer (b 41),
 siehe Di-(2-äthylhexyl)-phthalat
Witicizer 100 (b 11),
 siehe Di-(i-nonyl)-adipat
Witicizer 300 (b 74), siehe Butyloleat
Wurzschmittbombe 35

Xylenol 92
 GC-Analyse von 92, 93, 94, 128

Zeichenerklärung
 für die Tabellen 129
Zerkleinerungsmaschine 6
Zersetzungsprodukte
 durch Pyrolyse 115
Zweistrahlgerät
 für IR-Spektroskopie 133

MIX
Papier aus verantwortungsvollen Quellen
Paper from responsible sources
FSC® C105338

If you have any concerns about our products,
you can contact us on
ProductSafety@springernature.com

In case Publisher is established outside the EU,
the EU authorized representative is:
**Springer Nature Customer Service Center GmbH
Europaplatz 3, 69115 Heidelberg, Germany**

Printed by Libri Plureos GmbH
in Hamburg, Germany